权威·前沿·原创

皮书系列为

“十二五”“十三五”国家重点图书出版规划项目

青海科技绿皮书

GREEN BOOK OF
QINGHAI SCIENCE AND TECHNOLOGY

青海科技发展报告（2017）

REPORT ON QINGHAI SCIENCE AND TECHNOLOGY DEVELOPMENT (2017)

青海省科学技术信息研究所／编

社会科学文献出版社
SOCIAL SCIENCES ACADEMIC PRESS (CHINA)

图书在版编目(CIP)数据

青海科技发展报告.2017 / 青海省科学技术信息研究所编. --北京：社会科学文献出版社，2018.3
（青海科技绿皮书）
ISBN 978-7-5201-2379-2

Ⅰ.①青… Ⅱ.①青… Ⅲ.①科学研究事业-研究报告-青海-2017 Ⅳ.①G322.744

中国版本图书馆 CIP 数据核字（2018）第 044332 号

青海科技绿皮书
青海科技发展报告（2017）

编　者 / 青海省科学技术信息研究所

出 版 人 / 谢寿光
项目统筹 / 邓泳红
责任编辑 / 陈　颖　薛铭洁

出　版 / 社会科学文献出版社 · 皮书出版分社（010）59367127
地址：北京市北三环中路甲 29 号院华龙大厦　邮编：100029
网址：www.ssap.com.cn
发　行 / 市场营销中心（010）59367081　59367018
印　装 / 北京季蜂印刷有限公司

规　格 / 开　本：787mm × 1092mm　1/16
印　张：19.75　字　数：298 千字
版　次 / 2018 年 3 月第 1 版　2018 年 3 月第 1 次印刷
书　号 / ISBN 978-7-5201-2379-2
定　价 / 98.00 元

皮书序列号 / PSN G-2018-701-1/1

青海科技发展报告（2017）
编　委　会

摘　要

《青海科技发展报告（2017）》是集综合性、原创性、前瞻性于一体的研究报告，以青海省科技创新领域的重大进展、理论成果和现实问题为研究内容，进行综合分析和科学研判，力求全面、真实地反映2017年青海省科技创新发展的总体情况。

本书由青海省科学技术信息研究所组织长期从事科技创新研究和科技管理工作的专家学者和专业部门人士进行撰写，旨在为青海省各级政府、科研机构、企事业单位和社会公众等提供高品质的决策服务和资讯参考。

本书包括总报告、专题篇和区域篇。总报告围绕科技创新和体制机制创新“双轮驱动”，重点对2017年青海省科技创新工作和科技体制改革工作进行总结和展望。专题篇围绕青海省科技计划与重大科技项目、科技投入、科技产出、科技创新体系建设、高新技术企业发展、农村科技发展、科技支撑社会发展、科技合作与交流、“双创”、科研机构创新十个方面展开梳理、总结和研究分析。区域篇将科技创新发展视角延伸到青海省各市（州），深度关注区域科技创新和特色产业集群发展，充分体现了青海省科技事业的整体态势和禀赋特色，探索了具有高原特色的绿色创新发展路径。

关键词：科学技术　创新发展　青海省

Abstract

"Qinghai Science and Technology Development Report (2017)" is one of a comprehensive, original, forward-looking research report, Taking the major progress, theoretical achievements and practical problems of science and technology innovation in Qinghai Province as the research content, we conduct a comprehensive analysis and scientific research , to strive for full and true reflection of Qinghai Province the overall situation of technological innovation and development in 2017.

This report, organized by Qinghai Institute of Science and Technology Information, is written by experts and scholars from the professional departments who have long been engaged in scientific and technological innovation research or scientific and technological management. It is designed to provide high quality decision service and information reference for Qinghai Provincial government departments, scientific research institutions, enterprises, public institutions and the public.

This report includes general report, special report and regional report. The general report centers on the "two-wheel drive" of innovation in scientific and technological innovation and institutional mechanism. It also focuses on summary and prospect of the scientific and technological innovation work and the reform of science and technology system of Qinghai Province in 2017. Special report focuses on the science and technology projects and major science and technology projects of Qinghai Province, science and technology input, science and technology output, construction of scientific and technological innovation system, development of high-tech enterprise, development of rural science and technology, social development from science and technology support, scientific and technological cooperation and exchange, mass entrepreneurship and innovation to expand summary and research analysis from ten aspects. The regional report extended the vision of scientific and technological innovation to the cities and prefectures of Qinghai Province and paid close attention to the development of regional science and technology innovation and characteristic industrial clusters, which fully reflected the overall situation and endowments characteristics of science and technology in Qinghai Province, exploring the green innovative development path with plateau characteristics.

Keywords: Science and Technology; Innovation and Development; Qinghai Province

目 录

Ⅰ 总报告

Ⅱ 专题篇

Ⅲ 区域篇

CONTENTS

I General Reports

II Special Topic

Ⅲ Region

总 报 告

General Reports

G.1

2017年青海科技发展与2018年展望*

摘 要： 2017年青海省科技部门深入实施创新驱动发展战略，全面深化科技体制改革，积极推进以科技创新为核心的全面创新，创新环境进一步优化，科技创新工作得到全面加强，对全省经济社会发展的支撑作用日益增强，在建设富裕、文明、和谐、美丽新青海的道路上迈出了新步伐。2018年全省科技工作着力做好以下10项重点工作：深入贯彻落实党的十九大精神、继续深化科技体制改革、加强科技创新体系建设、组织实施重大科技工程、引领支撑生态文明建设、大力培育高新技术企业、积极培育经济发展新动能、着力推动区域科技创新、推进科技交流合作融入国家战略、加强科技管理部门自身建设。

关键词： 青海科技　创新驱动　国家战略

* 课题组成员：解源、张超远、曹慧、姜山松、乔顺录、杜帅。

2017 年，青海省科技创新工作在省委省政府的正确领导下，认真贯彻落实党的十九大和省委第十三次党代会精神，深入实施创新驱动发展战略，全面深化科技体制改革，积极推进以科技创新为核心的全面创新，创新环境进一步优化，科技创新工作得到全面加强，对全省经济社会发展的支撑作用日益增强，在建设富裕、文明、和谐、美丽新青海的道路上迈出了新步伐。

2017 年，青海省围绕经济社会发展需求，组织实施各类科技项目 185 项，总投资 39 亿元，同比增长 9.86%；科技投入 21.85 亿元，同比增长 18.94%；安排资助经费 7.03 亿元；撬动社会投入 31.97 亿元，同比增长 1.23%，预计新增产值 52.52 亿元。验收完成各类科技项目 278 项，总投入 105.72 亿元，其中科技投入 46.58 亿元（含省财政科技投入 2.07 亿元），新增产值 129.52 亿元。组织申报国家科技计划项目 449 项，获批资金 3.64 亿元。截至 2017 年底，青海省共登记各类科技成果 510 项，同比增长 8.5%，获 2016 年国家科技进步二等奖 1 项，马玉寿研究员荣获 2016 年度青海省科学技术重大贡献奖；专利申请受理量达 3581 件，同比增长 9.04%，万人有效发明专利拥有量达到 2 件，同比增长 30.2%，2 项专利获第十九届中国专利优秀奖；技术合同成交额 67.72 亿元，同比增长 18.97%；高新技术企业实现工业总产值 460.75 亿元，同比增长 14.68%，工业增加值 93.89 亿元，同比增长 5.68%。高新技术企业实现工业总产值占全省 GDP 的比例达 17.43%，比 2016 年提高 2 个百分点。全省 5 个国家级农业科技园和 38 个省级农业科技园全年实现产值 166.5 亿元，较上年度增长 10.56%。

一　2017年青海科技发展形势

（一）支撑供给侧结构性改革持续发力

按照《青海省“十三五”科技创新规划》中提出的构建八大绿色产业技术体系的要求，以全面增强青海省科技创新能力为目标，围绕以盐湖资源综合开发利用为核心的循环经济、以太阳能等可再生能源综合利用为核心的新能源经济、以尊重生态规律综合开发利用畜牧业资源和高原特色生物资源为核心的生态经济，以及以利用现代信息技术为核心的大数据经济，安排部署科技项目。

1. 推动重点产业关键技术突破

围绕青海省锂电、新材料、光伏光热和盐湖资源综合利用“四个千亿元”产业发展需求，安排部署《光电新材料关键技术研发及产业化》等重大科技专项，实现对光电材料、多晶硅、新型电池的产业链条延伸和储能多元熔盐产品开发的技术支撑。建成全国首座“百兆瓦太阳能光伏发电实证基地”，成为国际上光伏组件种类及系统运行方式最全、容量最大的实证性研究基地，填补了我国光伏组件和平衡部件野外公共测试平台的空白；采用全数字化、模拟仿真技术，突破了48对棒还原炉核心设备的温场、流场设计难题，建成国际首条万吨级生产线，大幅提高生产效率，余热利用率由48%提升至84%；在引进消化挪威海德鲁电解镁技术的基础上，攻克盐湖氯化镁脱水工艺关键技术，成功解决与原工艺原料不同属性的转换难题，目前全世界规模最大的金属镁生产线在青海省试车成功，标志着我国金属镁绿色制造的实现；利用自主研发的全膜法提锂工艺在西台盐湖建成年产2万吨电池级碳酸锂生产线，一次性投料试车成功；通过自主研发，实现了电子枪主要功能装置“大功率高频高压电源”的国产化，成为国内首家能够自主生产EB炉电子枪配件的厂家，已实现销售收入3.52亿元；成功制备260公斤蓝宝石锭，使青海省蓝宝石产业的竞争力进一步得到提升；“梓醇片”获得国家中药一类新药药物临床试验批件，进入一期临床试验阶段，实现了青海省自主研发一类新药“零的突破”；黑果枸杞通过国家食药局新食品原料审核，列为终止审查目录，可作为普通食品管理，对于青海省乃至整个黑果枸杞产业链意义重大。

2. 引领青海省特色农牧业转型升级

紧密围绕青海省十大特色农牧业产业创新发展，瞄准关键技术瓶颈，实施“1020”生态农牧业科技支撑工程，引进研发新品种、新技术以及规模化高效生产技术，大幅度提高全省农牧业生产技术水平。截至 2017 年底，青海科技厅已实施完成“1020”科技支撑工程项目 81 项，项目总经费 11.4 亿元，资助经费 1.09 亿元，已实现新增产值 34.11 亿元，新增利润 5.97 亿元，获得科技成果 53 项，技术标准 68 项，授权专利 38 件，培养各类人才 521 名。深入推进农村信息化示范省建设，依托青海省农村信息化综合服务平台和青海大学新农村研究院签约专家，构建了“专家—科技特派员—农户”三位一体的农村信息化主动服务模式，打通了科技与农业生产“最后一公里”，已基本实现农业科技成果从科研院所到农户的扁平化主动推送服务在民和县的全覆盖；结合油菜、青稞、马铃薯、蔬菜等特色优势作物种业发展需求，启动实施青海省高原特色农作物现代种业创新体系建设重大专项，集成特色农作物高效制繁种、种子质量控制、商品化种子加工等关键技术，构建现代种业发展技术服务体系，提升青海省高原特色农作物现代种业发展水平；围绕高寒地区草地畜牧业生产与生态环境保护之间均衡发展的重大科学问题，启动实施海北州高寒地生态畜牧业大数据管理平台与关键技术集成示范重大专项，通过建立草地畜牧业智能管理数学模型，解决多源数据的融合分析及其服务于畜牧业生产的利用技术，创建基于草地动态信息获取基础上的畜牧业生产动态管理大数据平台，为政府、生产者和消费者提供相关服务；通过高效生物灭鼠剂——D 型肉毒素水剂、冻干剂、颗粒剂三种剂型的研制和推广，建成三条生产线，制定并发布了三种剂型防治高原鼠兔和高原田鼠的技术规程，累计防治草地鼠害面积 3.453 亿亩，平均灭效达 90% 以上，挽回经济损失 12.89 亿元；通过粮改饲模式下的饲草产业关键技术集成与示范，建立箭筈豌豆、黑饲麦、燕麦等饲草作物种子扩繁基地 25900 亩，建立玉米、甜高粱高产优质栽培示范基地 12042 亩，亩产鲜草量分别达 5550 千克、6850 千克，生产加工青贮饲草 35 万吨，产值达 1.8 亿元。

3. 组织实施科技型企业、高新技术企业双倍增和科技“小巨人”企业培育计划（以下简称“三型”企业）

建立部门联动机制，形成合力，共同支持“三型”企业发展。2017 年新认定高新技术企业30家、科技型企业80家。截至2017年底，全省高新技术企业和科技型企业已分别达到144家、294家，工业增加值总计达到139.55亿元，占全省工业增加值的17.65%，新培育科技“小巨人”企业5家，工业增加值71.15亿元，同比增长24.33%。

（二）支撑生态文明建设持续发力

1. 组织推动三江源智慧生态畜牧业平台建设

建成了三江源智慧生态畜牧业综合信息云平台和草情监测与草畜平衡诊断系统，实现了信息云平台和典型示范区县级平台的联网运行，这种集草地生态畜牧业信息化、智能化、精准化、高效化生产和管理为一体的智慧生态畜牧业技术平台的研发及其应用，在青海乃至全国草地畜牧业地区都属首次。已初步建成以“天然草地合理放牧—饲草基地建植与管理智慧支撑—优良青贮饲料加工—饲料精准配置—牦牛、藏羊冷季补饲与健康养殖—高原特色畜产品加工信息化管理—畜产品质量追溯与电商平台”为一体的智慧生态畜牧业产业链，为构建三江源生态保护“减压增效”的“智慧生态畜牧业”新模式提供了全面有效的信息与技术支撑。查清了玛多县野驴、藏原羚等野生动物种群数量，为科学保护工作打下了基础。

2. 服务三江源国家公园体制试点

积极推动三江源国家公园研究院建设，联合中科院共同组织实施科技服务网络和省级重大科技专项，构建“星—空—地”一体化生态监测及大数据平台，为三江源国家公园管理与生态保护决策提供定量化、高精度的空间信息支撑与精准化服务。2017年组织中科院西北高原生物研究所等7家单位30余人两次前往三江源国家公园进行了科学考察，并对“星—空—地”一体化监测体系的实施进行了初步探索。

3. 支持青海省生态保护红线划定

针对青海国土面积大、地貌特征复杂、生态系统类型多样、数据点位不均衡的省情实际，支持开展青海省生态保护红线划定与管控技术研究，优选出适合青海省生态保护红线的评价方法，向青海省委省政府提交了3个生态保护红线建议方案，优选方案已上报国务院。

4. 春秋季休牧对草地植被恢复效果的试验示范初显成效

在祁连山地区筛选出 6 个适宜草种进行了试验示范，提出了祁连山区天然草地保护与利用及退化草地修复技术集成模式。

5. 助推国家可持续发展议程创新示范区创建

已按国家要求以海南州为国家创新示范区主体向科技部提出创建申请。

（三）支撑保障改善民生持续发力

1. 扎实推进高原现代科技生态园建设

在 2016 年先期启动果洛、玉树州 2 州 12 个县的基础上，2017 年启动海南、海北、海西、黄南州 4 州 8 县高原现代科技生态园建设工程。截至 2017 年底各县工程主体框架已基本完工。

2. 推进科技行业扶贫

实施科技信息支撑、科技人才支撑、产业技术支撑、科技扶贫示范四大科技扶贫行动。升级精准扶贫信息化系统，完成海东扶贫纪检监督平台建设，构筑精准扶贫“防火墙”。新认定 10 个科技扶贫示范基地，启动实施 13 个扶贫产业化项目，辐射带动 20 个贫困县，资助经费 3080 万元，科技投入 1.31 亿元。组织“三区”和科技特派员 1558 人深入全省贫困地区开展科技服务。

3. 推进青南牧区包虫病防治

整合青海省包虫病预防、临床资源，通过相关研究和技术应用示范，培养了一支包虫病防控研究团队，多项技术填补了青海包虫病治疗空白，包虫病综合防控水平得到大幅提升。

4. 推动青藏高原人类遗传资源工作

组织申报的“青藏高原人类遗传资源样本库建设”项目列入科技部 2017 年重点研发计划“生物安全关键技术研发”重点专项项目，项目的实施将在青海建成青藏高原人类遗传资源样本库西宁库、高安全级别开放的青藏高原人类遗传资源样本信息管理和分享平台，实现与中国人类遗传资源样本库信息管理平台共享互联，为青海省丰富、独特的人类遗传资源的保护、管控及人群遗传多样性的研究奠定坚实的基础。

5. 着力改善人居环境

在海东市互助县开展太阳能与空气源热泵采暖技术应用示范，实现了较燃煤采暖方式节能33%。实施青藏高原（湟水河流域）低温缺氧规模化屠宰废水低成本生态化处理关键技术研究与示范，实现废水达标排放。

（四）支撑创新发展新动能持续发力

1. 推动政策制度创新

制定出台《关于加快大众创业万众创新支撑平台建设服务实体经济转型升级的实施意见》等双创政策，积极鼓励高校、科研院所和机关事业单位科技人员离岗创业，全力打造有利于创新创业的政策环境。

2. 建设创新创业孵化体系

组织开展众创空间、星创天地和科技型企业孵化器推荐及认定工作。截至2017年底，青海省共建成众创空间26家，其中国家备案11家；建成星创天地17家，其中国家备案17家；建成科技型企业孵化器11家，其中国家级5家。组织青海（国家）高新技术产业开发区申报国家双创示范基地，获批国家第二批双创示范基地。

3. 开展创新创业活动

成功举办第三届“交行杯”青海省大学生创新创业大赛、“盐商杯”第四届“创青春”中国青年创新创业大赛、青海省第三届“互联网+”大学生创新创业大赛、“创客中国”创新创业大赛、中国创新创业赛“青海赛区”、“中国银行杯”青海省第三届创业大赛初赛等各类项目竞赛，引进各金融机构、风险投资机构和孵化机构与大赛优胜项目进行对接，为创业者保驾护航，促进创新创业项目及企业发展壮大。

4. 培育发展新动能

截至2017年底，大学生创新创业引导资金已投入1.14亿元，支持创业企业109家，支持众创空间、孵化器等中介机构28家次。通过大学生创新创业投资引导资金带动，创业企业累计获得天使投资、风险投资、银行贷款和其他部门财政资金 7431 万元。2015～2017 年，青海科技部门支持的 47 家企业总资产由 6502.41 万元增长到 9168.46 万元，同比增长 41%；总营业收入由 3127.09 万元增长到 4190.31 万元，同比增长 34%；企业净利润由 626.75 万元增长到 1065.48 万元，同比增长 70%，这些企业已然成为青海经济增长的新动能。

（五）有序推进科技体制改革

1. 优化顶层设计

发挥省科技体制改革和创新体系建设工作领导小组办公室的统筹协调作用，推动青海省各部门各地区贯彻落实全国科技创新大会精神和《青海省贯彻〈国家创新驱动发展战略纲要〉实施方案》。相继出台《加快大众创业万众创新支撑平台建设服务实体经济转型升级的实施意见》等 12 个相关配套政策，涉及科技计划和经费管理、科技资源共享、创新创业、成果转化、知识产权保护、人才引进培养等方面，基本形成覆盖科技创新全过程的法律法规和政策体系。

2. 推进科技计划管理改革

根据计划的不同定位和支持主体的不同，建立由无偿资助、事前立项事后补助、绩效奖励、基本科研业务费、专项奖励资金和引导基金等构成的多元化科技创新投入方式，以推进科研管理体制机制改革，多维度支持青海省创新主体培育和创新能力的提升，焕发全社会科技创新活力；简化预算编制，对基础研究、软科学计划实行概算管理，自然科学基金不再编制预算，由科研人员根据科研活动规律和特点自主安排使用，为科研经费管理“松绑”。加大绩效奖励力度，将科研项目间接费用比重提高到不超过直接费用扣除设备购置费的 30%，并取消了绩效支出比例限制。在青海省科技计划中设立基本科研业务费，首次对 24 家创新绩效评价结果较好的科研机构给予总额 1000 万元支持，赋予科研机构更大的科研自主权，激发科研人员个人和机构的创新活力。

3. 落实科技改革政策

在科研经费管理放权的同时进一步完善科研信用体系建设，实行“红名单”、“黑名单”制度和责任倒查机制等手段，不断提升财政科技计划和资金的宏观管理能力。

（六）不断完善科技创新体系

1. 搭建科技创新平台

2017 年，对省级重点实验室、工程技术中心等创新平台绩效奖励经费总额超 1 亿元，对科研机构、高校等创新主体科研基础设施建设及大型科研仪器设备补助近 1 亿元。新认定青海省电解铜箔工程技术研究中心等 5 家省级工程技术研究中心，本着择优支持、扶优做强原则，组织完成对 64 家省级工程技术研究中心和 61 家省级重点实验室的考核评估。

2. 支持重点产业技术创新

指导组建青海省太阳能光伏产业技术创新战略联盟和青海省锂产业技术研究院，组织推荐“西宁（国家级）经济技术开发区锂电创新型产业集群”申报国家级创新型产业集群。同时，持续支持“青藏高原特色生物资源与中藏药产业集群”建设并入选国家第三批创新型产业集群试点，成为青海省第二个国家级创新型产业集群试点。

3. 理顺高新区体制机制

联合西宁市起草完成《进一步深化青海国家高新技术产业开发区改革发展实施方案》，已由省政府印发执行。同时根据《青海省高新技术产业开发区建设工作指引》要求，针对性指导和支持海东科技园等 4 家在建省级高新区集聚创新资源、优化创新环境、推动创新发展。

4. 加强人才队伍建设

组织实施基础研究、自然科学基金、科技基础条件平台、重点实验室等创建科技计划，通过“项目 + 人才 + 平台”的培养模式，提高科技人才、创新团队、青年科技人才的创新能力，激发高层次科技人才的创造活力和积极性。

（七）创新推动科技金融有效融合

1. 科技创新引导基金规模不断扩大

截至2017年底，青海省科技创新引导基金合同约定总规模达到20.44亿元，其中财政出资4.05亿元。同时，由引导基金出资成立的青海省科技成果转化子基金，获得国家科技成果转化基金9000万元支持，成为西北地区第一支国家科技成果转化子基金。

2. 拓展科技金融合作

协同青海银监局制定出台《关于推动青海银行业支持科技企业发展的指导意见》，建立联合机制推进开发性金融对青海省重大科技创新项目支持。同时，创新科技项目资金监管模式，与中国银行等金融机构合作开展银行监管科技项目资金试点，使科技项目资金管理更规范、使用更安全。

3. 推动知识产权质押融资

2017年完成7笔专利权质押融资，总质押金额达2.05亿元，同比增长150.09%，超过了全国平均增长水平。

（八）科技合作水平加快提升

紧密围绕青海科技创新、经济和社会发展需求，在更大范围、更广领域、更高层次上主动融入国际、国内科技合作交流，全面构建青海省科技合作交流开放创新的新格局，进一步形成以创新为主要引领和支撑的发展模式，突破青海地域限制，推动创新发展。

1. 加强省院科技合作交流

2017年，协调推进青海省人民政府与中国科学院签署了第五轮《青海省人民政府中国科学院科技合作协议》，与中国科学院建立了持续的科技合作机制，组织实施10项“西部之光”人才培养计划；在中科院大学成功举办并组织省内各州（市）科技管理系统34人参加了“青海省‘三区’人才现代农牧业经营与科技管理”培训班，借助中科院大学科研实力，加强青海省“三区”人才队伍建设，提升全省科技管理人员能力。

2. 加强国际科技合作交流

成功申请并举办 2017 年度发展中国家技术培训班项目“两型包虫病临床规范化诊疗国际培训班”，来自孟加拉国、蒙古、埃及、巴基斯坦、尼日利亚、斯里兰卡和苏丹等国家的 17 位国际学员参训；成功申请并组织青海省青年科技管理及科研人员共 16 人赴日本参加了“2017 年度中日青年科技交流计划”；成功举办“2017 中日藏医药·汉方医药学术研讨会”。同时，推荐青海大学农牧学院“中国新西兰高原生态修复国际科技合作基地”为青海省 2017 年度国家国际科技合作基地。

3. 积极推进科技援青工作

全面落实“十三五”科技援青规划，推动对口支援与科技援青有效结合，分别赴浙江、江苏、天津开展科技援青调研考察，签署 4 项合作协议，建立良好的科技合作机制，持续推进科技援青工作。2017 年组织实施科技援青项目 17 项，资助经费 765 万元。

与此同时，青海省科技工作还存在一些不足和问题。与全国发展水平相比，青海省科技投入不足、科技人才匮乏、高新技术产业化不足等导致科技创新能力弱的问题仍然突出。下一步，将以习近平新时代中国特色社会主义思想为指导，进一步认真分析形势和产生问题的根源，着力以实施创新驱动发展战略为统揽，以深化科技体制改革为动力，加快形成以科技创新推动全面创新的发展新格局。

二 2018年展望

2018 年是贯彻党的十九大精神的开局之年，是改革开放 40 周年，是决胜全面建成小康社会、实施“十三五”规划的关键一年。做好 2018 年青海省科技工作的总体思路是以习近平新时代中国特色社会主义思想为指导，坚持党对科技工作的全面领导，坚定实施创新驱动发展战略，突出创新引领发展的第一动力作用，强化科技创新对建设现代化经济体系的战略支撑，坚持科技创新“双轮驱动”，进一步深化科技体制改革，加快构建青海区域科技创新体系，强化企业在技术创新中的主体地位，强化市场在配置创新资源中的决定作用，强化大众创业、万众创新工作，提升青海科技创新能力。

（一）深入贯彻落实党的十九大精神

始终坚持学习好、宣传好、贯彻好习近平新时代中国特色社会主义思想和党的十九大精神，紧紧围绕建设现代化经济体系这一战略目标，深入实施创新驱动发展战略，全面深化科技体制改革，加快推进创新型省份建设，不断推动以科技创新为核心的全面创新，紧密联系“四个扎扎实实”重大要求及省第十三次党代会和省十三届人大一次会议的各项部署，找到差距、找准方向、找到结合点，树立“弱鸟先飞”的强烈意识，坚持科技创新、制度创新“双轮驱动”，走绿色低碳循环发展的新路，以钉钉子精神把各项工作全面抓好、落实好，为推动青海省经济高质量发展提供科技支撑。

（二）继续深化科技体制改革

以深化体制机制改革释放科技创新活力，重点围绕国家和全省深化体制机制改革的总体布局，梳理 2018 年青海省科技体制改革的总体框架，进一步完善政策性文件的制定并做好贯彻落实工作。改革财政科技经费的使用和管理机制，建立多元化的研发投入新机制，努力撬动社会和企业的科技创新投入。采取有力和有效措施，加大落实企业研发费用加计扣除优惠政策，鼓励企业加大研发投入；鼓励企业参与科技计划项目，并在科技计划的产业化项目管理中建立以企业为组织和投入主体的新机制；鼓励企业建设如工程技术中心、企业重点实验室、企业院士工作站和博士后工作站等创新平台；支持建立新型的以社会力量为主的民营研究机构；扩大引导基金规模，大力发展风险投资等投资基金业。

（三）加强科技创新体系建设

加快建立以企业为主体、市场为导向、产学研深度融合的技术创新体系，不断优化科技创新平台整体布局，提升科技资源高效配置和共享利用，不断完善科技基础条件平台建设，增强科技创新能力；促进大型科研仪器设施开放共享，提高利用率和服务水平；继续深化人才体制机制改革，加快聚集和培养高层次科技创新人才，围绕“高端创新人才千人计划”、学科带头人项目等不断完善高层次科技人才集聚机制，重点培养集聚一批青海发展急需的创造型、复合型、外向型高素质科技人才。

（四）组织实施重大科技工程

启动实施重大科技专项，推动重点领域和产业创新发展。围绕“四个千亿元”产业发展需求，进一步优化以盐湖锂开发为主的盐湖资源综合利用技术，以镁合金为主的轻金属材料工程化开发研究、多能源电力协调控制系统的开发与应用，为推动锂、镁等产业发展战略研究及成果熟化转化提供有力支撑；继续深化农牧业科技供给侧结构性改革，围绕“四个百亿元”产业发展需求，继续实施“1020”生态农牧业重大科技支撑工程。推进国家农村信息化示范省建设，强化信息技术与农业生产结合，实现海东、西宁300万亩耕地科技信息服务全覆盖。加强大数据技术在智慧生态畜牧业平台的应用，研发以遥感技术为基础的天然草地家畜及野生动物监测方法，为构建生态保护“减压增效”的智慧生态畜牧业新模式提供有效的信息与技术支撑。

（五）引领支撑生态文明建设

依托三江源国家公园研究院开展三江源、祁连山、河湟谷地科学考察，构建三江源“空—天—地”一体化生态监测体系，为开展监测、预警、综合治理提供大数据服务支撑，开展生态系统演化机理、生态环境监测、畜牧业优化升级等关键技术研究与集成示范，围绕高原生态生产生活持续发展，解决产业重大关键技术问题，开展高原矿山等绿色发展科技示范，积极构建绿色产业体系。

（六）大力培育高新技术企业

一是实施高新技术企业和科技型企业“双倍增”与科技“小巨人”培

育计划，大力发展科技型企业、高新技术企业、科技“小巨人”企业。二是进一步推动科技与金融的紧密结合，通过金融与创业投资、天使基金、科技担保基金、产业投资基金、省科技创新引导基金等建立投贷联动战略联盟，以“股权+债权”模式共同支持创新创业。加大金融改革力度，探索建立科技银行和科技担保公司，不断创新如知识产权质押融资等适应高新技术产业发展的金融工具。三是大力促进大众创业、万众创新。

（七）积极培育经济发展新动能

大力开展创新创业活动，推荐优质专利和成果向现实生产力转化，积极培育经济发展新动能。以大学生创新创业为抓手，通过政策引导、资金扶持，支持创新创业服务体系建设，营造创新创业良好环境，大力支持众创空间和科技孵化器建设，搭建科研院所、重点行业龙头企业协同创新的专业化众创空间，不断提高科技孵化器孵化能力，形成大众创业、万众创新的良好局面。

（八）着力推动区域科技创新

聚焦实施乡村振兴战略和区域协调发展战略，落实《关于青海省推动县域创新驱动发展的实施意见》等相关政策措施，启动科技创新驱动试点县（市、区）建设。推动高新技术产业园、农业科技园区、创新型产业集群发展和海南州国家可持续发展议程创新示范区创建工作，指导地方依托区位优势及资源禀赋形成各具特色的科技创新发展格局，全面提升青海省区域科技创新工作能力和水平，推动县域经济发展。

（九）推进科技交流合作融入国家战略

积极融入“一带一路”建设，统筹国内外创新资源，在盐湖产业、高原医学、高原农牧业、节水农业、生态保护与利用等领域，培育和建设具有青海特色的国内外科技合作基地。依托省部会商、省院合作和科技援青等合作交流机制，将青海省重点科技工作纳入国家层面，提升重点产业科技创新能力。不断完善与中国科学院、中国工程院的合作机制，通过战略咨询、成果转化、人才培养等方式，扎实推进与两院的科技合作。继续实施好科技援青规划，加强与科技援青省区市的交流合作，建立国家支持、对口支援和促进产业转移的新科技援青模式。

（十）加强科技管理部门自身建设

坚持党对科技创新工作的领导，坚决以“踏石留印、抓铁有痕”的务实作风贯彻落实好党中央国务院和省委省政府关于坚持党的领导、全面从严治党、强化科技创新工作等方面的重大决策部署，持之以恒抓好党风廉政建设，严格落实党风廉政建设责任制，不断强化“两个责任”。同时强化干部队伍自身建设，坚持信念坚定、为民服务、勤政务实、敢于担当、清正廉洁的好干部标准和正确的用人导向，深化干部人事制度改革，优化选人用人环境。把政治品格、事业需要、岗位要求与干部成长有机结合起来，注重发现储备优秀年轻干部，加强优秀年轻干部的选拔、锻炼和使用，培养科技管理干部的专业能力和职业精神，增强科技干部适应新时代科技创新要求的职业素养和工作能力。

G.2

2017年青海科技体制改革及其展望*

摘　要： 科技体制改革是科技发展的重中之重，青海省把科技创新摆在发展全局的核心位置，围绕实施创新驱动发展战略，着力推动科技创新和体制创新的“双轮驱动”，深化科技体制改革，推动青海绿色可持续发展，加快推进以科技创新为核心的全面创新。

关键词： 科技体制　改革思路　创新驱动

2017年是实施“十三五”规划的重要一年，是以“四个转变”推动“四个扎扎实实”落地生根，建设富裕、文明、和谐、美丽新青海的关键一年。青海省科技部门以问题为导向，着力深化科技体制改革，不断激发创新活力，全省新动能进一步增强，科技支撑作用日趋明显。

一　2017年青海科技体制改革重点举措

（一）进一步改革和完善政策体系

青海省紧紧围绕科技体制改革重点、难点问题，准确把握改革方向，制定了《关于加快大众创业万众创新支撑平台建设服务实体经济转型升级的

---

* 课题组成员：解源、苏海红、瞿文蓉、赵长建、吴玲娜、俞成、刘永庆、王杏芳、马冠奎、赵以莲、杨广智、杨军、常丽娜、杜帅、李晓砚、颜有奎、黄晓凤、张扬、赵有鑫、朱萍、沈芹。

实施意见》《青海省高新技术企业和科技型企业“双倍增”及科技小巨人企业培育计划实施方案》《关于印发青海省知识产权工作推进计划（2017～2020年）的通知》《青海省众创空间认定管理办法（试行）》《青海省重大经济科技活动知识产权分析评议办法》《青海省技术交易补助实施细则》《青海省工程技术研究中心管理办法》《青海省重点实验室建设与运行管理办法》《青海省科技成果登记办法》《关于推动青海银行业支持科技企业发展的指导意见》《青海省科技创新引导基金管理办法》《青海省技术交易补助实施细则》等文件，起草了《青海省关于强化实施创新驱动发展战略进一步推进大众创业万众创新深入发展的实施意见》《青海省关于实行以增加知识价值为导向分配政策的实施意见》《青海省推广支持创新相关改革举措实施方案》《青海省推动县域创新驱动发展的实施意见》《青海省关于深化科技奖励制度改革的实施方案》等政策。认真贯彻落实国家和青海省委、省政府的决策部署，发挥青海省科技体制改革和创新体系建设工作领导小组办公室的统筹协调作用，对青海省各部门各地区贯彻落实全国科技创新大会精神情况进行督查，推动《青海省贯彻〈国家创新驱动发展战略纲要〉实施方案》及相关配套政策的落实，相继出台围绕创新驱动发展、创新创业、成果转化、科技计划和经费管理、知识产权保护、科技资源共享、科技服务、人才引进培养等方面相关配套政策13个，基本形成了覆盖科技创新全过程的法律法规政策体系，通过政策布局和文件落实，进一步推动全省科技体制改革工作，为实施创新驱动发展战略提供有力支撑。

（二）进一步深化省级财政科技计划和资金管理改革

1. 提高科技计划管理决策水平

根据《青海省贯彻落实〈国家创新驱动发展战略纲要〉实施方案》的安排部署，为提高省级科技计划管理决策咨询水平，成立科技计划项目管理咨询委员会，制定了《青海省科技计划与管理咨询委员会工作暂行规定》，初步建立由64名专家构成的第一届咨询委员会专家委员库，对2018年青海省科技计划项目申报指南的确定进行专题讨论，为科技决策提供科学咨询。

2. 创新科技项目遴选机制

为深化科技计划管理改革，进一步规范项目评审程序，保证科技项目管理公开、公平、公正，2017 年青海省基础研究计划项目首次实行网络评审，并引入外省专家进行项目立项评审，实现了评审过程的智能化、科学化、标准化，进一步提高了评审效率和项目评审的准确性。由系统将项目的负责人和申报单位的关键信息屏蔽后，申报书发送给选定的项目评审专家，专家从项目与指南的吻合度、项目选题的重要性和必要性、技术路线和方案的可行性、创新性与特色、研究内容和预期目标的明确、清晰、合理性，以及项目研究工作基础等方面对项目做出评价，并给出立项建议和项目评分。根据专家评价意见和项目评分对项目进行综合排序，择优选取年度拟立项项目。基础研究计划项目通过开展网络评审，实现了申报、受理、审核、专家评审全流程项目网络评审管理。项目网络评审和外省专家参评工作的开展，标志着青海省科技计划管理工作进入新阶段，对推动科技计划管理改革具有重要的示范作用。

3. 完善科技专家库建设

为强化项目评审和管理，结合青海科技工作实际，进一步完善省级科技专家库，并实现与甘肃等省专家库的信息共享。为进一步加强青海省科技计划项目的科学化、规范化管理，对省级科技计划项目管理系统全面升级，初步实现与国家科技计划项目管理系统的对接，并积极与陕西、宁夏、内蒙古等省区市科技管理部门对接，逐步实现与其他省区市专家库的互联互通。

4. 强化科研诚信体系建设

（1）加大政策供给。一是强化青海省科研信用体系建设的顶层设计，制定实施方案，部署主要任务，划定工作路线。二是为加强科研信用体系建设，增强省级科技计划项目相关主体的责任意识，建立良好的科技创新环境氛围，规范省级科技计划管理，保障财政科技专项资金安全，编制了《青海省省级科技计划科研信用管理暂行办法》。三是按照青海省委、省政府关于诚信体系建设的安排部署，明确强化科技诚信体系建设工作内容，对纳入诚信管理的各类科技失信行为进行了界定，明晰了不同的科技失信行为的处理措施，提出了建立涵盖项目承担单位、科研人员、评审专家和第三方机构科技计划管理全流程的科研诚信体系。

（2）加强科研失信行为管理。一是建立科技失信行为档案，将参与科技计划、项目管理和实施的相关项目承担人员、咨询评审专家等自然人违反科技计划和项目管理规定的8类行为，参与科技计划、项目管理和实施相关项目管理的专业机构、项目承担单位以及中介服务机构等法人及机构未履行法人管理和服务职责的7类行为，以及受到刑事处罚或行政处罚等5类行为，纳入严重失信行为记录。二是对失信单位及时公开，2017年，青海科技部门将项目承担过程中发生失信行为的20家企业纳入科研诚信“黑名单”，先后分4批在科技厅网站专栏进行公示，并取消其三年内参与科技计划项目资格。

（3）加强信用信息共享及应用。一是与省信用平台开展业务对接，系统整理14条信用信息征集目录指标，提交重点实验室、工程技术研究中心、农业科技园区、学科带头人等信用信息900余条，并不断推进科技成果系统与省信用平台的业务对接。二是根据有关企业信用信息归集共享的工作目标，与工商管理部门进行对接，将承担青海省科技计划项目中企业的相关扶持信息和对企业的失信惩戒行为纳入青海省市场主体信用信息归集共享协同监管系统，实现相关企业信用信息的互联互通。三是在发布的省级科技计划项目申报指南中，明确提出被列入省信用平台“黑名单”以及存在其他失信行为的单位，不得申报和参与年度科技计划。

（4）开展科研诚信信息系统建设。实现与发改部门对接，将失信单位和人员数据连接入省级科技计划项目管理信息平台，对申报项目的单位和人员进行诚信筛查。着手建立科研信用管理功能模块，其目标是建立覆盖科技项目指南编制、项目申请、评估评审、立项、执行、验收全过程的科研信用记录制度，并委托专业机构对项目承担单位和科研人员、评估评审专家、中介机构等参与主体进行信用评级，按信用等级对科研项目实行分类管理，同时将严重失信行为作为项目筛选条件之一，实行一票否决制。

（三）不断提升创新主体的创新能力

1. 组织实施高新技术企业和科技型企业“双倍增”及科技“小巨人”培育计划

制定《青海省高新技术企业和科技型企业“双倍增”及科技“小巨人”培育计划实施方案》（青政办〔2017〕100号），加快培育青海省科技型企业、高新技术企业和科技“小巨人”企业（以下简称“三型”企业）。与青海省经信、工商、财税、金融等部门建立联动机制，共同支持“三型”企业培育库建设。建立企业综合信息数据库，加强分类指导、梯级培育和动态管理。2017年度高新技术企业培育库入库企业89家，科技型企业培育库入库企业261家，科技“小巨人”培育库入库企业总数为27家，新入库企业8家。完成了2017年度高新技术企业、科技型企业认定评审工作，新认定科技型企业80家，通过复审107家；新认定高新技术企业31家，重新认定23家，已上报科技部待公示。初步统计，2017年上半年高新技术企业实现工业总产值233.58亿元，同比增长35.68%；实现工业增加值71.15亿元，同比增长24.33%。科技型企业实现工业总产值92.01亿元，同比增长3.92%；实现工业增加值29.29亿元，同比增长39.83%。

2. 落实加计扣除等普惠性政策

青海省科技部门会同省财税部门制定《关于进一步做好企业研发费用加计扣除政策落实工作方案》，联合开展政策培训、辅导，实现“三型”企业及其培育对象全覆盖。2017年完成104家企业研发费用加计扣除额鉴定工作，加计扣除研发费用鉴定额达到10.68亿。与2016年相比，鉴定额度上浮58%。联合省财政厅落实企业研究开发费用税前加计扣除补助资金激励政策，76家企业获得2016年度企业研究开发费用税前加计扣除补助资金支持，共计860万元。

3. 规范和活跃技术市场以推进科技成果转移转化

为充分发挥财政科技资金引导作用，进一步优化科技资源配置，强化企业技术创新主体地位，促进科技成果转化与产业化，规范技术交易补助流程，制定出台《青海省技术交易补助实施细则》（青科发高新〔2017〕85号）；主办“青海科易网平台发布暨科技成果转化创新服务论坛”，青海科易网发布科技成果42990项，专利微店中专利数达642项，技术专家2783名，全国高校院所236家，促成专利交易5项，完成技术合同登记额15.6亿元。

（四）积极推进科技金融建立多元化科技投入格局

1. 推进科技金融对“三型”企业的培育支持

一是科技创新引导基金规模不断扩大，2017年安排5000万元专项经费用于扩大科技创新引导基金规模，安排5000万元用于扩大大学生创新创业投资引导资金规模。截至2017年底，青海省科技创新引导基金合同约定总规模达到20.44亿元，其中青海省科技部门出资4.05亿元，基金先后设立了青海科技创新投资基金等8个子产品，累计支持262个项目，实现投资5.26亿元。青海汇富科技成果转化投资基金（有限合伙）获批国家科技成果转化引导基金子基金，母基金注资9000万元，2017年到位4500万元。二是推动专利质押融资，共完成7笔专利权质押融资，总质押金额达2.05亿元，同比增长150.1%，超过全国平均增长水平。三是强化与银行业等金融机构的合作，搭建科技企业融资服务平台。分别与国家开发银行省分行、中国银行省分行、交通银行省分行等银行业金融机构的合作。2017年继续推进银行监管企业项目资金工作，协同青海银监局制定出台《关于推动青海银行业支持科技企业发展的指导意见》，与国开行青海分行成立了科技金融协调工作组，建立联合机制推进开发性金融对全省重大科技创新项目的支持。

2. 推动建立风险补偿机制

鼓励和引导商业银行加大对中小微企业服务，青海省知识产权局从多方面入手强化专利权质押贷款工作，积极探索建立青海省专利权质押风险分担和补偿机制。一是与相关单位签订专利权质押融资服务试点工作委托合同，开展专利权质押融资政策宣传与企业融资需求调研，建立企业融资需求信息库。二是与银行开展对接活动，推荐信誉好、符合产业发展需求及有质押需求的企业展开合作，解决青海省专利权质押难、中小企业贷款难的“两难”问题。三是为解决银行贷款风险控制能力，提升政府财政资金杠杆和风险保障作用，在广泛征求银行、企业对开展专利权质押贷款风险补偿的意见建议基础上，起草完成《青海省科技创新引导基金管理办法》（青科发办〔2017〕195号），将青海省专利权质押贷款风险补偿纳入其中，提出“科技厅、财政厅招标确定合作银行，对合作银行符合下列条件的贷款业务，可由引导基金给予一定的风险补偿：开展大学生创新创业专项贷款业务、专利权质押贷款业务、科技增信业务”。四是积极探索创新质押融资担保新模式，与人保财险青海分公司和青海农牧业信贷担保有限责任公司进行工作对接，采用企业（专利权人）+银行+担保、企业（专利权人）+银行+担保+保险等新模式开展专利质押融资工作，与青海农牧业信贷担保有限责任公司签署了《专利权质押贷款担保服务合作协议》，并促成1家企业获得专利权质押融资项目，有效提高了专利质押融资成功率。

（五）营造创新创业氛围

1. 加强众创空间等创新创业平台能力建设

为构建众创、众包、众扶、众筹等大众创业、万众创新支撑平台，服务经济结构调整和产业转型升级，加快推进创新型省份建设，一是起草完成并由青海省政府办印发《关于加快大众创业万众创新支撑平台建设服务实体经济转型升级的实施意见》（青政办〔2017〕2号）；制定出台《青海省众创空间认定管理办法（试行）》（青科发高新〔2017〕44号），为推动“双创”工作营造政策环境。二是着力建设创新创业孵化平台，引导产业链资源与创新创业平台紧密对接。组织完成年度省级众创空间和科技企业孵化器认定工作，新认定省级科技企业孵化器3家、省级众创空间26家，8家众创空间获科技部备案。组织推荐青海（国家）高新技术产业开发区申报国家双创示范基地，并获批国家第二批双创示范基地，指导完成国家双创示范基地建设方案，并经国家发改委组织专家论证，公开发布。

2. 着力营造大众创新创业氛围

一是联合交通银行青海省分行等单位完成“第三届‘交行杯’青海省大学生创新创业大赛”，共有160个创业团队和81家创业企业的241个创新创业项目参加比赛。优胜者获得大学生创新创业投资引导资金支持。大赛组委会还为优胜项目与风投、银行、孵化器、科研院所等机构搭建了对接平台，决赛现场签订入孵协议11项、风险投资协议4项（投资额达1300万元）、银行授信签约项目4项；签订知识产权、成果转化、平台共建、财务咨询服务等协议数项。二是举办了“盐商杯”第四届“创青春”中国青年创新创业大赛、青海省第三届“互联网+”大学生创新创业大赛、“创客中国”创新创业大赛、中国创新创业赛“青海赛区”、“中国银行杯”青海省第三届创业大赛初赛等各类项目竞赛，引进各金融机构、风险投资机构和孵化机构与大赛优胜项目进行对接，促进创新创业项目及企业发展壮大。2017年，通过大赛展示、实地走访、财务审计、征信调查等程序，有26家创新创业企业将通过阶段参股、无息贷款等方式获得支持资金4413万元。三是与全国同步举行了2017年全国大众创业万众创新活动周青海省分会场系列活动。活动周通过开展预热活动、重点活动、区域活动和后续活动，使创新创业活动覆盖全省各区域、贯穿全年度，保障创新创业工作持续、深入开展。活动周期间，青海省各市州共举办各类活动51场，同比增长13%，直接参与人数累计13000余人次，提高了民众对创新创业的关注度和参与度。

（六）提升科研机构及各类创新平台活力

1. 完善工程技术研究中心评价标准，着力提升成果转移转化能力

为提升省级工程技术研究中心的科技服务和创新能力，修订完成《青海省工程技术研究中心管理办法》（青科发高新〔2017〕107号）。2017年度新认定“青海省电解铜箔工程技术研究中心”“青海光通信材料工程技术研究中心”“青海省地质环境保护与灾害防治工程技术研究中心”等5家省级工程技术研究中心，完成省级64家工程技术研究中心考核评估，拟择优支持9家工程技术研究中心。2017年，61家工程技术研究中心有17家取得

CNAS／CMA等检验检测资质，新增专利207件（其中发明专利102件），取得成果106项，建立标准81件（其中国家标准4件，行业标准9件，地方标准11件，企业标准57件），新引进和培养人才70人，投入研发费用12.12亿元，开展对外技术服务咨询15800余人次，实现服务收益8195.71万元，实现成果转化36项，新增产值2.21亿元。

2. 探索新型研发机构体制机制创新激发活力

本着整合资源、形成合力的原则，青海省部门与省经济和信息化部门联合成立青海省锂产业技术研究院，拟共同支持将研究院打造成工信部“国家动力电池创新中心”分中心。以国家电投集团黄河上游水电开发有限责任公司为牵头单位，由13家单位组建青海省太阳能光伏产业技术创新战略联盟。联盟旨在以科技创新驱动为产业发展注入新动力，优化布局，在推动产业技术进步、创新平台建设和技术人才引进与培养等方面取得突破。

3. 加强农村科技创业服务平台建设

为了更好地发挥农业科技园区在促进区域农村经济社会发展方面的引领支撑作用，有效提升青海省农业科技发展水平，加快发展壮大区域特色农业优势产业，青海省科技部门联合省财政、水利、农牧、林业等部门共同印发《青海省农业科技园区管理办法》，对省级农业科技园区的申报、评审、建设和管理等做了明确的规定，加大了对评估结果的应用，明确评估优秀的给予100万元的奖励。进一步发挥“星创天地”在推进农村创新创业、脱贫攻坚中的重要作用。推荐9家，获科技部备案6家，截至2017年底，青海省国家级“星创天地”达到17家。

4. 三江源智慧生态畜牧业平台建设成效显著

建成三江源智慧生态畜牧业综合信息云平台和草情监测与草畜平衡诊断系统，实现了信息云平台和典型示范区县级平台的联网运行，并在贵南县、河南县和泽库县等示范区开展了应用示范，退化草地生物量提高21.2%、覆盖度提高25.3%。在青藏高原成功完成了大面积的无人机航拍野生动物调查，摸清了典型区大型野生食草动物的种群数量和分布格局，分析了野生动物以及家畜对玛多县草畜平衡的影响，玛多县大型野生食草动物和家畜总计47.5万羊单位，大型野生食草动物羊单位数量与家畜羊单位数量之比为1:4.5。已初步建成“天然草地合理放牧—饲草基地建植与管理智慧支撑—优良青贮饲料加工—饲料精准配置—牦牛、藏羊冷季补饲与健康养殖—高原特色畜产品加工信息化管理—畜产品质量追溯与电商平台”为一体的智慧生态畜牧业产业链。为构建三江源生态保护“减压增效”的“智慧生态畜牧业”新模式提供了全面有效的信息与技术支撑。

5. 设立基本科研业务费助力科研机构创新发展

在青海省科技计划中设立基本科研业务费专项计划，结合全省科研机构上年度创新绩效评价结果，首次对24家创新绩效评价结果较好的科研机构给予了总额为1000万元的基本科研业务费支持。基本科研业务费的设立赋予了科研机构更大的科研自主权，同时对科技计划和经费管理模式有了新的探索和尝试，是推动政府管理职能向创新服务转变的有效举措，对进一步提升科研机构创新活力将发挥重要作用。

（七）推进科技成果转移转化

根据省政府《关于印发青海省促进科技成果转移转化行动方案的通知》（青政办〔2016〕218号），青海省委、省人民政府《关于创新政府配置资源方式的实施意见的通知》（青办发〔2017〕33号），以及《青海省科学技术厅2017年深入推进依法行政加快建设法治政府工作要点的通知》相关要求，一是修订《青海省科技成果登记管理办法》。新办法中进一步扩大省级科技成果登记范围，将授权发明专利、省级施工工法，在通过科技成果评价后，符合条件的可进行科技成果登记。同时依据科技成果登记全流程网上办理的要求，制定了新版“青海省科技成果登记服务指南”，更新了相关网页信息。二是正式启动全省科技成果信息汇交平台建设工作，通过开展2000年以来科技成果数据的整理工作，初步建立科技成果数据库、科技专家库，进行省际科技成果管理调研、考察、咨询及交流，畅通全省科技成果信息收集渠道，进而掌握青海省各类科技计划、科技成果存量与增量数据的动态变化，向社会公布科技成果信息，有力地促进科技成果转移转化工作。三是积极利用互联网和《国家科技成果登记系统》等专业平台，相继取消科技成果登记的纸质材料和光盘归档材料等程序，办事效率大幅提升，基本实现了无纸化办公，并试行科技成果登记电子签章系统，实现科技成果登记全流程网上办理。四是在科技计划体系中增设科技成果转化专项，对高校、科研院所主要贡献人员的奖励比例由国家的“不低于50%”提高至“不低于70%”，扩大了国家享受科技成果转化激励政策的覆盖面，着力构建符合科技创新和市场经济规律的科技成果转移转化体系，提升科技成果转化能力。

（八）深化转制院所改革，逐步建立现代企业制度

加快推进转制院所企业公司制改革，建立法人治理结构。初步完成以公司制为主要形式的企业改制，建立规范的“三会一层”和以职代会为重点的企业治理结构。按照《关于进一步完善国有企业法人治理结构的指导意见》（青政办〔2017〕127号）的要求，制定了国科资公司系统院所的改革方案，明确改革方法和步骤，选定了清产核资基准日和清产核资的中介机构，规定了完成改革的时间，对改制后院所董监事、经理层人员的选聘标准制定了办法。改革完成后，从根本上明确了科研院所的出资人，国科资公司充分行使了出资人权力，任命了院所的董事、监事、国有资产代表等。此次涉及公司制改革的11家单位已完成了财务审计、清产核资和资产评估工作，改制方案和《章程》已形成。

一是落实青海省化工设计研究院有限公司股权结构调整的试点工作。妥善处理股改企业股权结构，积极探索规范化的员工股权进入、退出转让机制，有针对性的探索解决离职、退休人员逐步退出持股的有效机制及持股向业务骨干和管理团队倾斜的激励机制。二是推进股权多元化创新服务平台建设。青海省测试计算中心作为公司制改革后混合所有制改革试点单位，积极与道通公司和东方汇富基金谈判，采取技术入股、风投参与、项目合作方式，进行深化改革的探索。三是积极推动转制院所用人制度改革，探索管理人员市场化选聘，逐步形成以选聘制、任期制为主要方式的国有企业领导人

员管理体制。通过公开招聘、竞争上岗等方式，拓宽选人用人视野和渠道，加大各类人才引进步伐。

（九）加强人才队伍建设为科技创新提供智力支持

组织实施基础研究、自然科学基金、科技基础条件平台建设、重点实验室等科技计划，通过“项目 + 人才 + 平台”培养模式，2017 年共培养各类科技人才 1600 余人，提高科技人才、创新团队、青年科技人才的创新能力，激发高层次科技人才的创造活力和积极性。2017 年由青海省科技厅组织推荐的 9 名科研人员和 1 个创新团队入选青海省高端创新人才“千人计划”。同时为拓宽高端创新人才引进培养渠道向科技部报送了设置“万人计划”创新人才特殊岗位的实施方案。截至 2017 年，青海省 8 人入选科技部人才推进计划，6 人入选中组部“万人计划”，选拔 368 名学科带头人。支持青海大学人才特区建设，推进人才培养模式、机制和协同创新科研组织模式等方面的改革，加强学术带头人和青年科研骨干人才的培养，使青海大学在教育部 2016 年度高校科研项目排行榜中位列第 66 名。加强“三区”人才建设服务基层，共选派“三区”人才 825 名，受培 84 名，争取国家资金 1831 万元，支持“三区”科技人员深入全省农牧区开展科技服务，加大新品种、新技术的引进推广，培训农牧民 10000 人次，为受援地培养技术骨干 3000 人。

（十）转变政府职能放管服

开展知识产权综合管理改革工作。建立健全跨部门知识产权执法协作机制。参照各省做法，结合省情起草《青海省知识产权联合执法暂行办法（草案）》。该办法涉及特定领域专项治理和大型展会等 5 方面的知识产权联合执法工作，归纳了知识产权联合执法的流程，对打通全省知识产权联合执法各环节链条，完善知识产权执法保护体系具有积极作用。

深入推进依法行政，加快法治政府建设。一是制定下发《青海省科学技术厅 2017 年深入推进依法行政加快建设法治政府工作要点及任务台账》、

《青海省科学技术厅2017年法治政府示范创建工作实施方案》、《青海省科学技术厅2017年法治政府示范创建项目》和《青海省科学技术厅2017年法治政府示范创建工作任务台账》。二是积极推进科技立法工作。向省政府法制办报送的《青海省促进科技成果转化条例》列入2017年青海省立法计划中的酝酿论证项目。将“青海省促进科技成果转化条例”和“青海省科学技术奖励办法”作为2018年的两个立法建议项目报送省法制办，同时将“青海省促进科技成果转化条例”作为立法建议项目报送省人大教科文卫委员会。三是加强依法行政及“放、管、服”改革工作。全年对《青海省重大科技专项管理办法》等17个规范性文件进行合法性审查并出具合法性审查意见，其中9个规范性文件向省法制办进行了报备。继续有效（保留）规范性文件25件，废止规范性文件4件，待修改完善规范性文件4件。加强权责清单动态管理，及时调整权利清单并在门户网站上进行公布。根据要求取消行政审批事项2项、工商登记后置审批事项1项，并向社会公布。确认实验动物许可证核发，科学技术评价活动指导、管理和监督两项公共服务事项。

（十一）区域科技活力和创新水平不断提升

区域科技创新体系初步建立，科研能力明显增强，创新环境进一步优化，创新实力不断提升。一是理顺青海国家高新区体制机制建设，进一步明确省级高新区发展定位、建设要求和认定条件等，加快推进高新区建设与培育，着力打造产业科技创新中心和新兴产业发展高地。二是优化区域创新发展格局。注重加大各市（州）创新资源统筹力度。西宁市加快创新型城市建设，培育西部地区具有特色和竞争力的创新型产业集群，建设引领全省科技创新示范区。海东市发挥各类园区产业集群效应，培育高原现代农业创新区和全省科学发展新增长极。青海省根据各市（州）区位优势及资源禀赋形成各具特色的科技创新发展格局。三是强化区域创新开放合作。坚持招商引资与提升科技创新能力相结合，坚持引进项目与引进高新技术及高端人才相结合，大力推进全方位、高层次、多领域的科技创新开放合作，不断集聚创新发展新动力。四是尊重区域集聚创新规律。围绕科技创新平台、企业发展，系统推进高效协同创新体系建设，实现各类创新主体协同互动、创新要素高效配置，不断完善科技创新公共服务平台。五是集聚整合创新要素和创新资源。加大信息技术、智能制造等关键技术推广应用，推动传统制造、加工等产业升级，实现产业绿色发展。加强市（州）、县与高校和科研院所的战略合作，构建“县域经济+高校院所”的合作机制。

二　青海科技体制改革面临的挑战与2018年科技体制改革方向

（一）科技体制改革面临的挑战

一是现有政策落实的深度和广度不足。目前青海省科技创新“四梁八柱”政策体系已基本建立，但是企业研发费用加计扣除、人才引进和激励、促进成果转移转化等各项改革政策落实的深度和广度仍有不足，部分改革政策落实不到位，政策落实监管不到位，执行单位未制定相关实施细则等问题较为突出。

二是成果转化障碍仍没有得到完全破解。在成果转化过程中，企业对科技成果的需求与科研机构产出成果之间存在较大差距。企业承接科技成果转化能力不强。科技成果转化机制需进一步完善。科技成果处置权、转化后利益分配机制尚未深入落实。

三是激励科技人才创新的机制不健全。青海省科技人才总量不足、层次低、分布不合理，难以形成科技创新和科技产业开发的“团队效应”。现有科技基础平台在软硬件建设方面和先进地区比较还有很大差距，服务能力不足，科研人员待遇普遍不高，造成吸引集聚国内外高层次人才的动力不足。

四是创新创业的体系不够健全。青海省发展基础薄弱，各类创新创业要素缺乏，创新创业成本加高，创新创业成功率较低。企业自主创新的内在动力不足，拥有高水平的研发机构较少，自主创新能力亟待提升。需加快建立以企业为主体、市场为导向、产学研相结合的技术创新体系。

五是专利质押融资难度大。专利权价值难以评估，企业信用难以全面评审，银行专利贷后管理较难。专利流转市场并不完善，专利权难以及时变现，偿债风险难以转移和分散，导致专利质押融资难度大。

（二）科技体制改革方向

一是充分发挥青海省科技体制和创新体系领导小组办公室作用，强化《青海省贯彻〈国家创新驱动发展战略纲要〉实施方案》各项任务的统筹协调。完善台账管理，强化监督问效，对照政策出台清单，协调推动政策出台。

二是落实“抓战略、抓规划、抓政策、抓服务”要求，深入转变政府职能，全面深化科技体制改革，抓落实、补短板、求实效，增强改革的系统性、整体性、协同性。坚持把推进供给侧结构性改革作为科技创新的重大需求，大力培育新动能，支撑全省经济发展。

三是深入实施促进科技成果转移转化行动，强化农业科技成果转化和推广应用，提升农业科技园区建设水平，深入推进县域科技创新，依靠科技创新培育乡村发展新动能。

四是深化科技和金融结合，大力发展创业投资、银行科技信贷、投贷联动、科技保险，构建多元化、多层次、多渠道的科技投融资体系。充分发挥青海省科技创新引导基金作用，开展贷款风险补偿。

五是落实和完善鼓励企业创新的普惠性政策，加大研发费用加计扣除、高新技术企业认定、支持科技创新进口税收优惠。完善科技创新政策法规体系，加强知识产权保护，开展《青海省科学技术普及条例》《青海省科学技术奖励办法》修订前期研究，落实科技奖励制度改革措施。

六是改革财政科技经费的使用和管理机制，建立多元化的研发投入新机制，努力撬动社会和企业的科技创新投入。鼓励企业参与科技计划项目，并在科技计划的产业化项目管理中建立以企业为组织和投入主体的新机制。

七是加快建立以企业为主体、市场为导向、产学研深度融合的技术创新体系，不断优化科技创新平台整体布局，提升科技资源高效配置和共享利用，完善科技基础条件平台建设，增强科技创新能力。

八是大力开展创新创业活动，推荐优质专利和成果向生产力转化，积极培育经济发展新动能。以大学生创新创业为抓手，通过政策引导、资金扶持，支持创新创业服务体系建设，营造创新创业良好环境。

专　题　篇

Special Topic

G.3
青海科技计划与重大科技项目评价报告*

摘　要： 青海省以建设创新型省份为目标，按照省委提出的“四个转变”新思路，从绿色产业技术体系构建、重大科技创新工程实施、重大科技行动推进、科技体制机制改革深化等方面对全省科技创新工作进行了布局。

关键词： 科技计划　创新载体　产业技术体系　支撑工程　青海省

青海省科技部门加强省级科技计划项目统筹安排，强化与科技部、国家自然科学基金委等部门的沟通衔接，按照改革后的国家科技计划申报指南提

* 课题组成员：苏海红、张艳、苗希春、赵长建、赵润身、吴玲娜、俞成、杨军、常丽娜、朱丽华、吴昊、李雪琳、李廷娟、赵艳平。

出的支持方向，积极组织全省有关企业、高校、科研院所和广大科研人员，结合青海经济和社会发展中的关键技术需求，推荐申报了一批特色明显、创新性强的科技项目。

一　省级科技计划项目执行形势

（一）2017年新开科技计划项目概况

2017 年科技项目计划按照“十三五”科技创新规划确定的计划体系和技术路线进行编制，由重大科技专项、重点研发与转化计划、基础研究计划、创新平台建设专项、企业技术创新引导资金和高原现代科技生态园六部分构成。新开项目 337 项，总经费 39 亿元，科技投入 22 亿元，财政资助资金 5.4605 亿元。

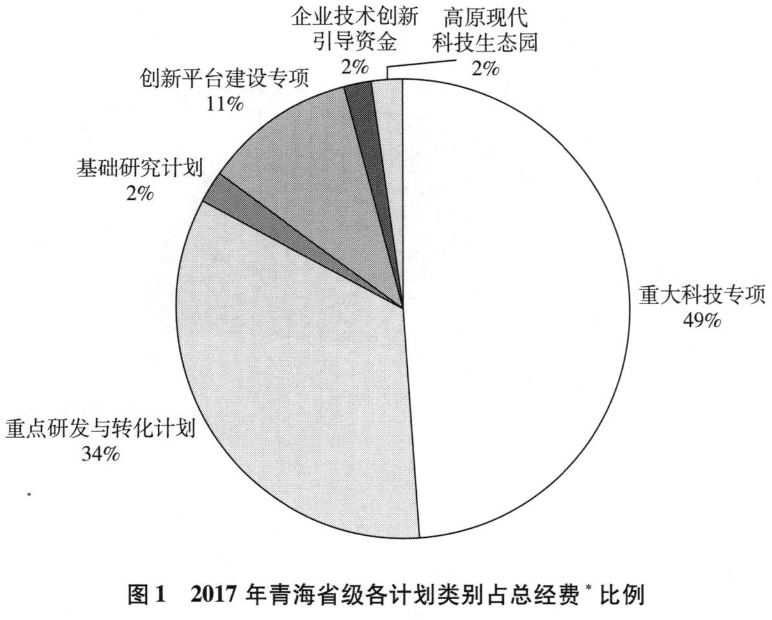

图 1　2017 年青海省级各计划类别占总经费* 比例

* 创新平台专项中专项奖励资金、计划管理及绩效评估费、企业技术创新引导资金未纳入后续立项项目分析，具体如项目数、创新载体、项目平均资助强度及技术体系分布等分析时未做统计。

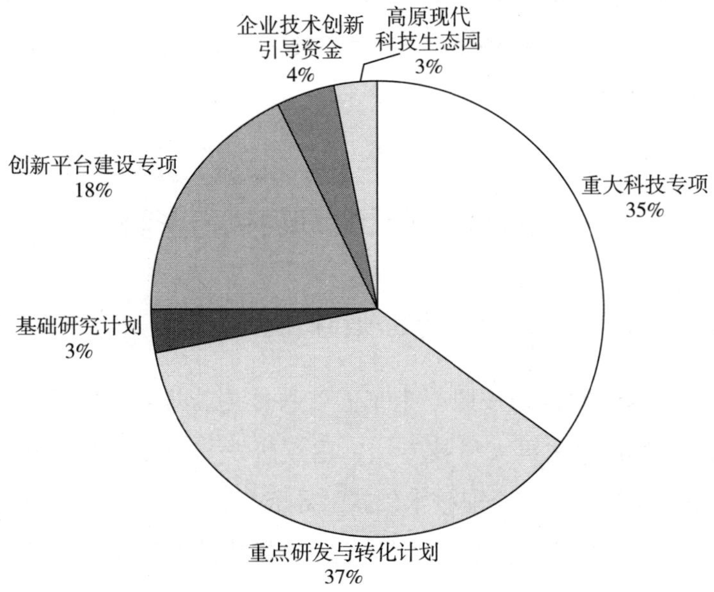

图 2　2017 年青海省级各计划类别占科技投入比例

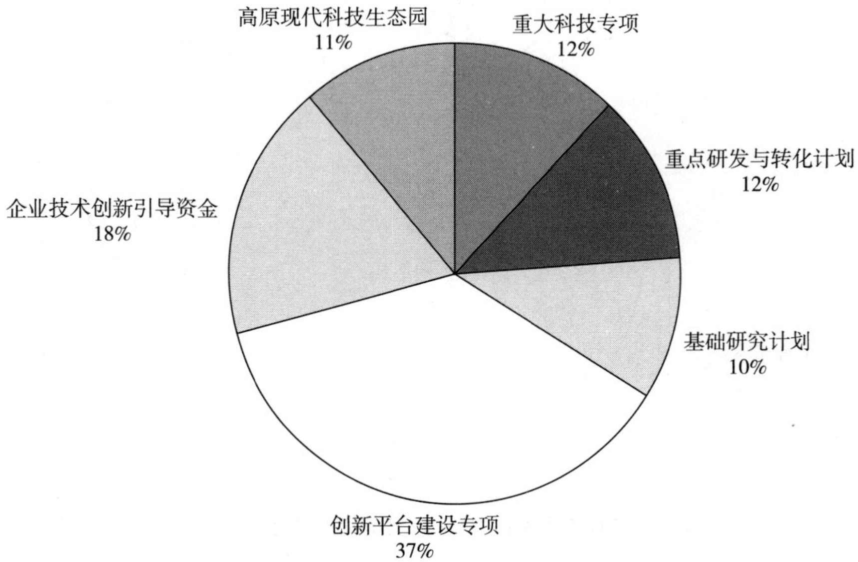

图 3　2017 年青海省级各计划类别占资助资金比例

1. 资助强度

2017 年，青海省级科技计划新开项目 337 项。其中，重大科技专项计划项目 8 项，拟资助经费 11500 万元，当年资助经费 6300 万元，科技投入 78796 万元，带动社会总经费共 194584. 3 万元；重点研发与转化计划项目 110 项，拟资助经费 17817 万元，当年资助经费 6349 万元，科技投入 83522. 51 万元，带动社会总经费 132815. 2 万元；基础研究计划项目 170 项，拟资助经费 5383 万元，当年资助经费 5383 万元，科技投入 6093. 38 万元，带动社会总经费 6343. 88 万元；创新平台建设专项部署项目 49 项，拟资助经费 25573 万元，当年资助经费 20373 万元，科技投入 40128 万元，带动社会总经费 42838 万元；企业技术创新引导资金计划设立引导资金 3 项，科技投入 10000 万元，带动社会总经费 10000 万元；高原现代科技生态园科技投入 6200 万元，带动社会总经费 6200 万元（见表 1）。

2017 年，基础研究计划主要定位在应用基础研究、科技基础建设及整合资源的软科学等方面，安排项目数多于其他计划类别，占 2017 年新开项目总数的 50. 45%。基础研究计划主要面对经济社会、民生领域中基础研究等问题，涉及面广，设立项目多，但总经费投入相对较少。重大科技专项、创新平台建设、重点研发与转化计划重点解决青海省经济结构调整、产业转型中亟须解决的关键科技问题，针对性强，资助力度大。重大科技专项平均资助 1500 万元左右，资助经费强度远高于其他计划类别，充分体现了部署项目少、资助强度大的特点；创新平台建设专项计划平均资助经费 300 万元左右；重点研发与转化计划平均资助经费 150 万元左右；基础研究计划平均资助经费为 30 万元左右（见图 4）。

表 1　2017 年青海省科技计划各类别基本构成：投入经费和承担主体

项目类型	项目数（个）	总经费（万元）	科技投入（万元）	拟资助经费（万元）	2017 年资助（万元）	企业（个）	高校科研机构（个）	其他（个）
重大科技专项	8	194584. 3	78796	11500	6300	21	2	17
重点研发与转化计划	110	132815. 2	83522. 51	17817	6349	113	53	112

续表

项目类型	项目数（个）	总经费（万元）	科技投入（万元）	拟资助经费(万元)	2017 年资助(万元)	企业（个）	高校科研机构(个)	其他（个）
基础研究计划	170	6343.88	6093.38	5383	5383	7	100	95
创新平台建设专项	49	42838	40128	25573	20373	49	9	54
企业技术创新引导资金	3	10000	10000	10000	10000	2	0	1
高原现代科技生态园	/	6200	6200	6200	6200	/	/	/
合计	337	392781.3	224739.9	76473	54605	192	164	279

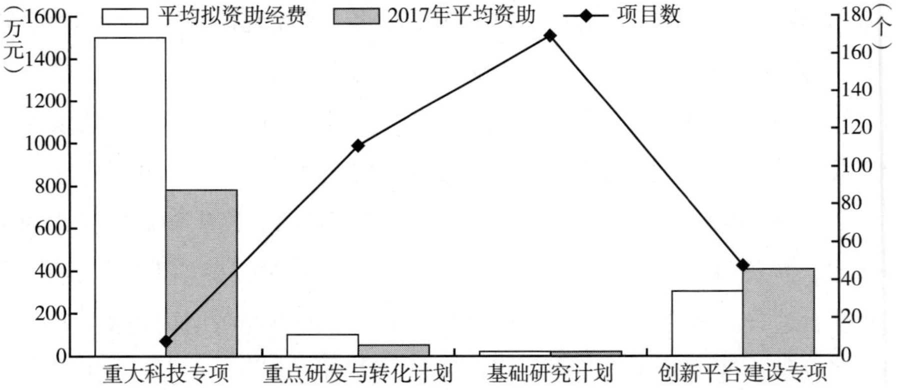

图 4　2017 年青海省级各类科技计划项目数及平均资助情况

2. 产业技术体系

2017 年青海省级科技计划项目部署涵盖了《青海省“十三五”科技创新规划》提出的科技发展重点技术体系。

（1）注重计划类别的产业技术体系侧重。围绕《青海省“十三五”科技创新规划》中提出的重点任务，2017 年青海省科技计划项目部署在不同技术体系，各有侧重，又有互补，既符合《2017 年青海省科技计划项目申报指南》中对各计划类别的基本定位，又能满足青海省经济社会发展需要。就项目数而言，2017 年科技计划项目产业技术体系主要分布在高原医疗卫生与食品安全技术体系、现代农牧业产业技术体系和新材料产业技术体系，其新开项目数超过当年新开项目数的59.64%。高原医疗卫生与食品安全技术体系主要在基础研究计划中进行部署。新材料产业技术体系主要在基础研究计划和重点研发与转化计划中进行部署。

表2　2017年青海省各类科技项目产业技术体系分布数

单位：项

产业技术体系	重大科技专项	重点研发与转化计划	基础研究计划	创新平台建设专项	总计
新能源	2	4	3	2	11
新材料	2	12	28	5	47
先进制造	0	11	5	0	16
现代生物	0	14	7	2	23
现代农牧业	3	31	26	12	72
生态环保	1	9	25	5	40
高原医疗卫生与食品安全	0	18	54	10	82
新一代信息	0	11	10	13	34
其他	0	0	12	0	12
合计	8	110	170	49	337

经费资助方面，2017年现代农牧业产业技术体系是拟资助经费最多的技术体系，占全年新设项目产业技术体系的30.13%，新材料产业技术体系紧随其后，占17.08%。不同计划类别对不同领域各有侧重，定位不同，支持力度也不同。

表3　2017年青海省各计划类别科技项目领域经费分布

单位：万元

产业技术体系	重大科技专项	重点研发与转化计划	基础研究计划	创新平台建设专项	总计
新能源	4000	650	80	320	5050
新材料	3500	2165	935	1600	8200
先进制造	0	735	158	0	893
现代生物	0	2210	240	920	3370

续表

产业技术体系	重大科技专项	重点研发与转化计划	基础研究计划	创新平台建设专项	总计
现代农牧业	3000	6380	765	4320	14465
生态环保	1000	1115	840	720	3675
高原医疗卫生与食品安全	0	2757	1635	3620	8012
新一代信息	0	1805	345	1810	3960
其他	0	0	385	0	385
合计	11500	17817	5383	13310	48010

一是2017年青海省重大科技专项计划项目在新能源产业技术体系、新材料产业技术体系、现代农牧业产业技术体系、生态环保四大产业技术体系进行了项目部署。开设重点集中在现代农牧业产业新能源技术体系，2017年拟资助经费占重大科技专项拟资助经费总额的34.78%。二是2017年重点研发与转化计划中，现代农牧业产业技术体系是项目部署及经费资助最多的领域。其中拟资助经费占重点研发与转化计划拟资助经费总额的35.80%，高原医疗卫生与食品安全产业技术体系、现代生物产业技术体系、新材料产业技术体系占比分别为15.47%、12.40%、12.15%。重点研发与转化计划对现代农牧业产业技术体系和高原医疗卫生与食品安全产业技术体系拟资助经费超过50%，是2017年重点研发与转化计划的资助重点。三是2017年基础研究计划在高原医疗卫生与食品安全技术体系部署项目最多，有54项，占基础研究计划的31.76%；其次为新材料产业技术体系、现代农牧业产业技术体系、生态环保产业技术体系，分别开设28项、26项和25项，占比为16.47%、15.29%和14.70%。从资助经费来看，高原医疗卫生与食品安全技术体系的科技投入、拟资助经费和2017年资助经费最高，同时带动社会总经费也最多。四是2017年创新平台建设专项中重点实验室、科技基础条件平台、工程技术研究中心、省级临床医学研究中心4个子计划在新能源产业技术体系、新材料产业技术体系、现代农牧业产业技术体系、现代生物产业技术体系、生态环保产业技术体系、高原医疗卫生与食品安全技术体系、新一代信息产业技术体系均有安排绩效奖励项目或新开项目立项

支持。其中，新一代信息产业技术体系部署项目最多，开设项目13项，其次为现代农牧业产业技术体系和高原医疗卫生与食品安全技术体系，分别开设项目12项和10项。

（2）产业技术体系分布分析。2017年高原医疗卫生与食品安全技术体系开设项目最多，占2017年新开科技项目总数的24.33%。其次为现代农牧业产业技术体系和新材料产业技术体系，项目数占比分别为21.36%、13.95%。高原医疗卫生与食品安全技术体系是2017年青海省科技项目的主要分布领域，围绕健康青海建设，以提升全民健康水平为目标，依托高原医学重点实验室开展高原病、地方病等重大疾病的防治示范；建立智能信息技术管理数据库，开展智慧城市、智慧交通等社会化智能管理信息技术示范应用。

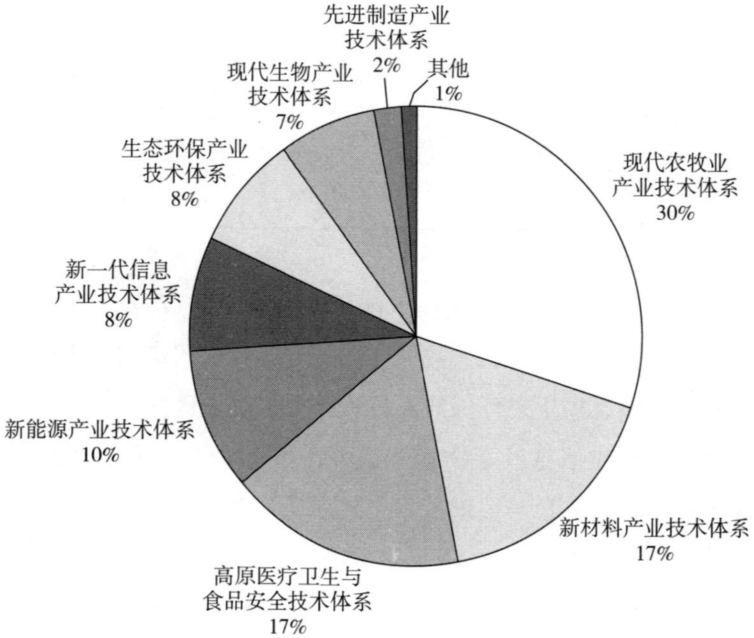

图5　2017年青海省科技计划领域拟资助经费分布

（3）产业技术体系分布对比。与2016年相比，2017年科技计划项目的重点领域侧重有所不同。从经费资助看，2017年新一代信息产业技术体系和新能源产业技术体系不再是拟资助经费和当年资助经费最高的领域，而是对现代农牧业产业技术体系的拟资助和当年资助经费最高。现代农牧业产业技术体系成为2017年科技计划项目的重点资助领域（见表4）。

表4　2016年和2017年青海省科技计划重点领域侧重

项目数		总资助经费		当年资助经费	
2016年	2017年	2016年	2017年	2016年	2017年
高原医疗卫生与食品安全	高原医疗卫生与食品安全	新一代信息	现代农牧业	新能源	现代农牧业
新一代信息	现代农牧业	现代生物	新材料	现代生物	高原医疗卫生与食品安全
现代农牧业	新材料	新能源	高原医疗卫生与食品安全	新一代信息	新材料
先进制造	生态环保	现代农牧业	新能源	现代农牧业	新一代信息
现代生物	新一代信息	生态环保	新一代信息	生态环保	新能源
新材料	现代生物	先进制造	生态环保	先进制造	生态环保
生态环保	先进制造	高原医疗卫生与食品安全	现代生物	新材料	现代生物
新能源	新能源	新材料	先进制造	高原医疗卫生与食品安全	先进制造

新一代信息技术与部分产业技术体系相融合。2017年，青海省科技计划项目已逐渐将移动互联网、大数据、云计算等新一代信息技术应用于现代农牧业产业技术体系、生态环保产业技术体系、高原医疗卫生与食品安全产业技术体系、新一代信息产业技术体系中，如设立了“海北州高寒草地生态畜牧业大数据管理平台与关键技术集成示范”“基于大数据挖掘的高寒草地退化评价”“基于数据挖掘的藏医诊疗决策支持系统关键技术研究”“‘互联网+制造业’融合创新关键技术应用与示范”等项目。面对新一轮科技革命和产业变革浪潮，青海省努力在创新发展上超前部署，主动迎接科技革命和产业变革带来的挑战，把握产业转型发展的主动权。

新形势下为推进具有青海特色的创新体系建设，后续的项目计划中，将依托青海省特色资源，加快新一代信息技术在新能源产业技术体系、新材料产业技术体系、现代生物产业技术体系和先进制造产业技术体系中的融合应用。

（二）2017年新开科技计划项目创新载体合作网络

1. 创新载体分布分析

企业、高校科研机构、行政事业单位等多类型机构参与承担了2017年科技计划项目。不同科技计划项目类别在科技项目部署中对不同类型机构各有侧重，但又相互补充。

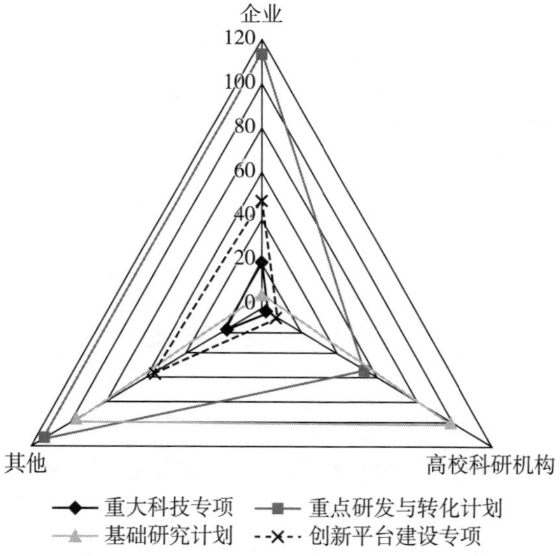

图6　2017年青海省科技计划创新载体分布

不同计划类别因基本定位不同，创新载体分布各有特点。在重大科技专项、重点研发与转化计划及创新平台建设专项实施过程中，企业、高校科研机构以及其他行政事业单位积极参与项目实施，其中企业和其他单位占据主体地位。在基础研究计划中，高校科研机构在参与的承担单位中占据主体地位，有明显的优势，企业参与度相对较低。出现这种分布，主要与基础研究计划的基本定位有关，基础研究计划应主要关注一些具有前瞻性、全局性、带动性技术的前期研究，更加需要高校科研机构参与。

2. 创新载体合作网络

通过社会网络分析探究科技计划项目参与单位的合作情况，2017 年科技计划项目的参与单位共有 305 个，网络联系 700 多条，是一个大规模的网络，网络相对疏松，以孤立点居多。为凸显参与单位之间的合作关系，在图 7 中展示了去除孤立点之后的合作网络。

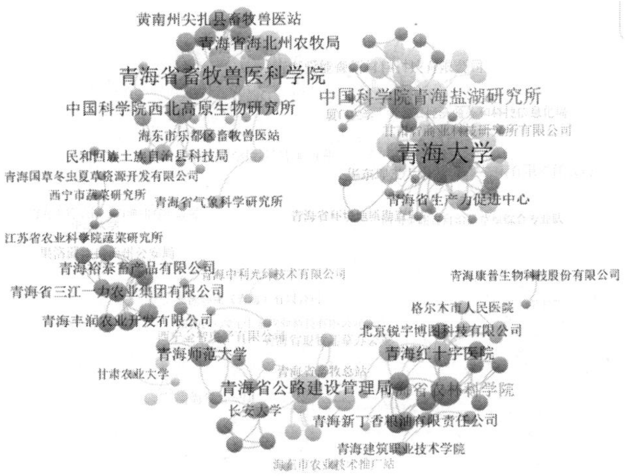

图 7　2017 年青海省科技计划参与单位合作网络示意

结合分布情况，青海大学、青海民族大学、中国科学院西北高原生物研究所、青海省畜牧兽医科学院、中国科学院青海盐湖研究所，在 2017 年青海省科技计划项目承担单位合作网络中处于核心位置，是完成青海省科技项目的主力军。很多单位不仅直接同它们合作来共同承担项目，它们在其他机构合作中也起到了很好的桥梁作用。就领域来看，这些科研单位和企业等在盐湖、农牧业科技、医药卫生和交通运输领域已初步呈现创新集群的雏形。同时，从合作网络中可以看到，产学研方面仍存在一些不足。一是去除较分散的单位点，整体承担项目的合作程度还需进一步提升；二是在合作网络中，呈现的创新集群雏形中企业较少，仍需提高企业比重；三是虽然参与合作的机构有企业、高校和科研机构，但企业在合作网络中处于相对次要的位置，核心位置几乎都被高校占据。另外，由于分析模型的限制，网络图中呈现合作关联度以项目数量为主，还未能体现出合作项目的资金强度。

（三）2017年青海省科技创新亮点

结合青海省“十三五”科技创新规划和全年工作部署，2017 年度青海省科技计划项目在绿色产业技术体系构建方面和重大科技创新工程实施方面有诸多亮点。

1. 绿色产业技术体系构建

（1）研发新能源产业技术体系的关键设备。主要是太阳能热发电试验基地关键设备的研发。攻克了太阳能热发电中高温蓄热技术及装备研制，在德令哈 10 兆瓦塔式光热发电站的基础上，成功研制出塔式光热熔盐储热系统，成为我国首座具备熔盐储热的太阳能热发电站。同时，自主研发用于太阳能热发电的熔盐吸热器系统，实现吸热器工况效率 85%，开发了一套非接触测温系统，满足对光热电站测温的需要。

（2）实现新材料产业技术体系的重要突破。一是 48 对棒还原炉的研发及规模化应用。通过计算机模拟仿真，结构设计、优化，解决了困扰行业已久的 48 对棒还原炉在结构设计、工艺稳定性、余热利用等方面的技术难题，成功开发出实用化的 48 对棒还原炉，为电子级多晶硅低成本、高效率生产奠定了基础。二是盐湖稀散元素分离提取新工艺的研制。通过磁性颗粒晶面暴露的方法，制备出不同磁性铁氧化物颗粒；利用量化模拟计算对不同晶面进行物化性质分析，比较不同晶面表面功能化的稳定性；对制备出的优选铁氧化物晶面表面进行冠醚功能化嫁接，制备出磁性铯吸附剂，该吸附剂不仅具有较高的铯离子选择性，且同时具有快速磁性分离的效果，为盐湖中稀散元素的绿色分离提取提供新的工艺，并为盐湖低品位矿产开发提供新的思路。

（3）攻克先进制造产业技术体系的主要难题。主要是察尔汗盐湖电池级碳酸锂工艺的技术改良。通过高压反渗透等技术，对装置吸附法提锂工艺中镁锂分离工艺进行了优化组合研究，解决了高压反渗透装置、高效蒸发浓缩、氯化锂母液精制等一系列技术难题，实现了高镁锂比卤水镁锂分离和高效提锂，并生产出合格的电池级碳酸锂产品，为下一步达产达标奠定了坚实的技术基础，对实现青海省察尔汗盐湖锂资源综合利用、打造千亿元锂电产业和支撑我国新能源电动汽车产业发展具有积极意义。

（4）加快现代生物产业技术体系的特色开发。一是牦牛肉储运减损提质增值关键技术研究与示范。立足青海牦牛肉资源，研究了热鲜牦牛肉、冷鲜牦牛肉储运过程中包装方式、包装材料、运输温度波动对其品质和货架期的影响，建立了牦牛肉储运减损技术体系，热鲜牦牛肉的减损率平均在2.0% ~2.3%，并在青海3家企业进行了示范应用。二是珍稀藏药手掌参菌根真菌及其代谢产物活性研究。利用形态学和分子生物学鉴定，明确青藏高原4种手掌参不同生长期菌根真菌的种类，开展了4种手掌参菌根真菌代谢产物进行抗菌活性、抗肿瘤活性及抗老年痴呆活性研究，对保护和合理利用手掌参资源提供了理论依据。三是降糖新药“梓醇片”的研发。自主研发出的“梓醇片”取得国家食品药品监督管理局中药一类药物临床试验批件，实现了青海省国家中药一类新药临床审批零的突破。四是柴达木盆地水资源高效利用与生态保护技术研究。为解决制约柴达木盆地发展的水资源瓶颈问题，研发涵盖水循环全过程的从雨洪利用、生态节水、绿洲产业节水到废水循环再生利用一体化水资源高效利用与生态保护技术。五是青海省枸杞棉蚜成灾原因及防控机制研究。确定了青海枸杞林蚜虫种类主要为棉蚜和桃蚜，初步揭示了气象条件和寄主植物耦合是枸杞棉蚜成灾的主要原因，对推动全省枸杞产品升级具有重要理论和实践意义。

（5）加大农牧业产业技术体系的有力支撑。一是基于模拟放牧的高寒草地健康状况评价及预测研究。通过对高寒草地群落、土壤、生境、干扰因素、生态服务功能的调查分析和对高寒草地土壤适应性评价，得出了不同高寒草地健康状况影响因素及定量评价结果，提出了高寒草地利用管理措施。二是香石竹鲜切花生产产业化技术示范研究。引进香石竹鲜切花品种15个，筛选出了适宜青海高原日光温室种植的品种8个。建立了1100平方米的组培苗原种圃和1100平方米的原种采穗圃，建成了52个扦插床的种苗繁育圃，建成香石竹鲜切花示范基地5个，实现销售收入1272万元，利润370万元，新增就业208人。

（6）形成生态环保产业技术体系的典型示范。一是三江源智慧生态畜牧业平台建设。利用遥感、地理信息系统、物联网技术、云技术，在开展草情信息获取、草畜平衡动态估算等关键技术攻关的基础上，建成三江源智慧生态畜牧业综合信息云平台和草情监测与草畜平衡诊断系统，实现了信息云平台和典型示范区县级平台的联网运行，为构建三江源生态保护“减压增效”的“智慧生态畜牧业”新模式提供了全面有效的信息与技术支撑。二是基于土地生态安全的青南高原藏区土地空间优化配置。基于遥感（RS）和地理信息系统（GIS），对近20年土地利用/覆盖变化进行了研究，依据压力—状态—响应（P-S-R）理论框架，构建了土地生态安全评价体系，全面系统地对青南高原地区的土地生态安全状况进行了定量研究，划分出不同的土地生态安全等级，基于景观安全格局分析，在土地生态安全评价的基础上，对低于安全标准的区域进行了土地生态安全设计。三是三江源区退化高寒生态系统恢复技术与示范。将为三江源生态保护提供精准化生态恢复技术体系、信息化决策系统和大数据平台，推动创建三江源区保护与发展相协调的生态文明新范式，实现生态恢复技术体系再升级，促进区域可持续发展。四是生态保护红线划定与管控技术研究。针对青海土地面积大、地貌特征复杂、生态系统类型多样、数据点位不均衡的实际，以基础地理、生态要素、土地覆被、气象、土壤、保护地，以及中、高分辨卫星影像等数据为基础，构建了青海省生态保护红线数据库，优化筛选出适合省情的生态保护红线评价方法，明确了生态保护红线划定范围，为青海生态文明建设提供决策依据。五是祁连山黑土滩（坡）治理技术集成示范。通过项目实施，将形成祁连山区黑土滩退化草地综合治理模式，进一步完善试验示范基地建设，为祁连山生态保护与建设综合治理工程提供技术支撑。

（7）提升高原医疗卫生与食品安全技术体系的保障能力。一是青藏高原灾害护理现状调查分析。从灾害护理培训意愿、灾害救援参与度、高原灾害护理知识与技能需求、灾害护理核心能力四个方面对青藏高原灾害护理现状进行了深入的调查、研究和分析，该研究结果对于指导高原地区各级医疗机构和护理院校完善灾害救援管理及护理人员的灾害护理培训、优化护理教育的课程设置，有较为深远的指导意义。二是高原低氧环境复合健身运动促进人体健康研究。依托国际科技合作示范基地平台，研究在高原地区进行适当的体育锻炼可以有效改善并提高平原和高原人群的体质，为高原地区全民健身研究和推广提供了一定的参考依据。项目开展的高原比赛对血液影响的研究，为促进高原训练和加强反兴奋剂工作提供了理论依据。

2. 重大科技创新工程实施

（1）以新能源领域科技创新基地为依托，带动特色产业科技创新工程。一是全国首座“百兆瓦太阳能光伏发电实证基地”的全面建成与运行。该基地拥有31种类型组件实验区、21种形式支架实验区、15种类型逆变器实验区、30种不同设计对比实验区、17种综合对比实验区，成为目前国际上光伏组件种类及系统运行方式最全、容量最大的实证性研究基地。二是成立青海省太阳能产业技术创新战略联盟。该联盟由黄河上游水电开发有限责任公司牵头，联合省内外知名科研院所、大专院校和上下游骨干企业组建，标志着青海省太阳能产业发展的新开端，将有力引领太阳能产业领域政、产、学、研协同创新发展。致力于将青海省太阳能产业技术创新战略联盟建设成一个全新的、开放的合作共享平台，在产业技术创新路线图的制定、产学研协同技术攻关和行业标准建立等方面发挥更大作用，为推动青海乃至全国全球太阳能产业技术进步和行业发展提供重要支撑。

（2）以节能减排为导向，推动生态环保科技创新工程。结合业务和海东市乡村建设需求和实际，围绕乡村振兴战略，着力打造生态宜居乡村环境，积极探索节能环保装配式建筑基地化建设工作。基地建成后，将拥有国内最先进和构件类型最全面的装配式建筑构件生产线，对改善农村人居环境、提高建筑质量、提升节能减排等具有重大意义。

（3）以科技精准扶贫为抓手落实科技惠民工程。一是构建精准扶贫工作大数据平台。利用“互联网+”技术，按照“1+3”精准扶贫信息化服务模式，建设了具有基础数据管理、动态监测、数据统计、监督管理、在线指挥等5大功能的青海省精准扶贫工作大数据平台，为扶贫攻坚实现精准识别、精准帮扶、精准管理和精准考核提供了技术支撑。推广使用精准扶贫大数据平台手机App软件，准确采集并实时掌握贫困户的基本信息，涵盖人口信息、户均收入和来源、致贫原因、耕地面积、主要种养殖情况及基础设施情况等，达到精准识别的目的。二是组织“强化监督执纪，护航精准扶贫”专项行动。海东市结合专项行动研发了“互联网+纪检监督+精准扶贫”的纪检监督信息化平台。通过数据采集、比对、核查等方式，强化扶贫领域监督执纪问责，防止扶贫资金流失，让有限的资金用在“刀刃”上，为坚决打赢脱贫攻坚战提供坚强纪律保障。三是根据科技定点扶贫联系的却藏寺村、巴音村的实际情况，有针对性、指导性地开展扶贫工作。充分利用省科技信息化服务平台，发挥科技特派员的技术指导和平台统计功能作用，精准施策、精准滴灌，提供劳务信息和产业技术服务，建立规范的扶贫工作机制，帮助农户开展春耕备耕生产，建立新的生产发展模式，培育发展新型经营主体，推动新产品的覆盖率，依靠科技、依靠产业扶贫，引导产业化发展，促进多渠道增收。四是组织定点帮扶村的蕨麻种植示范。针对互助县南门峡却藏寺村可利用耕地少、传统种植业产出低的实际情况，确定了发展蕨麻、中藏药种植的特色种植业发展思路。邀请农技推广站专家，赴该村开展蕨麻种植技术培训。蕨麻种植以合作社牵头，通过流转闲置土地方式，按照“实地、实用、实效”的原则，推行标准化生产、集约化经营，促进该村集体经济发展和贫困户增收。

（4）以农村信息化主动推送服务为载体，助推农牧业科技创新工程。通过工作专题会的形式洞悉目前青海省开展农村信息化主动服务情况和基于地理信息系统的测土配方系统，围绕农户备耕生产，开展个性化、智能化、精准化的主动信息服务和农资配送服务的信息化主动服务流程，并新开发了基于农牧区信息化主动服务平台的微信公众平台及通过平台实现农户与特派员互动、专家在线问答、特派员主动服务等功能。

二　国家科技计划项目申报及执行情况

（一）国家科技计划项目年度申报情况

2017 年青海省科技部门积极与科技部、中科院、国家自然科学基金委等相关部门、单位对接，积极组织推荐国家项目，落实国家项目 142 项，争取国家资助经费 36382.13 万元。其中，国家重点研发与转化计划获得 11968.13 万元；国家科技成果转化引导基金 4500 万元；国家自然科学基金 2799.5 万元；中国科学院项目资金 3864 万元；中央引导地方科技发展专项 1400 万元；国家金太阳示范工程资金 5640.55 万元；中西部地区“三区”人才支持计划科技人员专项资金 1831 万元。

从近三年国家项目争取情况来看，国家科技计划体系改革后，青海省科技部门争取国家项目资金的渠道倾向于多样化。国家重点研发计划争取经费呈上升态势，国家自然科学基金项目争取资金也呈现逐年稳步增长态势。而金太阳示范工程和“三区”人才支持计划按照国家工作安排，资助经费在逐渐减少。

（二）国家科技计划项目年度运行形势

2017 年共完成验收国家项目 70 项，其中国家科技支撑计划 2 项、国家星火计划 8 项、国家科技型中小企业技术创新基金 49 项、国家火炬计划 6 项、中央引导地方专项 5 项，中央财政支持经费 7820 万元。通过项目的实施，制定各类标准 26 项，获得成果 10 项，形成专利 120 件（其中授权发明专利 3 件，申请发明专利 50 件），培育各类人才 266 名，发表论文 531 篇，预期产值超过 1.98 亿元。

一是在农牧区生产—生态—生活循环发展方面，通过实施《重点牧区“生产生态生活”保障技术集成与示范》项目，从区域草地生态系统的全局出发，以可持续发展的理念，在生态保护技术、品种选育技术、草地生态畜牧业技术、民生服务等方面进行技术突破，以发展生产为核心，提升现阶段牧区草地畜牧业生产水平，促进生态保障的效果，提高牧民的生活水平，建立生产—生态—生活同步和谐发展的新型模式。二是在推动区域农村信息化工作方面，结合西北地区现代农业和农村社会发展需求，推进“西北地区省级农村信息服务平台构建与应用”课题的实施，初步建立以信息化服务手段为基础，以低成本、广覆盖、多途径为特点的西北地区农村信息化服务体系，有效提升青海、新疆和内蒙古公共服务能力、农业可持续发展潜力和农牧民自身素质。三是在优化科技创新环境、支持平台建设方面，通过中央引导地方科技发展项目的实施，推动了青海省锂镁产业创新协会建设，搭建了分析检测、标准制定、技术成果对接、转移转化平台，开展了锂电池正极材料、低温锂电池技术工程化应用等研究；完成了三江源国家生态保护综合试验区生态环境监测与数据服务平台原型系统搭建；对青海省大型科学仪器共享服务系统进行了完善和升级，为社会提供实时在线服务；依托农村信息化服务平台，构建了精准扶贫信息化服务平台和“1+3”精准扶贫信息化服务模式，初步实现了扶贫决策分析的智能化、服务主动化和信息多元化，已覆盖634个贫困村48367户贫困户，组建科技服务队伍1500人。

三 “1020”生态农牧业重大科技支撑工程情况

2017年，青海省科技部门结合青海省“十三五”科技创新规划，以“1020”生态农牧业重大科技支撑工程为重点，深化农牧业科技供给侧结构性改革，加快转变高原特色农牧业发展方式，着力提升现代生态农牧业发展水平，切实推动青海省农牧业十大特色产业发展。

（一）总体进展

自2012年实施“1020”生态农牧业重大科技支撑工程以来，紧密围绕青海省油菜、马铃薯、牛羊肉、饲草料等十大特色产业链发展，大力引进农牧业新品种、新技术以及规模化高效生产栽培技术，大幅度提高了全省农牧业新品种、新技术的覆盖率和机械化应用水平。2017 年，共实施“1020”工程科技项目 240 项，累计投资 39.8 亿元，其中资助经费 4.38 亿元，预计实现新增产值 143.8 亿元，选育农作物品种 39 个，占同期农作物新品种总数的 75%。

2017 年度，重点针对高原特色农牧业产业提升、农产品高附加值加工、精准扶贫等方面，重点支持高原现代种业生产、生态循环农牧业发展、农畜产品精深加工、农牧业标准化生产与智能化管理技术示范、农业机械化生产标准研发及推广等“1020”科技支撑工程项目 39 项，预计投资 5.9 亿元，其中科技投入 4.28 亿元，资助经费 10320 万元，年度资助 4280 万元，预计实现新增产值 18.6 亿元。这批项目的实施，将切实推动青海省农牧业十大特色产业发展，加快转变高原特色农牧业发展方式，着力提升现代生态农牧业发展水平，为全省“四个百亿元”农牧产业健康发展提供有效技术供给。

（二）主要成效

1. 切实推进高原生态畜牧业发展

一是利用禾（黑饲麦、燕麦）豆（箭筈豌豆）混播及微生物菌剂、青贮等关键技术及综合生产配套技术的推广应用，带动了全省草产业迅猛发展。如黑饲麦 + 箭筈豌豆混播种植模式使青干草粗蛋白提高到 9.83%，全混合日粮（TMR）技术饲草利用率提升了 38.25%。2017 年，在海南州贵南县建植人工草地 25 万亩，人工草地干草平均产量达 450 ~ 520 千克/亩，生产优质牧草 6.2 万吨、加工各类草产品 8.5 万吨。二是围绕生态型牧草开展了草地早熟禾、冷地早熟禾、高原梭罗草、扁穗冰草、同德无芒披碱草等草种的繁育与示范工作，并在三江源退化草地恢复治理、人工饲草地建植中进行了推广应用。三是以柴达木福牛为核心，以牦牛、黄牛、犏牛为基础，结合饲草综合利用、肉牛繁殖育肥、屠宰加工、市场销售为一体的肉牛产业，运用远缘经济杂交理论，以青海省特色家畜为种质资源，创制了牦牛、柴达木黄牛、安格斯肉牛形成的三元杂交牛群体新材料，建立了柴达木福牛产业化技术集成与示范，建成了从初生牛犊到育肥出栏、屠宰加工、冷链运输等环节的肉源追溯体系，开发新产品 36 个。四是主要放牧家畜冻精生产技术取得新突破，藏羊鲜精受胎率达到83.86%，冻精受胎率达到62.50%；牦牛冻精受胎率为63.51%，犊牛成活率为93.71%。五是通过人工授精与藏羊、牦牛早期断奶、补饲等技术集成，实现了藏羊两年三胎，牦牛一年一胎繁育，并将相关标准和技术规范纳入全省农村信息化服务平台进行推广。

2. 科技支撑高原现代特色农业发展

一是在油菜产业方面，构建了“青杂”系列杂交种的DNA指纹图谱及种子纯度DNA检测技术，建立了品种真伪和种子纯度快速鉴定技术体系，培育出适宜青海省海拔3000米区域内种植的早熟双低杂交油菜新品种青油19号和适宜东部农业区海拔2800米以下地区及柴达木盆地海拔3000米以下灌区种植的新品种青杂12号，平均亩产242.8公斤，较对照品种青杂5号增产8%，累计示范5.21万亩。二是在青稞产业方面，“昆仑15号”高产田创制示范在三江源区和柴达木灌区产量均超过千斤，“昆仑14号”高产创制示范在以门源为代表的高寒青稞区的产量达400公斤以上，远高于该县240公斤/亩的平均产量。2017年共计示范推广23.65万亩，并在西藏、新疆和甘肃推广种植，并逐步成为当地优势主导品种。三是在蔬菜产业方面，收集了十字花科蔬菜品种资源206份，选育获得优良自交系536份，育成萝卜、油菜等细胞质雄性不育三系杂交种4个，紫菜薹、甘蓝等优势组合9个，总结出适宜青海省十字花科蔬菜高效生产的种植技术模式，建立了十字花科杂种制种基地，为生产和提供优质种子奠定了基础。四是为解决枸杞黏结、氧化变色、农药残留过高、高技术新产品缺乏等影响柴达木枸杞产业健康发展的共性技术和关键技术，通过新型降农残工艺，枸杞农药残留综合降低70%以上，加工生产枸杞干果1260吨，新增产值4900万元，通过技术转化和产业化，促进枸杞产业高效快速发展，提高枸杞产品的附加值和产品质量。

（三）工作展望

一是深入实施乡村振兴战略，围绕高原特色主导产业，加大科技对高原特色农业和农村牧区创新发展的支撑力度，加速农业科技成果产业化，推动农牧业产学研用深度融合，打造高原农牧业持续发展的新常态。重点推进高原特色生物种质资源保护及开发利用，建立高原绿色现代农业转型创新保障技术体系，建立高原智慧生态畜牧业创新升级技术体系，实施粮食安全及菜篮子保障科技创新支撑工程，实施生态经济林及林下产业提质增效创新工程，实施“互联网+高原农牧业”信息化科技创新服务工程。

二是围绕高寒地区草地畜牧业生产与生态环境保护之间均衡发展的重大科学问题，启动实施海北州高寒地生态畜牧业大数据管理平台与关键技术集成示范重大专项，通过建立草地畜牧业智能管理数学模型，解决多源数据的融合分析及其服务于畜牧业生产的利用技术，创建基于草地动态信息获取基础上的畜牧业生产动态管理大数据平台，为政府、生产者和消费者提供相关服务。

三是围绕青海省牦牛高效安全养殖，通过营养调控、饲养模式等综合技术集成创新，建立牦牛高效、绿色养殖技术体系，集成创新牦牛、犏牛胚胎体外生产、移植与繁殖调控等技术，建立新型繁育技术体系，通过主要疫病综合防控技术集成与示范，保障牦牛健康养殖与产品安全，改进牦牛传统乳肉制品的生产工艺与质量标准，提高牦牛养殖技术水平和经济效益。

四是围绕提升青海省高原特色农作物现代种业发展水平，结合油菜、青稞、马铃薯、蔬菜等青海省四大高原特色优势作物种业发展需求，启动实施青海省高原特色农作物现代种业创新体系建设重大专项，集成特色农作物以制繁种产量提高技术为基础、以种子质量控制及提升技术为标志的规模化高效繁种技术体系，良种良法配套的新品种推广应用体系和种业技术信息服务体系，提升青海特色农作物种业自主创新能力。

四　基础研究计划形势

2017 年，基础研究针对青海省经济和社会发展需求，瞄准国际前沿和新兴前沿，加大基础研究投入，强化科技人才队伍建设，探索管理机制创新，为提升青海省原始创新能力发挥了积极作用。

（一）基础研究基本情况

2017 年，青海省基础研究工作注重交叉学科建设，增加科技投入，加强培养优秀科研人才和团队，为全省科技创新输送创新知识和人才队伍，提升重点领域基础研究水平，取得了明显成效。

1. 推进基础研究计划管理改革

2017 年，以基础研究计划项目为试点，进一步深化科技计划管理改革。基础研究实行概算管理，自然科学基金不再编制预算，由科研人员根据科研活动规律和特点自主安排使用。加大绩效奖励力度，将科研项目间接费用比重提高到不超过直接费用扣除设备购置费的 30%，并取消了绩效支出比例限制。在科研项目预算资金不变的情况下，将直接费用中的材料费、测试化验加工费、燃料动力费、出版/文献/信息传播/知识产权事务费及其他费用预算调剂权下放给项目承担单位，由项目负责人根据科研活动实际需要安排。高校和科研院所可根据科研活动的实际需求，按照精简高效、厉行节约的原则，合理确定科研人员乘坐交通工具等级和住宿费标准。基础研究计划项目取消项目经费决算评审，项目经费决算报告加盖承担单位财务章，报青海省科技部门备案后，由管理服务机构组织专家进行会议验收或函审验收。通过基础研究计划管理改革进一步提升科研机构创新活力，激发广大科研人员积极性和创造性。

2. 立项及经费资助情况

青海省基础研究计划 2017 年共立项 170 项，总投入经费 6343.88 万元，资助经费 5383 万元，同比提高 76.43%。当年资助经费为 5383 万元。平均每个项目资助强度为 31.66 万元，同比提高 13.17 万元。

一是基础研究计划。主要针对健康与医药科学领域、能源与材料科学领域、生物与农业科学领域、信息技术与装备制造科学领域、资源与环境科学领域等重点学科领域征集项目 489 项，立项 99 项，立项率为 20.25%，总经费为 4362 万元，资助经费为 3608 万元，比上年提高了 90.8%，当年资助 3608 万元。二是自然科学基金。重点支持青海省优势学科、行业、领域的学科带

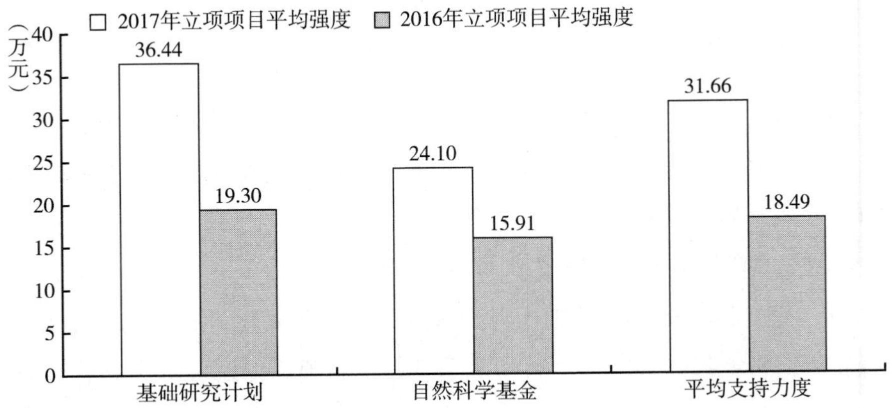

图8　2016～2017年青海省应用基础研究、自然科学基金立项项目平均资助强度

头人、优秀青年科技人才、高端创新人才"千人计划"中的科技创新人才和创新团队。自然科学基金面上项目由学科带头人、科技创新人才或创新人才及团队承担；青年项目由35岁以下（女性37岁以下）且未曾获得过省级科技计划项目资助的优秀青年博士主持承担。征集项目104项，立项61项（面上项目14项，青年项目47项），立项率为58.65%。总经费为1581.88万元，资助经费1470万元，比上年提高了59.26%，当年资助1470万元。

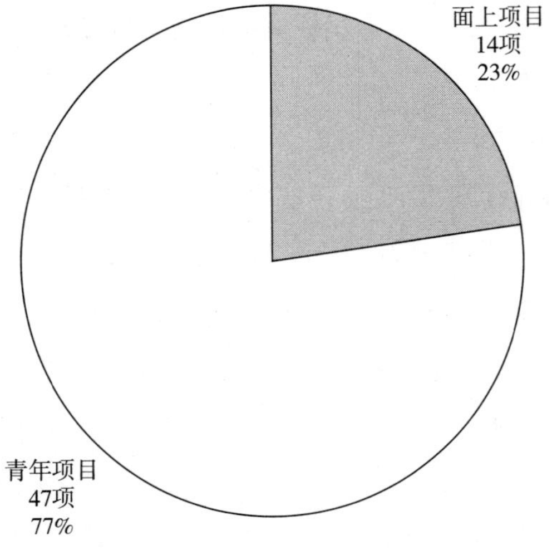

图9　2017年青海省自然科学基金支持情况

3. 领域分布

支持健康与医药科学领域、能源与材料科学领域、生物与农牧业科学领域、信息技术与装备制造科学领域、资源与环境科学领域等重点学科领域。其中健康与医药科学领域、生物与农牧业领域作为青海省特色优势领域共立项 87 项，占基础研究立项总数的 51. 18%。

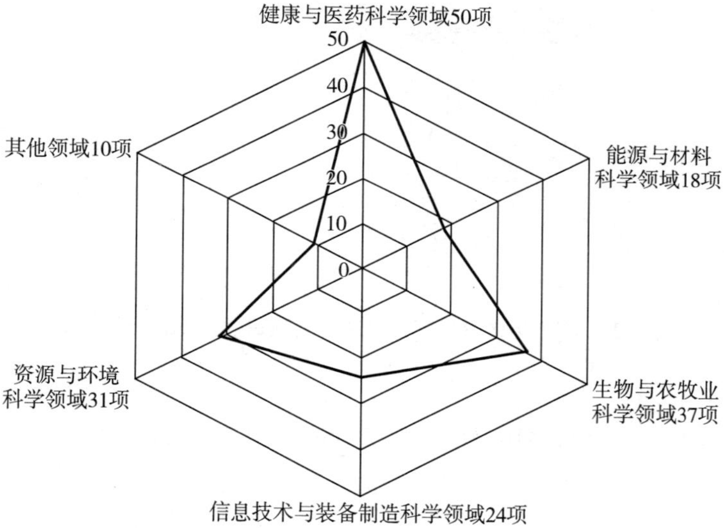

图 10　2017 年青海省基础研究计划立项项目领域分布情况

4. 承担单位立项项目分布情况

2017 年，立项项目承担单位主要分布在事业单位、大专院校和科研机构，其中大专院校独立承担 65 项，科研机构单独承担 32 项，事业单位单独承担 34 项，大专院校、科研机构和事业单位合作承担 24 项，企业承担 5 项。

5. 项目科研产出

2017 年立项项目和预期科研产出与 2016 年相比略有提升，研究内容和研究指标明确，技术路线和技术指标清晰。

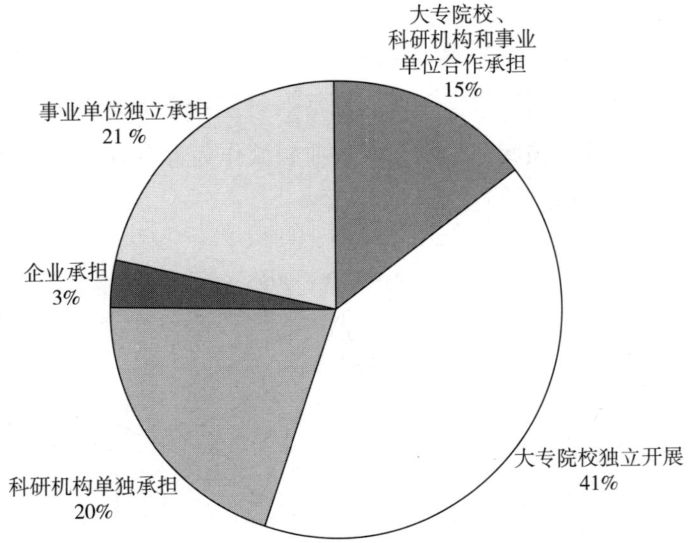

图 11 2017 年青海省基础研究计划项目承担单位分布情况

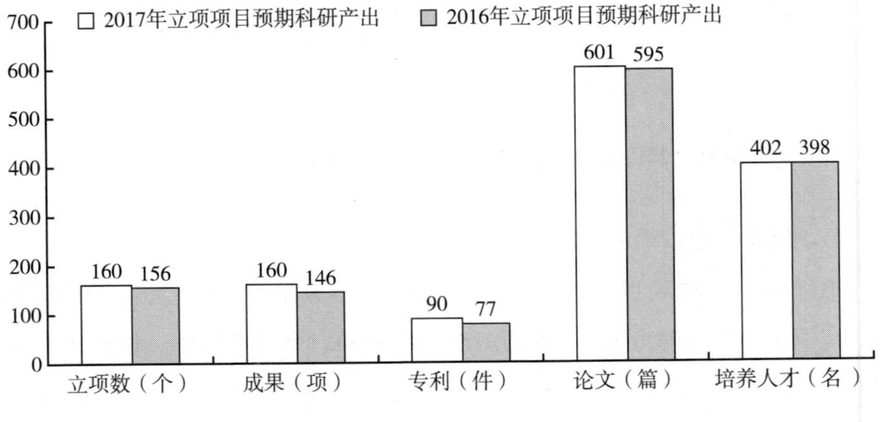

图 12 2016～2017 年度青海省基础研究立项项目预期科研产出

（二）培养科技人才情况

青海在科技计划组织实施和管理中，将科技创新人才的培养作为一项重要的产出指标，有针对性地加强科技人才队伍培养。2017 年资助的 160 项

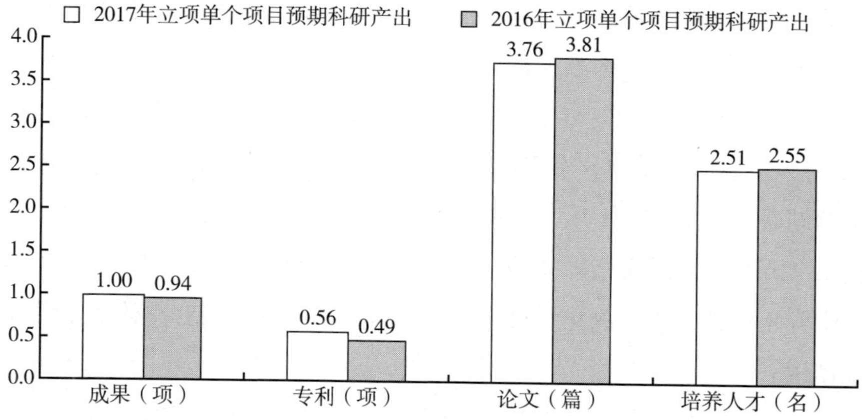

图 13　2016～2017 年度青海省基础研究立项项目平均预期科研产出

基础研究项目中，参与科研人员 1000 余人，培养各类专业技术人才 402 人，其中博士 11 人，硕士 270 人，其他人才 121 人。青海省自然科学基金项目中面上项目资助学科带头人 14 人，总经费 619 万元，资助经费 540 万元；青年项目 35 岁以下（女性 37 岁以下）具有博士学位的优秀青年科研人才 47 人，总经费 962.88 万元，资助经费 930 万元。

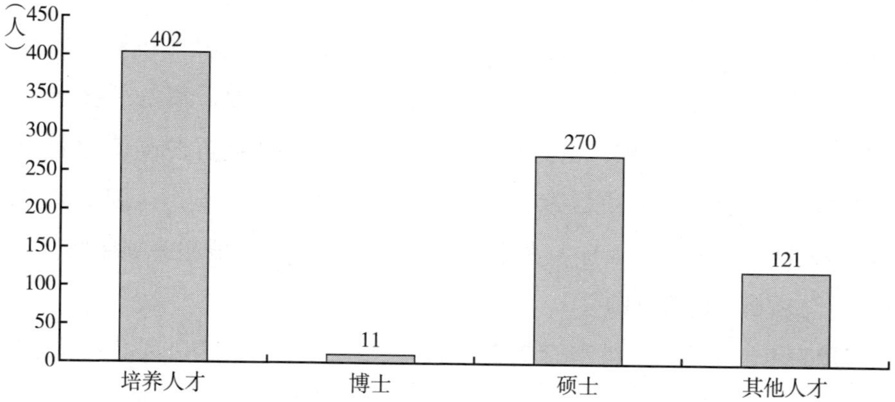

图 14　2017 年青海省基础研究计划科技创新人才的学位分布情况

（三）争取国家项目情况

围绕国家目标、青海特色优势学科和创新平台建设，整合科技资源、加强交流合作，积极争取国家项目支持。主要包括国家自然科学基金项目、依托省级重点实验室争取国家项目、盐湖联合基金项目、中央引导地方科技发展专项资金项目等。2017 年，青海省属高校、科研院所及事业单位共获批国家自然基金项目 71 项，资助经费 2799. 50 万元。中科院青海盐湖研究所获批盐湖联合基金项目 1 项，资助经费 590 万元。争取人才专项 4 项，资助经费 239 万元。通过实施国家项目，为进一步增强全省基础研究科研实力、培养中青年科技人才、深化科技交流与合作、提升基础研究整体水平发挥了重要作用。

柴达木盐湖化工科学研究联合基金持续实施。2014～2017 年，柴达木盐湖化工科学研究联合基金进展顺利。一是资助项目类型和数量。在经过国家自然科学基金委员会学部初审、同行专家函评、专家组会评等环节，2014～2017 年联合基金共资助项目 102 项，其中重点项目 10 项，培育项目 89 项，集成项目 3 项。二是资助项目经费。直接经费共计 9040 万元。2014 年总资助经费 4000 万元，平均资助额度为 90. 91 万元；2015 年总资助经费 1680 万元，平均资助额度为 64. 62 万元；2016 年总资助经费 1680 万元，平均资助额度为 57. 93 万元；2017 年总资助经费 1680 万元，平均资助额度为 560 万元。三是资助项目所涉及的研究领域。盐湖相平衡及基础数据领域共资助项目 14 项，占总项目数的 13. 73%，盐湖资源高效分离的新技术新方法领域共资助项目 41 项，占总项目数的 40. 20%，盐湖资源高值化利用及新材料研究领域共资助项目 36 项，占总项目数的 35. 29%，盐湖资源与环境科学领域共资助项目 8 项，占总项目数的 7. 84%，其他相关领域共资助 3 项，占总项目数的 2. 94%。

2017 年，与国家自然科学基金委共同组织召开了“2014～2016 年度柴达木盐湖化工科学研究联合基金资助项目检查交流暨 2017 年度项目指南研讨专家咨询会”，会议听取了 2014～2015 年度受资助的 10 个重点项目和 60 个培育项目进展，现场观看了 2016 年受资助的 29 个培育项目进展展示，形成了“盐湖基础数据”“用于盐湖资源有效提取分离的过程强化新方法”“盐湖资源的有效利用与产品工程”三个领域的 2017 年联合基金集成项目指南建议，旨在择优支持、集成创新，形成重大产出，有效结合盐湖产业技术需求，促进盐湖科技重大创新和盐湖产业发展。2017 年，与国家自然科学基金委共同组织召开了“柴达木盐湖化工科学研究联合基金”2017 年度评审会议，确定立项 3 项，直接经费 1680 万元。其中，中国科学院盐湖研究所获批主持项目 1 项，直接经费 590 万元，占总经费的 35.12%，参与 2 项；中南大学获批 1 项，直接经费 500 万元；北京化工大学获批 1 项，直接经费 590 万元。

（四）项目产出及成效

2017 年，验收项目 132 项，验收率为 90.41%。共发表论文 1103 篇，其中 SCI 和 EI 论文 464 篇，中文核心论文 484 篇；培养人才 901 名，其中博士 109 名，硕士 580 名；申请发明专利 310 件，授权发明专利 176 件；获得省级以上成果 125 项，其中 4 项成果达到国际领先水平，20 项达到国际先进水平。出版软件著作权 4 件，出版著作 20 部。

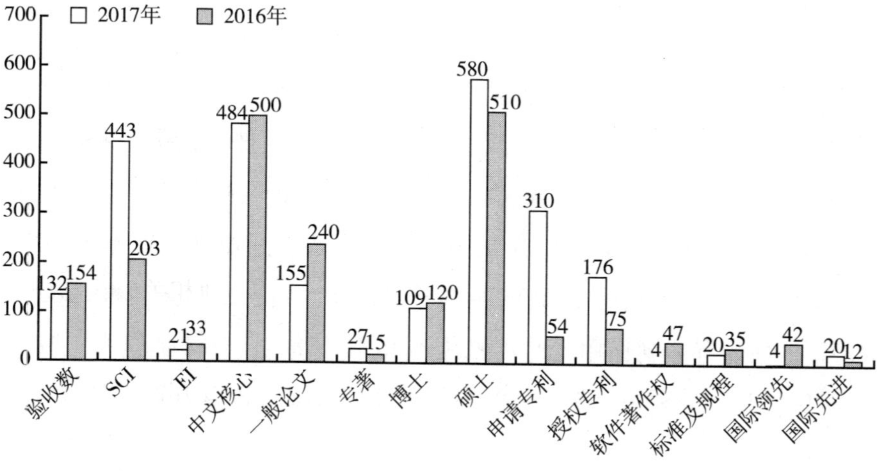

图 15　2016 年、2017 年青海基础研究验收项目科研产出情况

典型成果：一是青海省人民医院承担的自然科学基金创新团队项目“高原低氧环境下适应、习服及失习服人群脑血管的调节机制研究”首次从细胞分子、动物模型、现场人体三个层面，对高原适应、习服、失习服人群的脑血管调节机制进行了系统研究，为高原低氧环境下脑血流及脑氧调节提供了理论基础，提出缺氧预处理是急进高原人群习服的有效性途径。该项目在国际上首次系统报道了高原缺氧环境下脑血管反应性与血浆 NO 及 eNOS 之间相关性及其在慢性高原病患者与健康人群之间的差异性研究，为急进高原失习服以及慢性高原病的防治提供了科学依据。研究成果达到国际领先水平。二是青海大学承担的青海省自然科学基金面上项目“枸杞棉蚜成灾原因及防控机制的研究”运用生态学理论，从枸杞棉蚜生物学与生态学研究入手，对枸杞棉蚜寄主专化类型、种群数量爆发与环境的关系进行试验分析。研究确定了青海枸杞林蚜虫种类主要为棉蚜（Aphis gossypii Glover）和桃蚜（Myzus persicae Sulzer），枸杞棉蚜是优势虫种，发现枸杞型棉蚜是一种新的寄主生态型，并初步揭示了气象条件和寄主植物耦合是枸杞棉蚜成灾的主要原因。筛选出了 3 种高效低毒的生物杀虫剂及 1 项物理防治新方法，提出了枸杞棉蚜的防控对策。研究成果达到国际先进水平。三是青海民族大学承担的青海省自然科学基金创新团队项目“珍稀藏药手掌参菌根真菌及其代谢产物活性的初步研究”利用形态学和分子生物学鉴定，明确青藏高原 4 种手掌参不同生长期菌根真菌的种类，分离得到手掌参菌根真菌 22 株、西南手掌参菌根真菌 46 株、宽叶红门兰菌根真菌 78 株及长苞凹舌兰菌根真菌 10 株，并开展了 4 种手掌参菌根真菌代谢产物进行抗菌活性、抗肿瘤活性及抗老年痴呆活性研究。研究结果表明，手掌参菌根真菌代谢产物对 10 种细菌和 3 种真菌具有明显的抑制作用；对组蛋白磷酸化酶 Cdc25A、Cdc25B 活性具有抑制作用；对乙酰胆碱酯酶 AChE 具有抑制作用。该研究成果对保护和合理利用手掌参资源提供了理论依据，研究成果达到国际先进水平。

G.4

青海科技投入分析与展望*

摘　要： 2017年青海省以建设创新型省份为目标，以财政资金引导、推进“双创”以及强化企业研发费用税前加计扣除等方式，积极带动青海省全社会投入，特别是作为研发主体的企业加大研发投入，激发了青海省科技活动人员活力，促进了区域创新能力。

关键词： 科技投入　科技活动　创新引导基金　企业研发　青海省

一　2016年度青海省R&D经费投入

（一）青海省R&D经费投入分析

1. R&D投入强度有所提高

2016年，青海省R&D经费投入为139977万元，同比提高20.83%。青海省R&D经费投入占GDP的比重（R&D投入强度）为0.54%，同比提高0.06个百分点。青海省R&D经费投入从2011年的125757万元，增加到2016年的139977万元，年均增速2.17%，R&D投入强度却呈现下降趋势。从2011年的0.75%，下降至2015年的历史低点，R&D经费投入强度也达到最低仅为0.48%。2016年R&D投入强度有所改观，上升至0.54%。

* 课题组成员：苏海红、张艳、宋宝珠、刘永庆、薛仲萍、赵润身、段伟、谢岩、赵淑梅、田耘、张军剑、杨发。

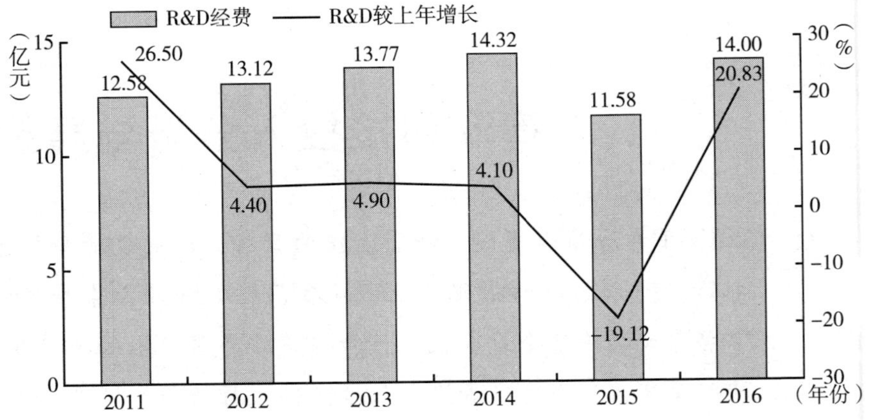

图1　2011～2016年青海省R&D经费投入及增长情况

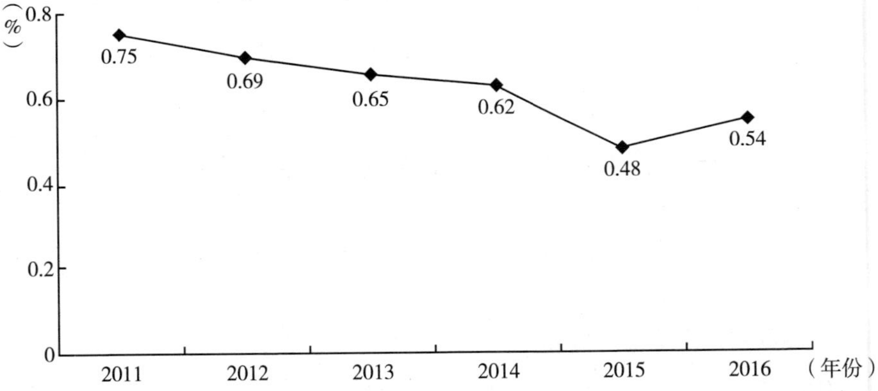

图2　2011～2016年青海省R&D经费投入强度

2. 政府投入R&D活动的引导作用进一步加大

2011年以来，政府投入R&D活动的经费一直保持增长态势。2016年，政府投入R&D资金为52070万元，同比增长32.4%，占R&D经费的比重为37.2%，同比提高3.2个百分点。相比2011年的32345万元，年增长率为9.99%。

2016年政府投入R&D经费投向科研机构19085万元，同比下降6.3%；投向企业7044万元，同比增长33.9%，尤其是投向规模以上工业企业的

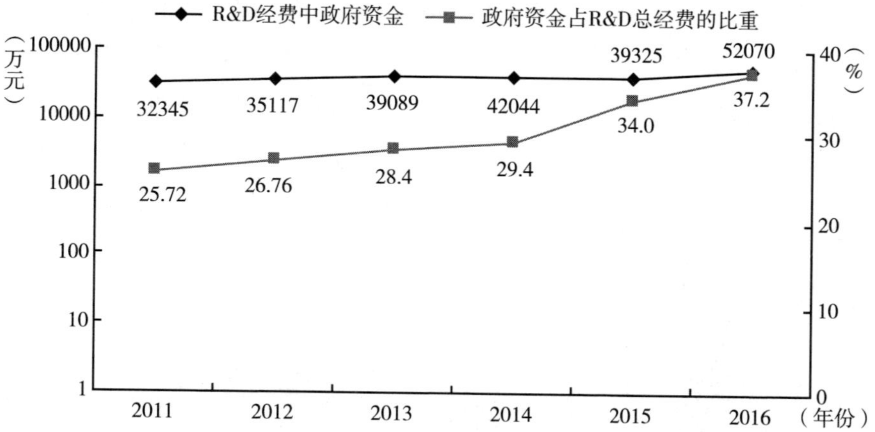

图 3　2011～2016 年青海省 R&D 经费中来源于政府资金及占比情况

R&D 经费，同比增长 51.1%，对企业的自主创新起到了重要的引领作用；投向高等学校的 R&D 资金为 19622 万元，同比增长 113.4%，说明高等学校近年来承担政府投入研发项目在不断增加；投向事业单位的 R&D 资金为 6319 万元，同比增长 33.1%。

表 1　2016 年青海省 R&D 经费按执行部门分、按资金来源分情况

单位：万元

按资金来源分 按执行部门	政府资金	企业资金	境外资金	其他资金	合　计
合　　计	52070	85925	0	1982	139977
科研机构	19085	1601	0	713	21399
企　　业	7044	81537	0	4	88585
高等学校	19622	866	0	422	20910
事业单位	6319	1921	0	843	9083

2011 年以来，政府资金投向科研机构的资金呈缓步上升态势，2011～2016 年均增长 9.49%；投向高等学校的资金也是逐年增加，尤其是 2016 年大幅增长，2011～2016 年均增长 21.83%；投向企业的资金增速较缓，2011～2016 年均增长为 11.65%；投向事业单位的资金呈下降态势，2011～

2016 年均增长为 -6.51%。青海省 R&D 资金中除来源于政府的资金外，来源于企业的资金为 85925 万元，比上年提高 15.9%，占 R&D 经费的比重为 61.4%；来源于其他单位资金 1982 万元，占 R&D 经费的比重为 1.4%。

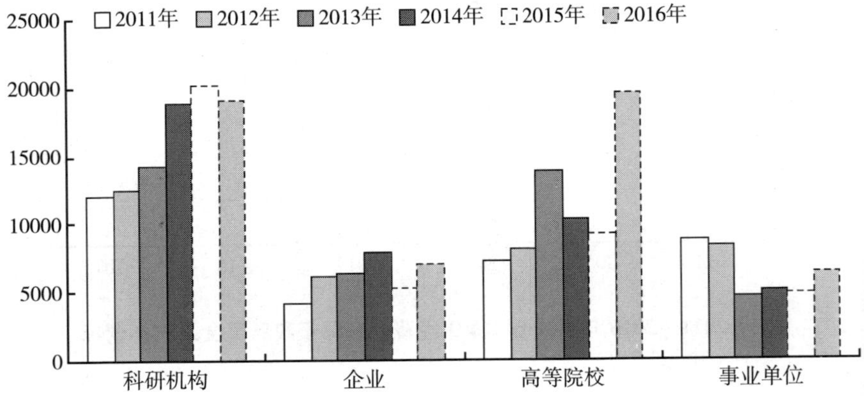

图 4　2011 ~ 2016 年青海省 R&D 经费支出中政府资金投向部门分布

3. R&D 投入分部门执行情况

R&D 活动执行部门由科研机构、企业、高等学校和事业单位四类组成。2016 年企业、高等学校和事业单位 R&D 经费较上年都有不同程度的增加，但整体而言，企业仍然是 R&D 投入的主要力量，占比在 60% 以上。

（1）企业加大自主创新活动力度。企业作为科技成果转化的载体，是科技创新投入的主体。R&D 活动作为技术创新的核心部分，决定着企业的创新能力。2016 年青海省企业投入创新活动的 R&D 经费为 88585 万元，同比提高 18.8%，占青海省 R&D 经费的比重为 63.3%。其中规模以上工业企业 R&D 经费为 77940 万元，同比提高 19.8%，另外，新增的重点建筑业和服务业企业 R&D 经费 10542 万元，占到了青海省企业的 R&D 经费的 11.9%。

企业研发经费投入的显著提升，强化了企业技术创新能力。2016 年，规模以上工业企业 R&D 经费占主营业务收入的比重为 0.4%，同比提高 0.1 个百分点。新产品产值为 345118 万元，同比提高 34.1%。企业创新的主体地位得到进一步加强。

（2）高等学校的基础研究能力大幅提高。高等院校 R&D 经费为 20910

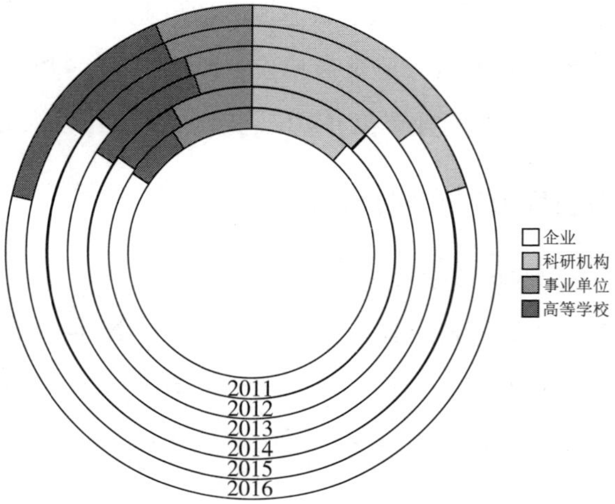

图5　2011～2016 年青海各执行部门 R&D 经费情况

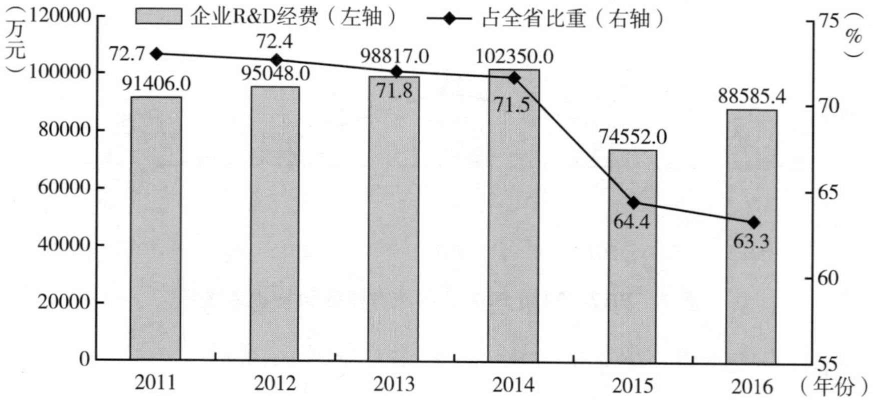

图6　2011～2016 年企业 R&D 经费及占青海省 R&D 经费比重

万元，同比提高 99%，占总额的 14.9%。其中，基础研究经费为 15005 万元，同比提高 214.8%，占全省基础研究经费的 59%。近几年随着经济发展的不断提高，青海省加大了对原始创新的投入力度，高等院校已成为全省原始创新的中坚力量。

（3）技术服务业事业单位 R&D 经费增幅显著。2016 年科研机构 R&D 经费为 21399 万元，占总额的 15.3%；事业单位 R&D 经费为 9083 万元，占总额的

6.5%。事业单位资金分为科学研究、技术服务业事业单位及其他事业单位两部分，其中，科学研究、技术服务业事业单位 R&D 经费为 4956 万元，同比提高 50.0%，增幅显著。而其他事业单位 R&D 资金与上年度持平，仍为 4127 万元。

（二）青海省地方财政科技投入情况

1. 2016年地方财政科技投入有所降低

2016 年，青海省地方财政科技投入 109010 万元，同比减少 2.85%。地方财政支出合计为 1524.80 亿元，同比增长 0.64%。全省地方财政科技投入占地方财政支出的比重为 0.71%，同比减少 0.03%。

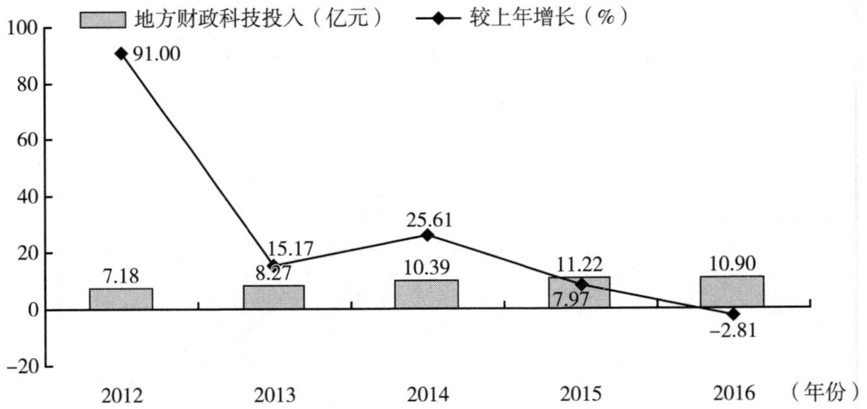

图 7　2012 ~ 2016 年青海省地方财政科技投入情况

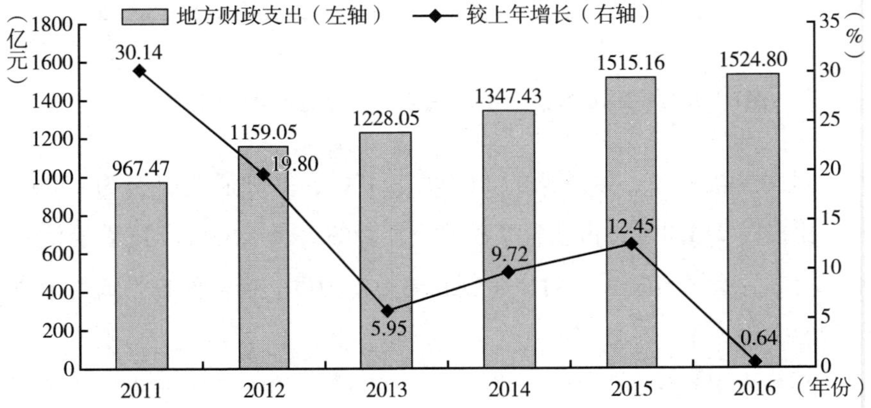

图 8　2011 ~ 2016 年青海省地方财政支出情况

2. 各市州地方财政科技投入占本级地方财政支出的比重变化较大

2016 年省本级地方财政科技投入为 54890 万元，占全省地方财政科技投入总额的 50.35%；占本级地方财政支出的比重为 1.10%，同比增长 0.08 个百分点。8 个市州地方财政科技拨款总额为 54120 万元，占全省地方财政科技投入总额的 49.65%；占同级地方财政支出总额的比重为 0.53%，各地区地方财政科技拨款金额按从高到低分别为：西宁市 14999 万元、海北州 11754 万元、果洛州 8276 万元、玉树州 5079 万元、海东市 4941 万元、海西州 3813 万元、海南州 3794 万元、黄南州 1464 万元。一是海北州、果洛州、玉树州从 2012 年起地方财政科技投入占本级地方财政支出的比重有大幅提高。2012 年按照各州制订的考核目标不同，分别对财政科技投入归类进行了相应的调整，将农业科技推广服务类的归入科学技术支出科目。其中，海北州近 4 年均超过了本级，占比达 1.53%。二是海东市由于机构改革，将独立的科技局合并至其他局，科技管理人员也随之分流精简，使地方财政科技投入有所下降。三是 2015 年开始地方财政科技投入占比不再作为考核指标，农业科技推广服务类归类科目又调整出了科学技术支出科目，使黄南州等近两年占比有所下降。

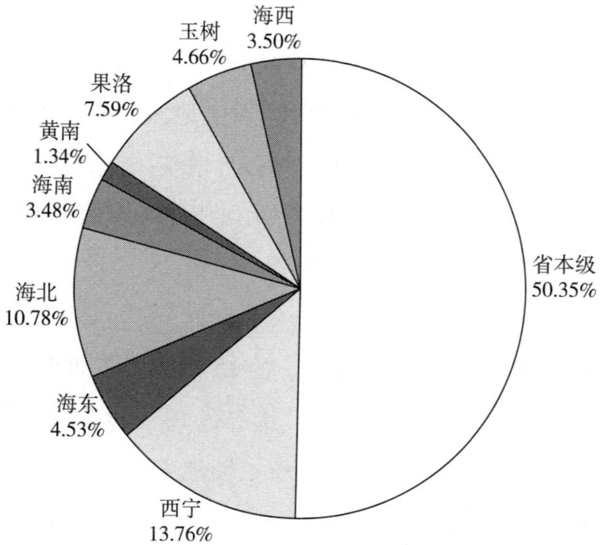

图 9　青海各市州地方财政科技投入占总投入的比重

表 2 2012～2016 年青海省本级及 8 个市、州地方财政科技拨款占本级地方财政支出比重

单位：%

地　区	2012 年	2013 年	2014 年	2015 年	2016 年	年均增长
省本级	0.86	0.72	1.10	1.02	1.10	6.35
西　宁	0.67	0.80	0.75	0.71	0.52	-6.14
海东市	0.28	0.41	0.26	0.33	0.24	-3.78
海北州	0.79	1.11	1.26	1.53	1.53	17.97
海南州	0.41	0.39	0.39	0.37	0.40	-0.62
黄南州	0.85	0.87	1.10	0.59	0.20	-30.35
果洛州	0.82	0.90	0.92	0.86	1.18	9.53
玉树州	0.08	0.12	0.11	0.10	0.54	61.19
海西州	0.45	0.68	0.55	0.64	0.30	-9.64

3. 青海省县（市、区）级地方财政科技投入不足

2016 年，青海省 46 个县（市、区）地方财政科技投入共计 43544 万元，占同级地方财政支出的 0.56%。46 个县（市、区）中，地方财政科技投入超过 1000 万元的有 15 个地区，合计地方财政科技投入为 30139 万元，占 46 个县（市、区）科技投入总额的 69.22%；地方财政科技投入在 500 万元至 1000 万元的有 13 个地区，地方财政科技投入为 9436 万元，占全部 46 个县（市、区）地方财政科技投入总额的 21.67%；地方财政科技投入在 500 万元以下的有 18 个地区，地方财政科技投入为 3969 万元，占全部 46 个县（市、区）地方财政科技投入总额的 9.11%。

地方财政科技投入在 1000 万元以上的 15 个地区主要集中在西宁市、海北州，西宁市占 5 席，海北州占 4 席。其中有 10 个地区地方财政科技投入占本级地方财政支出的比重都超过了 1%。而地方财政投入在 500 万元以下的有 18 个地区，海西州就占 7 席，18 个地区中有 12 个地区占比都在 0.2% 以下。

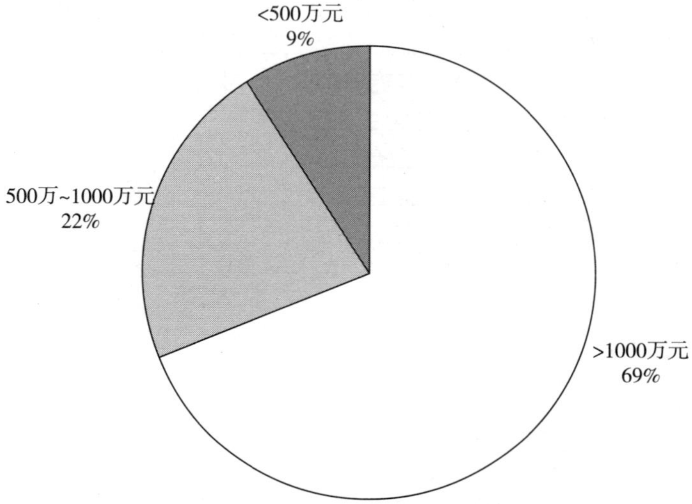

图 10　2016 年青海省县（市、区）地方财政科技投入按规模占比

二　2016年度青海省科技活动人员情况

（一）科技活动人员队伍素质不断提高

2016 年，青海省科技活动人员为 23206 人，同比提高 14.84%。其中，大学本科及以上学历人员 15317 人，占科技活动人员的 66.00%，同比提高 10.53%。“十二五”以来，青海省科技活动人员中大学本科及以上学历人数不断上升，从 2011 年的 46.65% 提高到 2016 年的 66.00%，年均增长 7.19%。

按执行部门分，科研院所从事科技活动的人员为 1602 人，占总量的 6.90%；高等学校为 6359 人，占 27.40%；企业为 11169 人，占 48.13%；其他事业单位为 4076 人，占 17.56%。与上年相比，企业科技活动人员占比有所提高，而科研机构、高等院校和其他事业单位占比均有所下降。

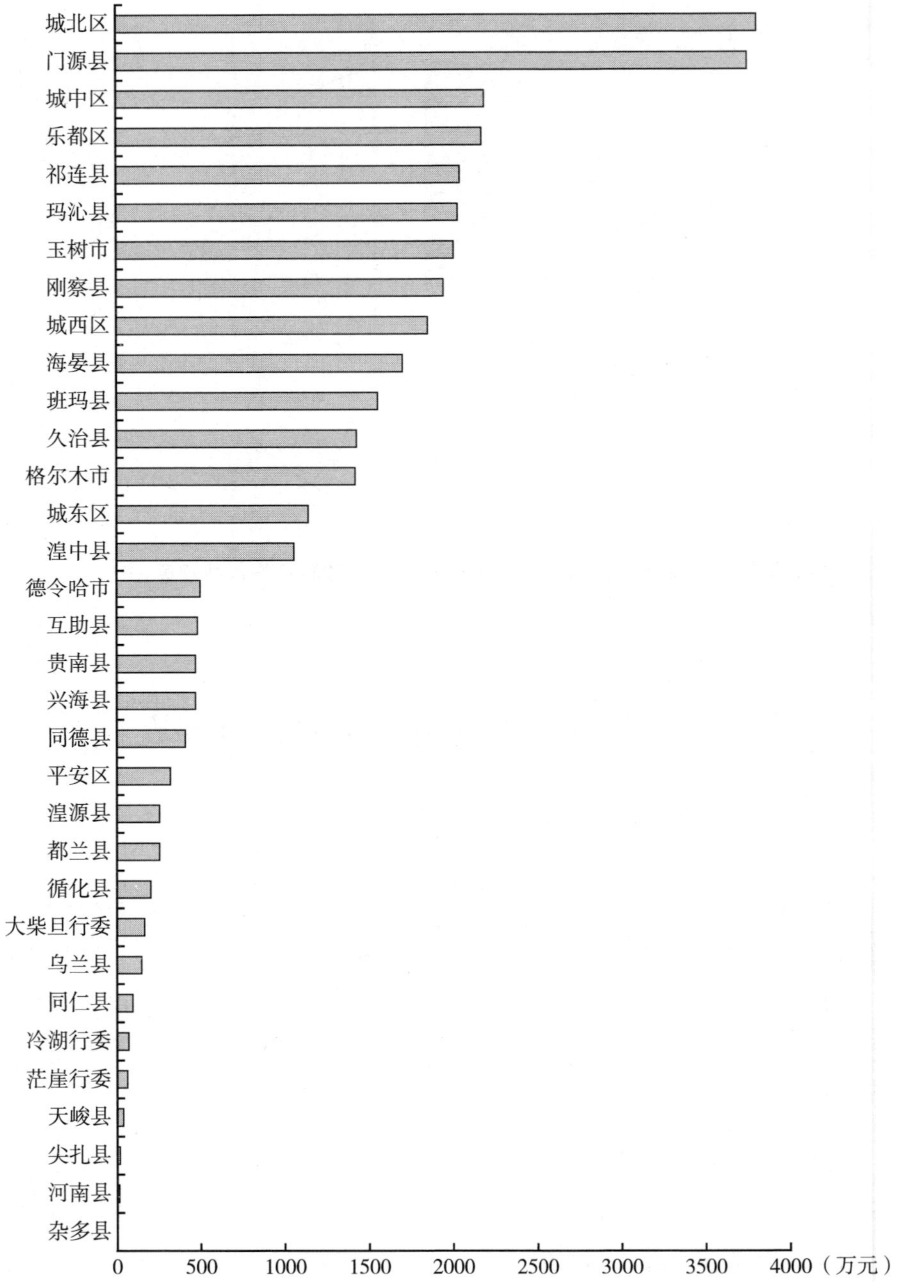

图 11　2016 年青海省部分县（市、区）地方财政科技投入情况

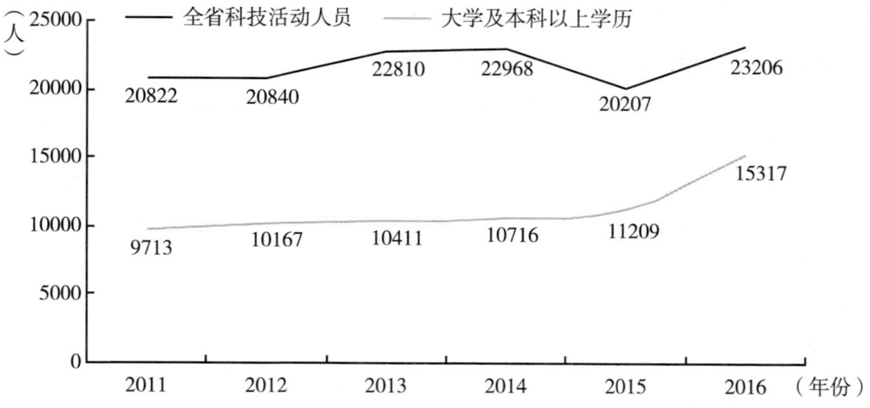

图 12　2011 ~ 2016 年青海省科技活动人员及学历增长情况

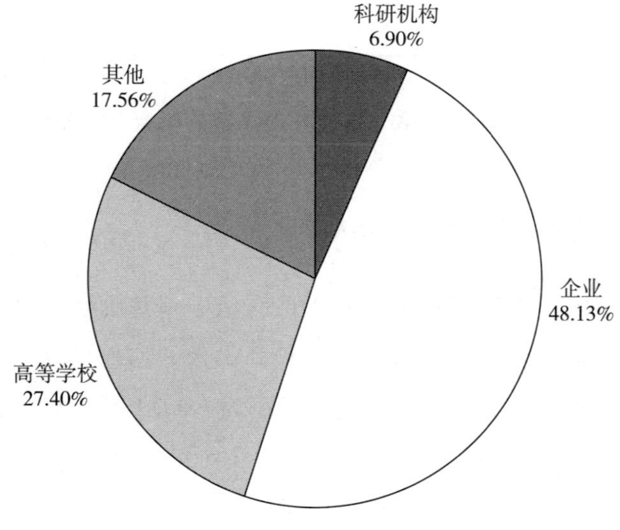

图 13　2016 年青海省科技活动人员按执行部门分布

（二）R&D 活动人员质量略有增加

2016 年，青海省投入 R&D 活动的 R&D 人员为 7378 人，其中博士学历 518 人，硕士学历 1330 人，分别占全部 R&D 人员的 7.02% 和 18.03%，同比分别提高 0.34% 和 0.94%。按国际可比的全时当量计 R&D 折合全时人员为

4166 人年，同比增加 158 人年，提高 3.94%。R&D 人员中研究人员所占比重，主要反映 R&D 人员队伍的质量。2016 年 R&D 研究人员为 2323 人年，占 R&D 人员总量的比重为 55.76%，同比下降 6.74 个百分点，发达国家及发达省份这一指标普遍高于 60%。这表明青海省研发队伍的质量还有待进一步提高。

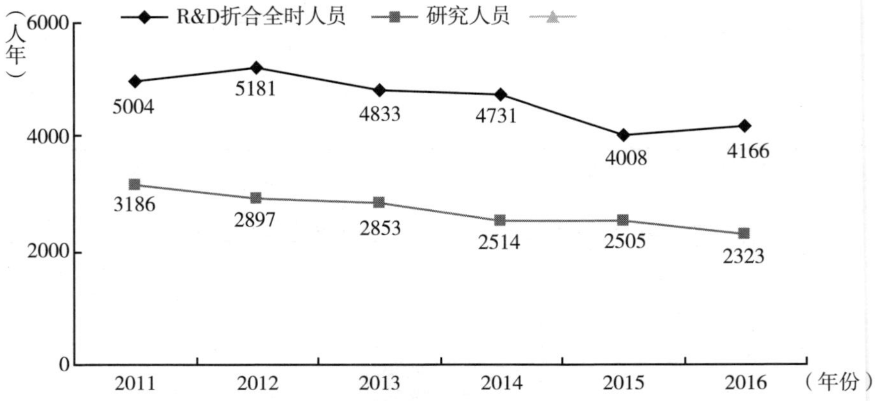

图 14　2011～2016 年青海省 R&D 折合全时人员情况

（三）基础研究活动人力投入不断加强

2016 年，青海省 R&D 折合全时人员队伍中，基础研究人员 814 人年，占总量的 19.55%，2011～2016 年均增长 0.31%；应用研究人员 898 人年，占总量的 21.54%，2011～2016 年均增长率为 -9.39%；试验发展活动人员为 2454 人年，占总量的 58.91%，2011～2016 年均增长 -5.25%。“十二五”以来，青海省基础研究活动人员呈现上升趋势。

（四）企业研发人员增幅较大

研发人员按执行部门分为企业、研究机构、高等学校和其他事业单位。2016 年，青海省企业 R&D 折合全时人员 2281 人年，同比增长 8.83%，占总量的 54.75%，同比提高 2.44 个百分点；研究机构 R&D 折合全时人员 589 人年，同比下降 9.8%，占总量的 14.14%，同比下降 2.16 个百分点；高等学校 R&D 折合全时人员 661 人年，同比增长 4.59%，占总量的

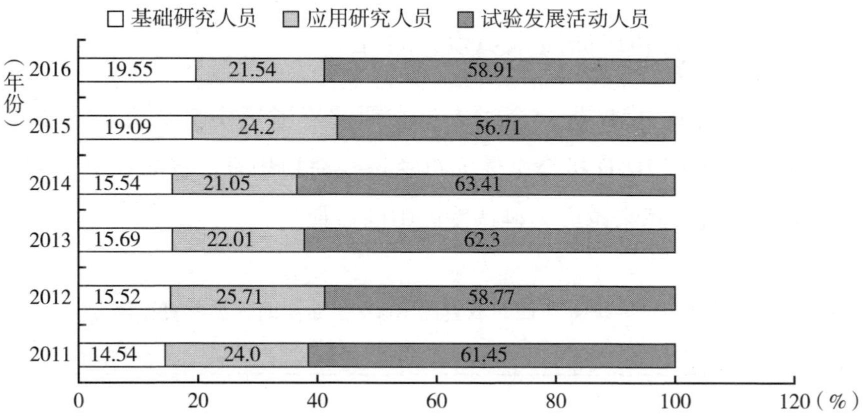

图 15　2011～2016 年青海省 R&D 人员按活动类型分占比情况

15.87%，同比提高 0.1 个百分点；其他事业单位 R&D 折合全时人员 635 人年，同比增长 1.44%，占总量的 15.24%，同比略降 0.38 个百分点。可以看出，高等学校和企业 R&D 折合全时人员无论是数量还是占比均大幅增加，而其他单位 R&D 折合全时人员数量有所增加，但占比有所下降，科研机构无论是数据还是占比均有所减少。

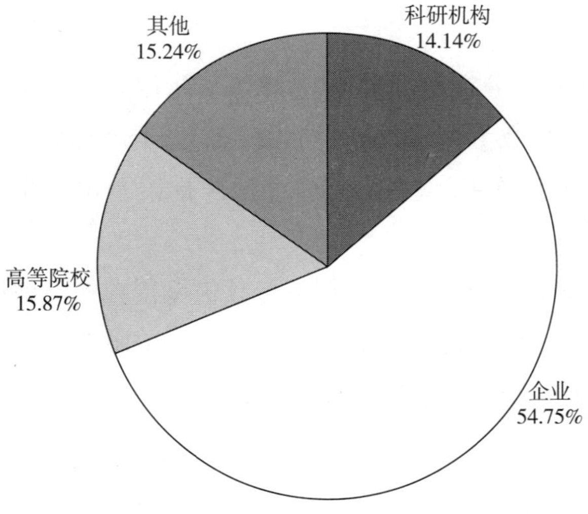

图 16　2016 年青海省 R&D 折合全时人员按执行部门分布

（五）西北五省区研发人员投入对比

2016 年青海省 R&D 折合全时人员在西北五省区中排第五。从 2011 ~ 2016 年西北五省区 R&D 折合全体人员总量变动趋势看，青海省呈现下降趋势，说明科技人才越来越成为科技发展中的短板。

表 3　2011 ~ 2016 年西北五省区 R&D 折合全时人员总量比较

单位：人年

年份	青海	甘肃	宁夏	陕西	新疆
2011	5004	21332	7358	73501	15451
2012	5181	24290	8073	82428	15671
2013	4767	25047	8234	93494	15822
2014	4731	27122	9500	97138	15662
2015	4008	25859	9247	92618	16949
2016	4166	25760	9004	94755	16945

三　2016年度青海省科技创新水平态势*

《中国区域科技创新评价报告（2016 ~ 2017）》显示，2016 年青海省科技创新水平指数为 42.25%，同比提高 1.11 个百分点，排在全国第 27 位，位次与上年持平。在西部 12 个地区排第 8 位，西北五省区排名第 4。

2016 年青海省综合科技创新水平指数仍保持在三类地区，位于青海省之后的省份有云南、贵州、新疆、西藏。从 2016 年综合科技创新水平指数的排序来看，全国多数地区位次变化不大，位次变化幅度在 3 名之内。

* 资料来源：《中国区域科技创新评价报告（2016 ~ 2017）》。

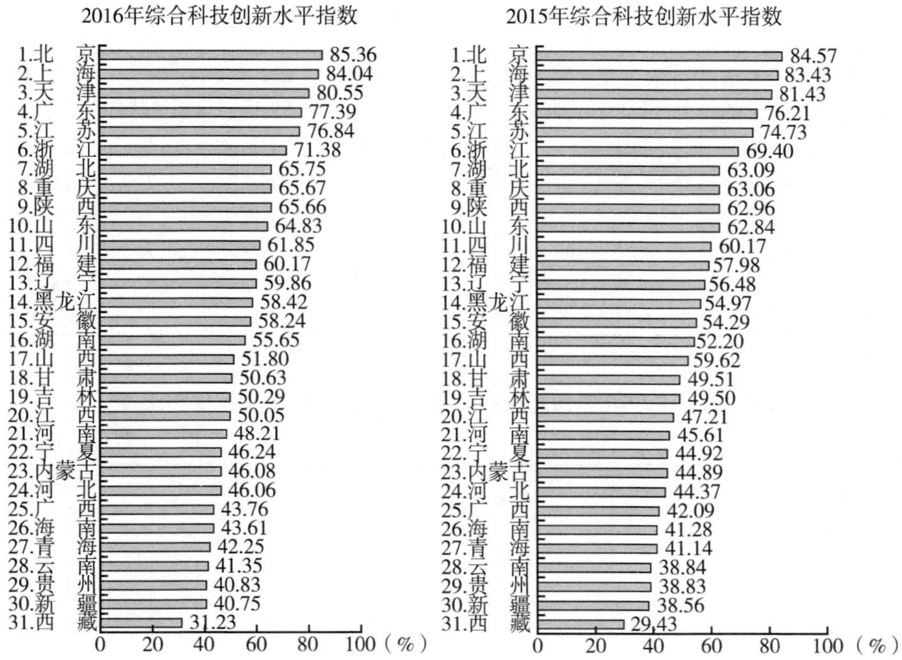

图 17　区域综合科技创新水平指数排序

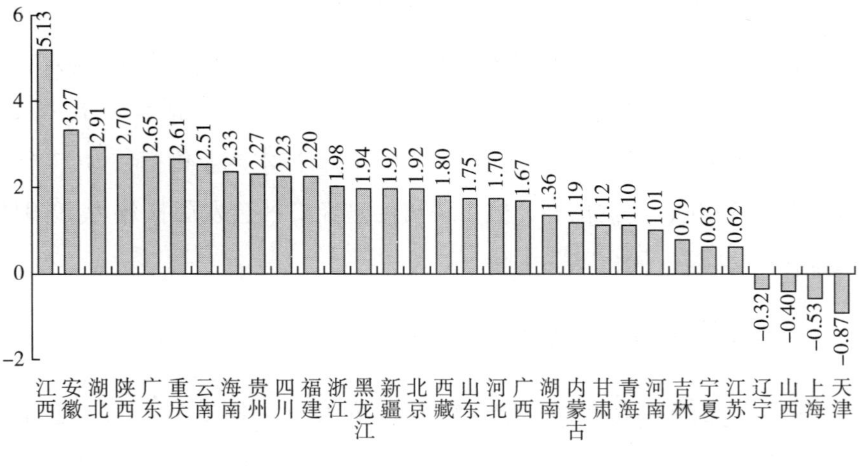

图 18　区域综合科技创新水平指数提高百分点排序

表 4　2011 ~ 2016 年青海省综合科技创新水平情况

单位：%

发布年份	综合科技创新水平	比上年增加(百分点)	全国平均提高(百分点)	全国排名	属几类地区	西部 12 地区排名	全国平均值
2011	44. 02	0. 21	1. 83	22	三类地区	6	60. 05
2012	40. 68	-3. 34	0. 53	23	三类地区	7	60. 28
2013	39. 32	-1. 36	0. 02	22	四类地区	7	60. 30
2014	41. 87	2. 55	3. 25	24	三类地区	7	63. 55
2015	41. 14	-0. 73	2. 94	27	三类地区	8	66. 49
2016	42. 25	1. 11	1. 08	27	三类地区	8	67. 57

表 5　2011 ~ 2016 年西北五省区综合科技创新水平指标位次比较

单位：位

发布年份	青海	甘肃	宁夏	陕西	新疆
2011	22	17	27	7	23
2012	23	21	20	8	26
2013	22	20	21	8	28
2014	24	19	22	7	29
2015	27	18	21	9	29
2016	27	18	22	9	30

综合科技创新水平由 5 个一级指标组成，在一级指标中，青海省科技创新环境指数为 47. 69%，全国排在 25 位，同比下降 6 位；科技活动投入指数为 26. 55%，在全国排 30 位，同比下降 1 位；科技活动产出指数为 41. 39%，全国排在 17 位，同比上升 3 位；高新技术产业化指数为 34. 66%，全国排名为 30 位，同比提高 1 位；科技促进经济社会发展指数为 59. 91%，全国排在第 24 位，同比下降 1 位。

（一）科技创新环境指数下降明显

2016 年青海省科技创新环境指数为 47. 69%，同比下降 1. 24 个百分点，从上年的第 19 位降为第 25 位，连续三年下降，从 2013 年的 15 位降至 2016 年的 25 位，下降了 10 位。全国科技创新环境指数比上年提高了 1. 30 个百分点，青海省科技创新环境指数与上年相比下降明显，低于全国水平。

表 6　2011～2016 年青海省科技创新环境情况

项目	2011 年	2012 年	2013 年	2014 年	2015 年	2016 年
科技创新环境评价值(%)	53.7	43.62	50.56	50.36	48.93	47.69
位次(位)	14	16	15	16	19	25

从西部 12 个地区排名来看，青海省排第 8 位，同比下降 2 位。排在青海省之前的有陕西、重庆、四川、内蒙古、甘肃、宁夏和新疆。从西北五省区的科技创新环境水平排名情况看，青海省位次变化最大，主要原因是 3 个二级指标全部有不同程度的下降，其中科技人力资源中的万人大专以上学历人数从 2015 年的 1282.23 人降低至 2016 年的 1045.04 人，从第 9 位降至第 25 位，说明青海省高学历人才流失较多或增加较慢；科研物质条件中的每名 R&D 人员仪器和设备支出从 3 位降至第 10 位，科技意识中有 R&D 活动的企业占比从 24 位降至 30 位，这两项均说明青海省 R&D 活动有所下降，R&D 经费支出中的设备费及企业 R&D 经费下降等原因造成了总体科技创新环境水平的下降。

表 7　2011～2016 年西北五省区科技创新环境位次比较

单位：位

发布年份	青海	甘肃	宁夏	陕西	新疆
2011	14	21	18	5	15
2012	16	22	17	7	19
2013	15	20	22	10	21
2014	16	23	17	8	26
2015	19	17	24	8	26
2016	25	21	22	8	24

（二）科技活动投入水平有待进一步提高

2016 年青海省科技活动投入指数在全国排位为 30 位，位次下降了 1 位，指数值为 26.55%，同比下降 2 个百分点，低于全国平均水平（全国科技活动投入指数为 65.63%），全国科技活动投入指数提高了 0.56 个百分点。

表 8 2011~2016 年青海省科技活动投入情况

科技活动投入	2011 年	2012 年	2013 年	2014 年	2015 年	2016 年
评价值(%)	30.72	30.19	31.83	30.76	28.55	26.55
位次(位)	25	27	27	28	29	30

参照 2016 年科技活动投入指数的全国排序，西部 12 个地区中高于全国增幅的有宁夏、云南、重庆、四川、陕西，其余地区均低于全国增幅，位次上升最快的地区是宁夏，由上年的第 21 位升至 16 位，主要原因是科技活动人力投入大幅提升；四川比上年上升 3 位，甘肃比上年下降 3 位。从西北五省区的科技活动投入排名比较情况可以看出，甘肃下降了 3 位，宁夏上升了 5 位，新疆下降了 2 位，青海省下降了 1 位。主要原因是企业的 R&D 人员有所下降。

表 9 2011~2016 年西北五省区科技活动投入位次比较

单位：位

发布年份	青海	甘肃	宁夏	陕西	新疆
2011	25	18	24	8	26
2012	27	23	22	10	26
2013	27	20	23	11	28
2014	28	21	23	11	27
2015	29	20	21	11	27
2016	30	23	16	11	29

（三）科技活动产出能力有所提高

2016 年青海省科技活动产出指数为 41.39%，同比提高 7.35 个百分点，增幅高于全国水平（全国增幅为 -0.23 个百分点），从第 20 位上升为 17 位。参照 2016 年科技活动产出指数及排序，西部 12 个地区中除宁夏外，其他地区均高于全国平均增幅，青海是西部 12 个地区中位次上升最快的地区，上升了 3 位，主要原因是科技活动产出水平中的获国家级科技成果奖系数大幅提升，由上年的 2.56% 升至当年的 8.15%，由第 16 位上升至第 2 位。

表 10　2011～2016 年青海省科技活动产出情况

科技活动产出	2011 年	2012 年	2013 年	2014 年	2015 年	2016 年
评价值(%)	45.46	32.80	26.08	29.27	34.04	41.39
位次(位)	9	14	18	21	20	17

表 11　2011～2016 年西北五省区科技活动产出位次比较

单位：位

发布年份	青海	甘肃	宁夏	陕西	新疆
2011	9	11	21	4	14
2012	14	15	20	6	21
2013	18	13	22	6	28
2014	21	14	24	5	28
2015	20	14	25	6	22
2016	17	14	27	4	23

从 2011～2016 年青海省科技活动产出指数变化情况看，从 2013 年开始，近四年来科技活动产出呈现缓步上升状态。

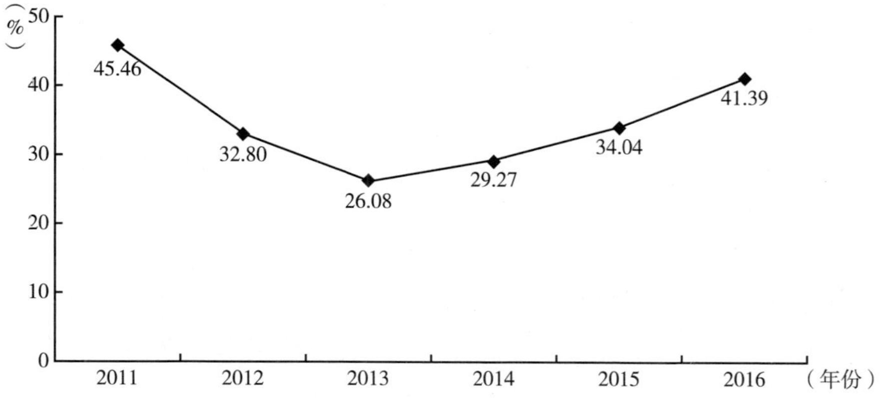

图 19　2011～2016 年青海省科技活动产出指数对比

（四）高新技术产业化水平有所改善

青海省 2016 年高新技术产业化指数为 34.66%，同比提高 4.94 个百分点，排在全国第30位，同比提高1位。将2016年与2015年全国指数比较，全国高新技术产业化指数提高了2.66个百分点，青海省增幅高于全国平均水平，西部12个地区中高于全国平均增幅的有贵州、甘肃、广西、四川、青海、内蒙古、新疆、陕西、西藏。参照2016年高新技术产业化指数的排序，西部12个地区中西南地区的排位均比较靠前，其中，重庆、四川、贵州高于全国高新技术产业化指数（58.36%），分别位于全国第4、第6和第11。

表12　2011～2016年青海省高新技术产业化指数及位次

项目	2011年	2012年	2013年	2014年	2015年	2016年
高新技术产业化评价值(%)	34.86	32.02	26.64	31.29	29.72	34.66
位次(位)	27	28	30	30	31	30

表13　2011～2016年西北五省区高新技术产业化位次比较

单位：位

发布年份	青海	甘肃	宁夏	陕西	新疆
2011	27	28	31	13	29
2012	28	27	29	11	30
2013	30	26	29	17	31
2014	30	25	31	17	29
2015	31	22	29	16	30
2016	30	18	31	17	29

5. 科技促进经济社会发展能力有所回落

2016年青海省科技促进经济社会发展指数为59.91%，同比降低1.7个百分点，在全国排列24位，同比降低1位。与上年比较，全国科技促进经济社会发展指数提高了1.53个百分点，指数为73.20%。

表14　2011～2016年青海省科技促进经济社会发展情况

科技促进经济社会发展	2011年	2012年	2013年	2014年	2015年	2016年
评价值(%)	55.84	57.32	58.28	64.32	61.61	59.91
位次(位)	29	20	20	14	23	24

在西部12个省区中，位次上升最快的地区是四川，比上年上升7位，主要是信息化提升较快；广西比上年上升4位。低于全国增幅的有内蒙古、甘肃、新疆、青海和西藏。

表15　2011～2016年西北五省区科技促进经济社会发展位次比较

单位：位

发布年份	青海	甘肃	宁夏	陕西	新疆
2011	29	25	26	18	22
2012	20	23	14	18	21
2013	20	26	17	15	18
2014	14	24	13	17	18
2015	23	27	14	17	24
2016	24	26	13	16	25

四　青海省科技创新投资引导资金实施效果

青海省科技创新投资引导基金（以下简称引导基金）设立于2009年，截至2017年10月底，引导基金合同约定出资总额达到20.44亿元，其中政府计划出资4.05亿元，社会资本计划出资11.83亿元。基金先后设立8个子产品，包括青海科技创新投资基金、青海国科创业投资基金、海东科技融资担保有限公司、青海汇富科技成果转化投资基金、青海省科技创业孵化基金、助保金、三江财险和青海省大学生创新创业投资引导资金。2017年底，累计投资5.26亿元，对262个项目进行了扶持。

（一）2017年引导基金及各子产品开展情况

1. 引导基金开展情况

一是促进科技金融结合，修订了《青海省科技创新引导基金管理办法》《青海省科技创新引导基金理事会章程》，通过了《引导基金名称修改为青海省科技创新引导基金的提案》《设立引导基金投资决策委员会及风险控制委员会的提案》《关于入股三江财产保险股份有限公司的提案》《青海汇富科技成果转化投资基金变更的提案》。引导基金形成投贷联动的支持模式，构建了较为完整的金融服务链条。引导基金在考核财务指标外，还应增加社会效益、带动就业等指标的考核。二是加强引导基金绩效评价。通过对申报、审批、资金管理使用、实施过程及实施效果等进行综合分析评价，引导基金综合评价分为 87.66 分，绩效等级为良好，引导基金切实起到了引导和放大作用，支持了青海省的创业投资发展，增加了创业投资资本供给，对推动高新技术成果转化、支持青海省科技型中小企业发展发挥了积极作用。三是出台引导基金管理办法。与省财政厅沟通、征询意见，按照基金理事会的要求修订办法。

2. 各子基金、子产品开展情况

一是青海科技创新投资基金。青海科技创新投资基金设立于 2014 年 1 月。该基金到位资金 4020 万元（其中引导基金到位 1900 万元，社会资本到位 2120 万元）。截至 2017 年 10 月底，累计对 7 个项目进行投资，实现投资 4965 万元。其中投资青海省内项目 5 个，投资金额 2395 万元。截至 2017 年底，共产生账面浮动收益 1405 万元，收益率为 34.95%。二是青海国科创业投资基金。青海国科创业投资基金设立于 2013 年 10 月，总规模 1 亿元人民币，实际到位 1 亿元，引导基金出资 4000 万元，社会资本出资 6000 万元。2016 年该基金已经完成了所有投资任务，累计对 8 个项目进行投资，实现投资 9506.25 万元。截至 2017 年底，共产生账面浮动收益 8912.5 万元，收益率为 93.75%。三是青海汇富科技成果转化投资基金。青海汇富科技成果转化投资基金设立于 2015 年 12 月，总规模 3 亿元，其中引导基金出资 6000 万元（占比 20%），社会资本出资 2.4 亿元（占比 80%）。截至 2017 年底，该基金到账 4078 万元（其中引导基金出资 3000 万元，社会资本到位 1078 万元），已投 1 个项目（华信环保），投资额 2000 万元。四是青海省科技创业孵化基金。青海省科技创业孵化基金总规模为 5000 万元，其中，引导基金出资 1500 万元，农商行出资 3500 万元。2017 年，基金与各金融机构合作，已储备青海雪峰牦牛乳业有限责任公司、青海万通新能源建设开发有限公司等10余个项目。五是兴业银行助保金。兴业银行助保金总规模为1亿元，其中，引导基金出资1000万元，兴业银行出资9000万元。六是海东科技融资担保有限公司。海东科技融资担保有限公司是由引导基金，于2015年5月联合青海海东工业园区开发建设有限公司及海东城市开发建设投资有限公司设立，总出资额为7000万元，其中引导基金出资2000万元，青海海东工业园区开发建设有限公司出资3000万元，海东城市开发建设投资有限公司出资2000万元。银行将放大10倍，提供7亿元融资担保服务。截至2017年10月底，公司累计为82家企业和42名大学生创业者提供融资服务，融资总额18482万。七是三江财险。三江财险是国家电力投资集团作为主发起人计划在青海发起设立的一家核电专业财产保险公司，注册资本10亿元（省内出资3.5亿元），其中引导基金出资5000万元。八是青海省大学生创新创业投资引导资金。青海省大学生创新创业投资引导资金总规模1.5亿元，其中，3000万元用于青海大学科技园建设，1.2亿元用于支持青海省大学生创新创业；累计实现投资9547万元，并为大学生创业对接企业，获得各类政府及银行资金7431万元。

（二）2018年展望

一是青海汇富科技成果转化投资基金将加快募资及投资。成果转化基金与科技部的合作已基本达成共识，该基金在2017年做了大量项目储备，该基金将在2018年初完成一期出资到位，启动投资到位。二是三江财险将积极完成出资。三江财险所有股东已将全部出资落实到位，2018年将完成引导基金的出资并尽快开展科技保险业务。三是组建青海省科技融资担保公司。引导基金拟分两年，每年出资5000万元，共计1亿元，成立青海省科技融资担保公司，为青海省“三型”企业融资提供担保增信服务。预计2018年组建完毕，并开始为“三型”企业提供融资服务。四是督促青海科技创新投资基金各出资人资金尽快到位。将启动引导基金出资的退出程序，同时为满足各部门出台新的管理规章的要求，引导基金将采取明确基金管理人、在基金业协会进行备案等多种方式来完善合规性。

五 青海省大学生创新创业投资引导资金实施效果

当前，创业创新已成为经济社会发展的新引擎，青海省在鼓励引导大学生创新创业方面做出了一系列战略部署，并于2015年设立青海省大学生创新创业投资引导资金（以下简称“引导资金”）支持全省大学生创新创业。通过不断探索实践，持续完善创新创业生态，建设创新创业平台，厚植创新创业文化，取得显著成效。

（一）2017年度引导资金实施情况

1. 以新理念引领新发展，激发创新创业人才活力，打造创新创业大赛品牌

在引导资金的支撑下，青海省组织实施第三届创新创业大赛，实现五方面的突破和创新：一是赛事宣传力度不断提高。大赛共邀请省内知名企业家、知识产权专家、金融投资专家20多人，深入全省各市、州创业园进行全覆盖式宣讲辅导，累计培训人数1800余人次，为创业者们答疑解惑、指点迷津。二是参赛企业数量再创新高。大赛企业组报名118家，同比增长71%，团队组报名239家，同比增长63%。三是项目技术水平依旧保持高水准。本届企业组参赛项目具有相关知识产权共计118项，团队组项目具有相关知识产权共计130项。四是创新创业服务体系趋于生态化，呈现新业态。搭建投融资、法律、财务、知识产权等方面的桥梁，逐步构建起产、学、研、金、政协同创新创业服务体系，形成商业模式、投资模式、管理机制等多方面创新相互交织的良性创新创业生态服务系统。2017年，为企业对接风险投资3家，融资3200万元；对接技术战略合作3家、成果转化3项、专业机构合作服务2项；对接创业园、孵化器、众创空间等签约入孵11家；促成4家创业企业与银行签订授信协议。五是注重弘扬创业文化。树立创业典型，开展创业人物、创业品牌等宣传服务，开展宣传报道40多

期，并受到中国社会科学网、金融界财经频道、云财经、凤凰网资讯、今日头条、中国大学生创业网、中国科技网等国内新闻媒体近100余次转发刊载。

2. 以新举措推动新实践，树立科学理性投资观，统筹部署引导资金实施计划

一是建立科学的企业投资评价指标体系。邀请银行、会计、法律、投资等机构相关专家，论证建立无息贷款及服务机构支持的工作流程、投资额度测算方法及评价指标体系，分别建成一套《债权投资企业评价表》和《创新创业服务机构评价表》，通过各级量化指标对创业企业和服务机构进行测评。二是实地走访与指标评价相结合，规范投资流程。对进行线上申报引导资金的企业逐一进行审核，对有引导资金需求的企业展开实地走访调研审核，主要考察企业团队建设情况、项目实施情况、业务开展情况、项目审批相关文件、制度文件、合同文件、资质文件、知识产权等情况，以及财务审计、法务尽调等内容。通过调研走访，根据企业发展情况进行精准定位。三是客观分析测算，制定引导资金实施方案。形成了《2017年度青海省大学生创新创业投资引导资金管理暂行办法》，严格按照评价指标体系对企业和服务机构进行评分和资金测算，引导资金支持企业数共计26家，其中无息贷款企业25家，支持金额3894万元；阶段参股企业1家，支持金额400万元；支持服务机构12家，支持金额200万元。

3. 以新活力促进新创业，辅导与监管并存，助力大学生创新创业企业驶入“快车道”

2017年，引导资金不断改革创新，加快发展新的服务理念，建立新的监管辅导服务制度，为企业提供了优质健康的发展道路，效益日趋显现。一是知识产权已成为提升企业竞争力的核心战略。核心知识产权的拥有反映了一个企业创新创业人才的储备力量，体现企业的核心竞争力。截至2017年，已支持的83家企业拥有知识产权共计257项，其中，商标141项，专利62项，软件著作权54项。二是加大科技型企业培育力度，引导企业争当创新排头兵。以“苗圃+孵化（加速器）+科技型企业”的创新服务模式，聚集社会各方面资源，包括技术、金融、导师资源，加大科技型企业培育力

度，为企业提供实实在在的帮扶，打造省内一流的大学生创新创业服务平台。已成功引导56家企业进入科技型企业培育池，19家成功申报科技型企业，6家成功申报高新技术企业。三是引导资金监管孵化效益日趋显著。截至2016年底，2015年度支持的47家企业平均总资产为279.22万元，同比增长249.33%；平均总收入为87.97万元，同比增长22.93%；平均净利润为18.74万元，同比增长95.20%。截至2017年6月，2015年度支持的47家企业平均总资产为284.49万元，平均总收入为40.44万元，平均净利润为1.52万元；2016年度支持的36家企业平均总资产为209.47万元，平均总收入为62.70万元，平均净利润为7.43万元。企业总资产在500万元以上的企业共计8家。

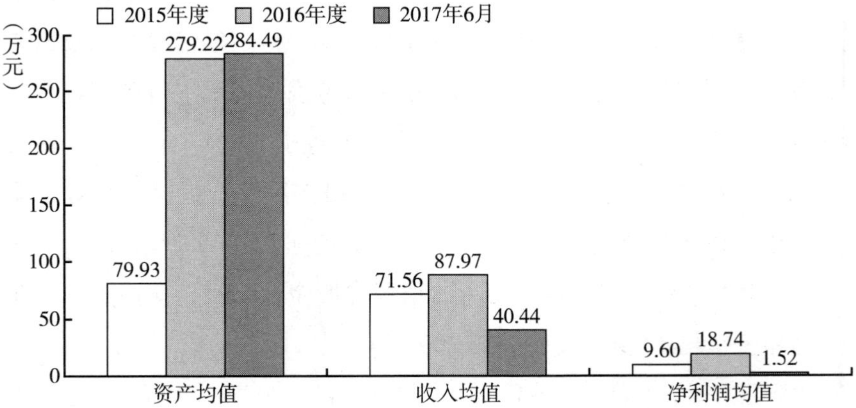

图20　2015年度青海大学生创新创业投资引导资金支持的企业发展状况

（二）2018年展望

2018年，将不断深化改革，推陈出新，完善创新创业服务体系，持续优化全省大学生创新创业生态环境。一是坚持制度创新，鼓励和带动高校、科研院所科技人员从事创新创业工作，丰富大学生创新创业生态容量，加快科研成果转化。2015～2017年，累计有60项专利成果通过股权、受让等方式参与到大学生创新创业，2018年将进一步加大科技成果转化力度，提高大学生创业企业技术含量。二是以财政资金为杠杆，撬动社会资金的投入，建立政银担保合作新机制，全面落实贷款风险补偿政策，打好政策“组合拳”，切实发挥政府资金的引导作用，确保社会资本按规定比例放大，着力打破大学生创业企业融资难、贷款难的壁垒。三是加强大学生创新创业实践载体建设，完善引导资金支持和服务保障体系。青海省大学生创新创业投资引导资金的优化实施，关键在于规划和运作，将按照“政府引导、专业管理、市场化运作”原则，着力打造投前投后一站式服务平台，建立和完善“苗圃—众创空间—孵化器—加速器—高新技术企业—科技小巨人企业”的科技企业培育模式，开展企业深度诊断，财务、法律等管理咨询援助，创新人才对接等高质量服务，保证大学生创业企业成功转型升级，迈向中高端水平。四是树立典型创业代表，培育优质创业文化。大学生作为新时代的标杆，着力打造积极向上的创业代表及典型创业事迹，大力宣扬创业者求实、探索、团结、拼搏等的创业精神，力争让优质创业文化植根于青海省各个创业领域，通过创业价值的发掘来实现青海省区域经济和社会经济的发展。

六　企业研发费用税前加计扣除政策落实

为进一步贯彻落实《中共中央　国务院关于深化体制机制改革加快实施创新驱动发展战略的若干意见》（中发〔2015〕8号）精神，更好地鼓励企业开展研究开发活动和规范企业研究开发费用加计扣除优惠政策执行，财政部、国家税务总局和科技部于2015年底印发了《关于完善研究开发费用加计扣除政策的通知》（财税〔2015〕119号），进一步扩大了研发活动加计扣除的费用范围，并简化了相关程序。2017年，青海省科技与税务部门积极联动，组织政策宣传，并为企业财务人员开展政策辅导和培训，引导企业加大科技研发投入，增强创新活力。年内研发费用加计扣除鉴定企业104家，同比增长92.6%；鉴定研发项目466项，同比增长89.4%；享受研发费用加计扣除鉴定额总计10.7亿元，同比增长57.8%。

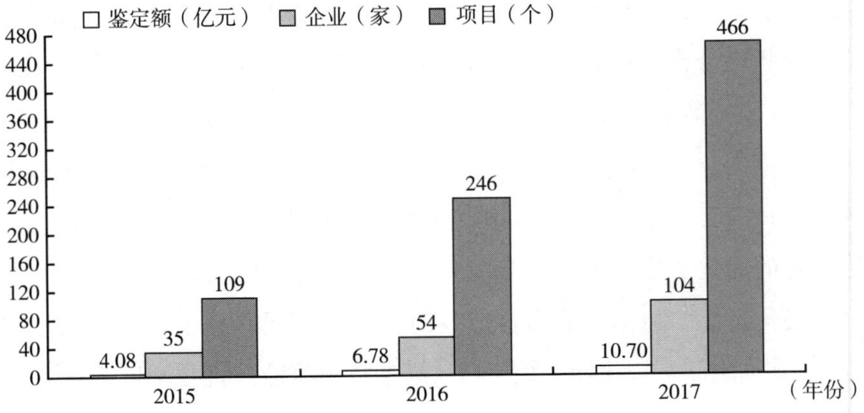

图21　2015～2017年青海省企业研发费用加计扣除基本情况

（一）高新技术企业和科技型企业开展研发费用加计扣除情况

2017年，进行研发项目费用鉴定的企业共104家。其中，高新技术企业73家，占参加鉴定企业总数的70.19%；科技型企业18家，占参加鉴定企业总数的17.31%；其他企业13家，占参加鉴定企业总数的12.5%。从以上数据来看，高新技术企业依然是青海省企业开展研发活动的主体。

（二）高新技术企业和科技型企业研发费用鉴定额情况

2017年，高新技术企业研发费用鉴定额9.3亿元，占研发费用鉴定总额的86.8%，同比增加4.9亿元，同比增长111.4%。数据显示，高新技术企业的研发费用投入呈增长趋势。2017年，科技型企业研发费用鉴定额0.58亿元，占研发费用鉴定总额的5.4%，同比增加0.51亿元，同比增长728.6%。数据显示，科技型企业的研发费用投入减少明显。

（三）技术领域分布情况

对104家企业按照技术领域分类，其中，生物与新医药24家，占23.08%；高技术服务32家，占30.77%；新材料13家，占12.5%；新能

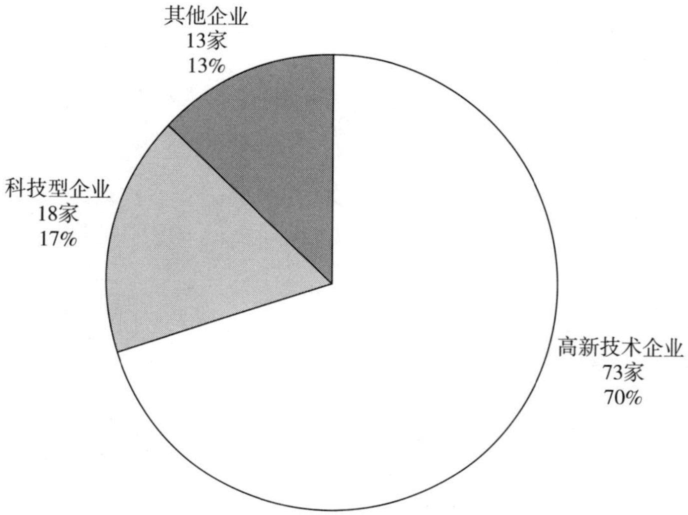

图 22　2017 年青海省高企和科企研发费用基本情况

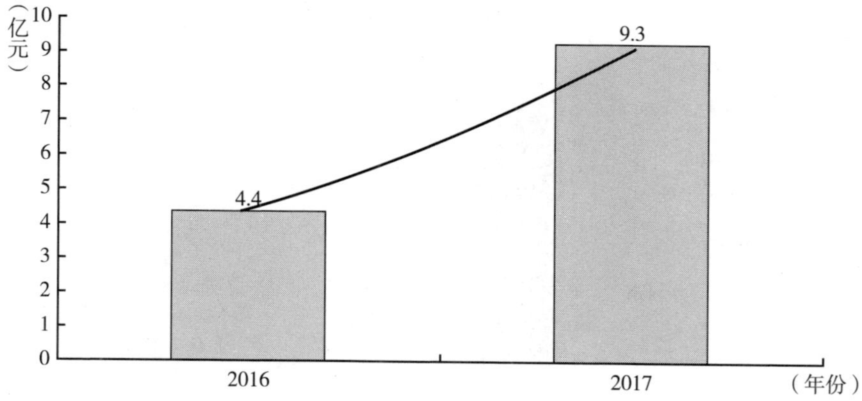

图 23　2016～2017 年青海省高新技术企业研发费用鉴定额对比情况

源及节能 10 家，占 9.61%；资源与环境 11 家，占 10.57%；电子信息 7 家，占 6.73%；先进制造与自动化 7 家，占 6.73%。以上数据说明，高技术服务行业的企业开展研发活动较为活跃。

对于享受研发费加计扣除优惠政策的企业而言，优惠政策的效应体现在两个方面：一是盈利企业体现为减少应纳企业所得税额；二是亏损企业体现为增加向以后纳税年度结转弥补的亏损额。为进一步鼓励企业加大研发投

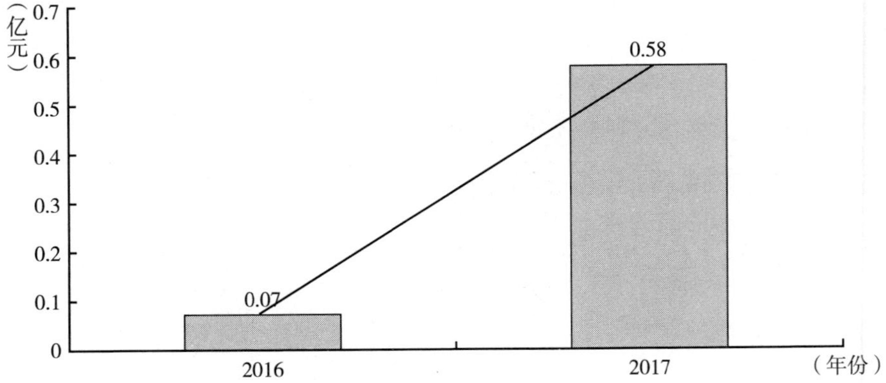

图 24　2016～2017 年青海省科技型企业研发费用鉴定额对比情况

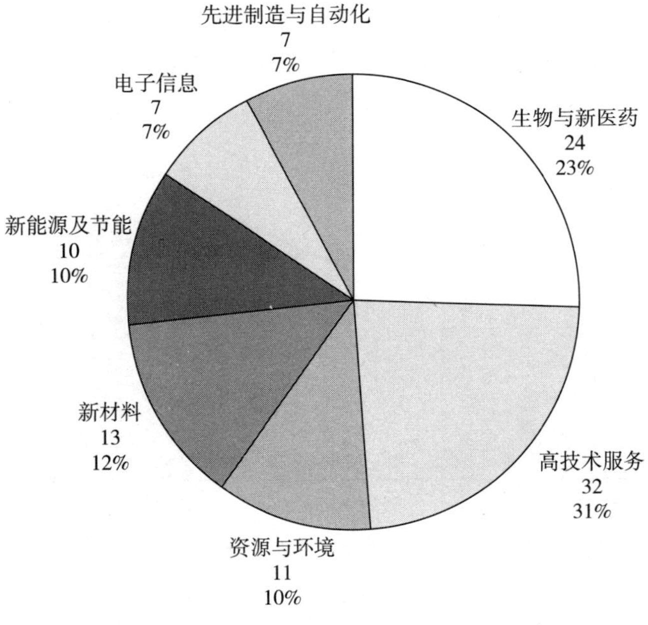

图 25　青海省开展研发费用加计扣除技术领域分布情况

入，增强创新能力，《青海省贯彻〈国家创新驱动发展战略纲要〉实施方案》明确规定对科技型企业按照当年研发费用加计扣除免税额给予 10%、最高不超过 200 万元的补贴，这将进一步促进和推动青海省高新技术企业和科技型企业创新发展。

G.5
青海科技产出分析与展望*

摘　要： 2017年青海省科技产出在知识产权产出量、知识产权服务、科技成果转移转化等方面有明显提高。2017年，全省共登记各类科技成果510项，同比增长8.5%，应用技术成果372项，基础理论成果114项，软科学成果24项。2017年青海省申请专利3181件，其中发明专利949件，实用新型1946件，外观设计286件。

关键词： 科技产出　科技成果　知识产权　青海省

2017年，青海省共登记各类科技成果首次突破500项，全省每万人拥有科技成果0.85项，高于全国平均水平1倍多。从来源看，地方计划仍然为主要来源，达到31.37%；自选课题成果数达到142项，其中企业自选课题登记成果59项，占自选课题成果总数的41.55%。从经费投入、知识产权产出、转化应用等方面看，各类科技成果质量逐步提高。企业、独立科研机构、大专院校等主体面向市场需求自主立项成果数量增长较快。2017年，全省专利质押融资金额达到20497.91万元，全年为28家企业提供专利维权咨询服务，共开展专利执法检查9次，查处假冒专利案件14起，专利标识不规范案件12起，责令整改超市3家、电器商场2家。

* 课题组成员：许淳、刘世铭、沈芹、黄晓凤、吴天增、张扬、朱萍、王新亮、赵有鑫、李嘉卉。

一　2017年省级科技成果产出分析

（一）2017年青海省科技成果基本情况

1. 成果数量和成果类别

2017 年度，全省共登记科技成果 510 项，同比增长 8.5%。从 2013 ~ 2017 年，科技成果登记数量 5 年增长明显。

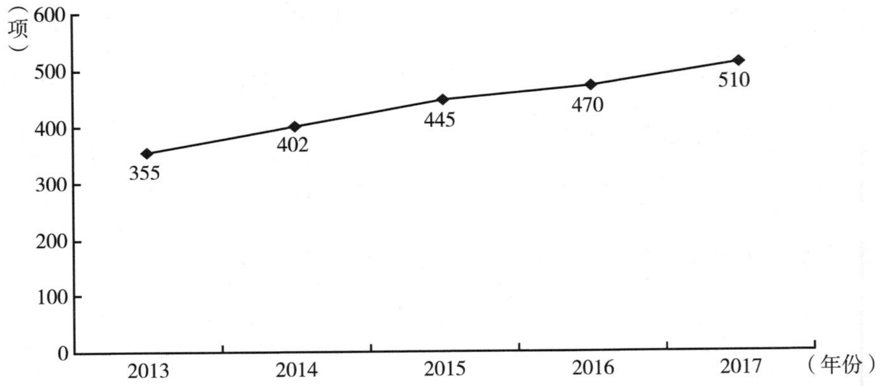

图 1　2013 ~ 2017 年青海省科技成果登记数量

510 项科技成果中，应用技术成果 372 项，占 72.94%；基础理论成果 114 项，占 22.35%；软科学成果 24 项，占 4.71%。

2. 评价方式和成果来源

510 项科技成果中，鉴定项目共 272 项（占 53.33%）；验收项目 61 项（占 11.96%）；评审项目 103 项（占 20.20%）；行业准入成果 74 项（占 14.51%），行业准入类成果为青海省质量技术监督局发布的地方标准项目和经青海省农作物品种审定委员会审定的品种项目。

510 项科技成果中，地方计划仍为主要来源，达到 160 项，占 31.37%；自选项目 142 项，占 27.84%；国家科技计划 29 项（星火计划 11 项、科技支撑计划 6 项、自然科学基金 6 项、国际科技合作专项 3 项、科技重大专项

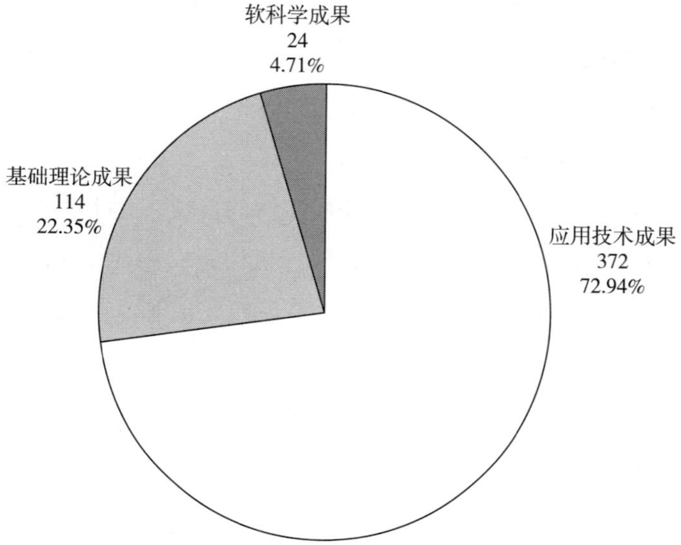

图 2　2017 年青海省科技成果类别构成

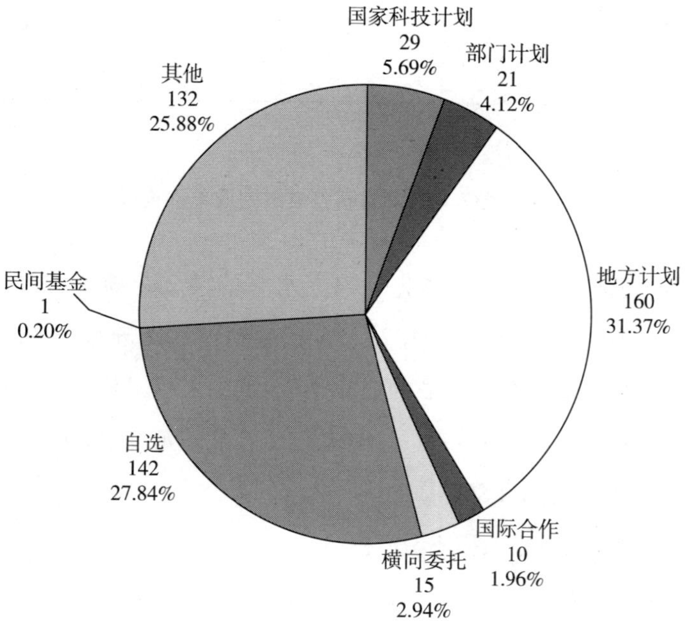

图 3　2017 年青海省科技成果课题来源构成

2 项、农业科技成果转化资金 1 项），占 5.69%；部门计划 21 项，占 4.12%；国际合作 10 项，占 1.96%；横向委托 15 项，占 2.94%；民间基金 1 项；其他厅局计划成果 132 项，占 25.88%。

3. 完成单位和成果水平

510 项科技成果中，企业居成果完成主体的首位，达 148 项（其中科研转制型企业完成 13 项），占 29.02%；医疗机构完成 94 项，占 18.43%；独立科研机构完成 105 项，占 20.59%；大专院校完成 82 项，占 16.08%；其他单位（各类事业单位）完成 81 项，占 15.88%。

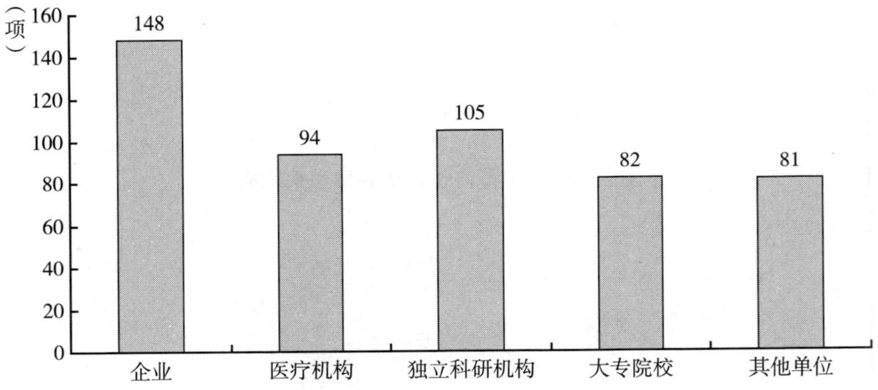

图 4　2017 年青海省科技成果完成单位构成

510 项科技成果中，国内领先及以上水平的共 256 项，占 50.20%。达到国际领先水平的成果 14 项，占 2.75%；达到国际先进水平的成果 51 项，占 10.00%；达到国内领先水平的成果 191 项，占 37.45%，达到国内先进水平的成果 156 项，占 30.59%；国内一般水平的成果 12 项，占 2.35%；未评价水平 86 项，占 16.86%。

4. 完成人员、研发投入和知识产权情况

510 项科技成果中，参与项目研究的科研人员共 7073 人次，平均每个项目 13.9 名科研工作者。从学历构成来看，全省的科技工作者队伍主要由大学本科及以上学历构成。从年龄结构来看，中青年是科技成果研究人员的

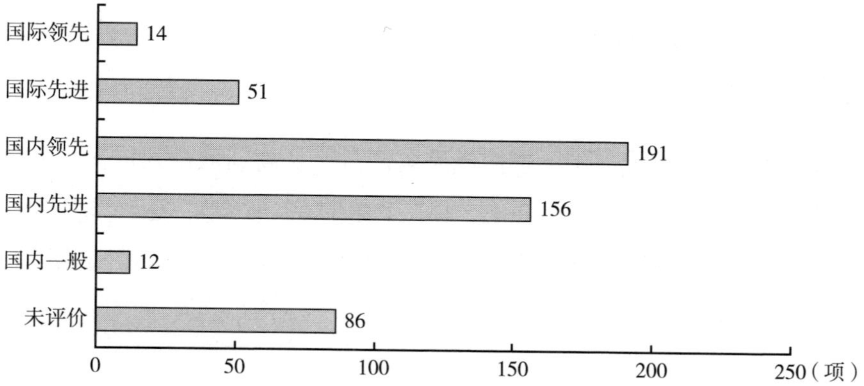

图 5　2017 年青海省科技成果水平分布

主体。从技术职称来看，具备中级以上技术职称的科研人员为 5540 人次，达 78.35%。

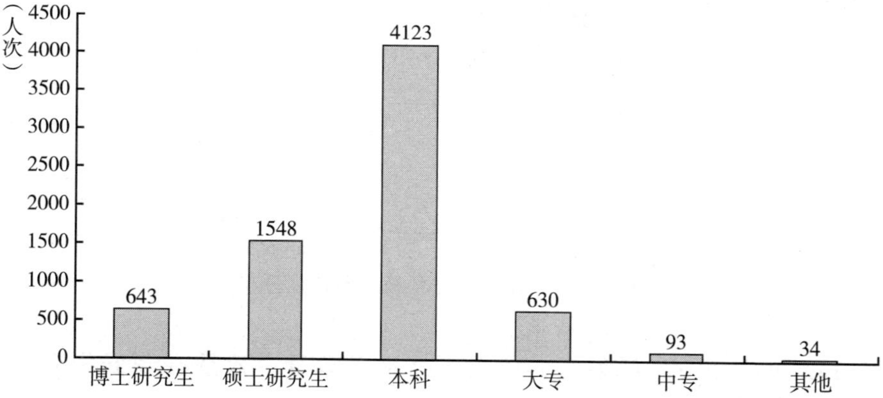

图 6　2017 年青海省科技成果完成人员学历构成

2017 年度形成知识产权 462 件。其中，发明专利达 241 项，占知识产权数的 52.16%；实用新型专利 194 项，占 42.00%；外观设计专利 9 件，占 1.95%；软件著作权 18 项，占 3.90%。从主体划分，企业形成知识产权 343 件（占知识产权数的 74.24%），是专利的主要来源；独立科研机构 57 件（占 12.34%）；大专院校 49 件（占 10.61%）；医疗机构和其他单位共有 13 件（占 2.81%）。

（二）2017年登记应用技术成果基本情况

1. 成果属性和成果水平

372 项应用技术成果中，按照成果属性占比从高到低排列依次为：属于原始性创新的成果过半（占应用技术成果数的 69. 62%），达到 259 项；属于国内二次技术开发成果的 85 项，占 22. 85%；属于国外引进消化吸收的创新成果 28 项，占 7. 53%。

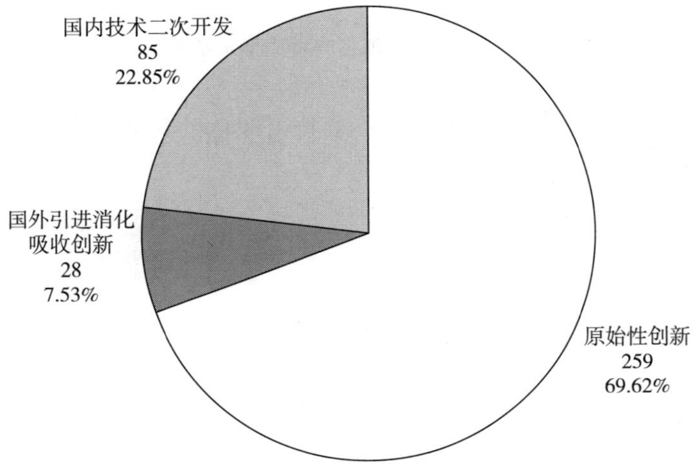

图 7　2017 年青海省科技成果属性分布

372 项应用技术成果中，按照成果水平数量占比从高到低排列依次为：国内领先水平 133 项（占 35. 75%），国内先进水平 106 项（占 28. 49%），未评价水平 79 项（占 21. 24%），国际先进水平 33 项（占 8. 87%），国际领先水平 11 项（占 2. 96%），国内一般水平 10 项（占 2. 69%）。

2. 所处阶段和所属高新技术领域

372 项应用技术成果中，处于成熟应用阶段的成果 238 项，占 63. 98%，初期阶段成果 67 项，中期阶段成果 67 项。

372 项应用技术成果中，有 102 项属于高新技术领域，占应用技术成果

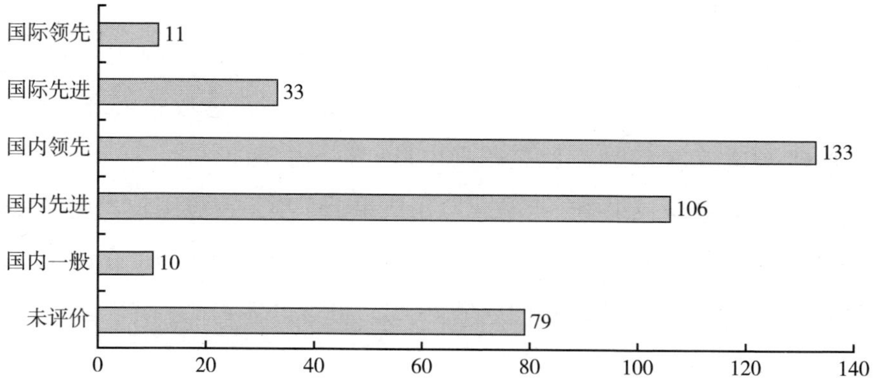

图 8　2017 年青海省应用技术类科技成果水平

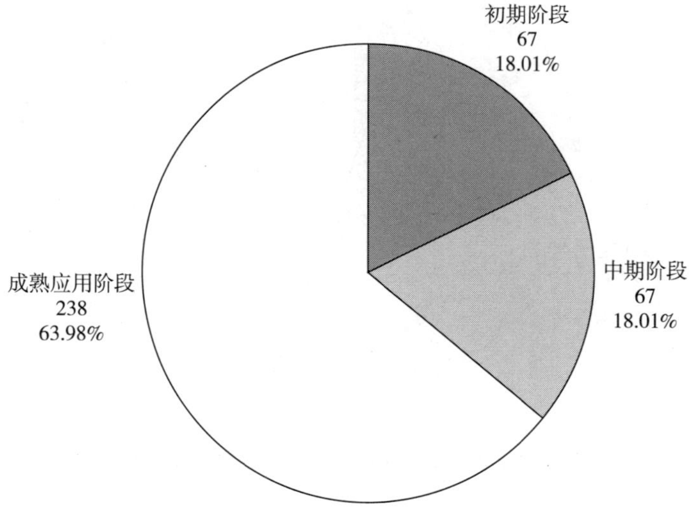

图 9　2017 年青海省应用技术成果所处阶段

总数的 27.42%。102 项成果分布在 7 个高新技术领域内，按照成果数由高到低排列依次是：现代农业 37 项（占应用技术成果数 9.95%）、新能源与节能 20 项（占 5.38%）、先进制造 16 项（占 4.30%）、环境保护 10 项（占 2.69%）、新材料 9 项（占 2.42%）、生物医药与医疗器械 7 项（占 1.89%）、现代交通 3 项（占 0.8%）。

3. 行业分布和应用情况

372 项应用技术成果行业分布较广，体现在 10 个应用行业中，按产业分布进行分类统计：第一产业 163 项，占应用技术成果总数的 43.82%；第二产业 98 项，占 26.34%；第三产业共 111 项，占 29.84%。

372 项应用技术成果中，产业化应用成果 165 项，占应用技术成果总数的 44.35%；小批量或小范围应用成果 141 项，占 37.90%；正在试用的成果 46 项，占 12.37%，未应用的成果 20 项，占 5.38%。

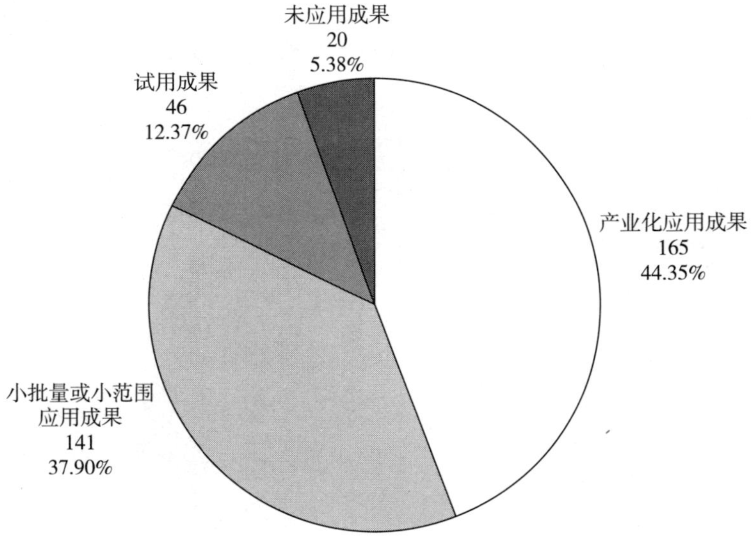

图 10　2017 年青海省应用技术成果应用情况

4. 经济效益

372 项应用技术成果中，从转化方式角度划分，实际产生经济效益的成果 91 项，自我转化总收入 4157243 万元，净利润 924928 万元，实交税金 558141 万元，节约资金 91823 万元，出口创汇 50 万元；合作转化收入 47040 万元，其中技术入股股权折价 771 万元；产生技术转让与许可收入 50 万元。

（三）2017年登记基础理论成果基本情况

510 项科技成果中，基础理论成果 114 项，占总数的 22.35%，同比上升 5 个百分点。成果来源统计显示，课题来源仍以地方计划为主，共 47 项（占 41.23%），自选项目次之，共 25 项（占 21.93%），其他部门计划项目 17 项（占 14.91%），国家科技计划 10 项，部门计划 7 项，国际合作 5 项，横向委托 3 项。从成果水平看，成果水平达到国际领先 3 项，国际先进 17 项，国内领先 52 项，国内先进 40 项，国内一般 2 项。国内领先以上水平共 72 项，占基础理论成果的 63.16%，总体水平较高。

（四）2017年登记软科学成果基本情况

510 项科技成果中，软科学成果 24 项，占总数的 4.71%。成果来源统计显示，横向委托 10 项，地方计划 6 项，自选课题 4 项，其他部门计划项目 3 项，民间基金 1 项；成果水平统计显示，国际先进 1 项，国内领先 6 项，国内先进 10 项，未评价 7 项。

（五）2017年登记科技成果产出特点

一是 2017 年应用技术成果凸显，科技成果数量逐步提升。应用技术成果 372 项，占全年总量的 72.94%；基础理论成果 114 项，占 22.35%；软科学成果 24 项，占 4.71%。从经费投入、知识产权产出、转化应用等方面看，各类科技成果质量逐步提高。企业、独立科研机构、大专院校等主体面向市场需求自主立项成果数量增长较快。从来源上看，地方计划仍然为主要来源，达到 31.37%，数量与上年基本持平；自选课题成果数次之，达到 142 项，其中企业自选课题登记成果 59 项，占自选课题成果总数 41.55%。510 项成果中，达到国内领先及以上水平的共 256 项，占 50.20%，较上年有所上升；形成知识产权 462 件，涨幅明显（2016 年共 238 件），其中企业依然为专利创造主力军。今后仍需强化鼓励自主创新、自主选题以及知识产权保护，提高自选课题成果数量和质量，提高科研主体的创新能力。

二是产业化成果及产学研合作成果有待提高。2017 年 372 项应用技术成果中，产业化应用成果 165 项，占应用技术成果总数的 44.35%，小批量或小范围应用成果 141 项，占 37.90%，正在试用的成果 46 项，占 12.37%，未应用的成果 20 项，占 5.38%。今后仍需发挥青海省省高校和科研院所创新资源优势，加强产学研合作，促进相关优秀技术成果的转化，进一步提高产业化应用水平。从行业分布看，第一产业成果共 163 项，其中独立科研机构和大专院校完成 101 项，占第一产业成果数的 61.96%；第二产业成果共 98 项，其中采矿业、制造业以及电力、热力、燃气及水的生产和供应业成果增长明显，并以企业为主力军，占第二产业成果数量的 85.71%；第三产业成果数量较上年有所下降。

三是成果转化收益有待提高。2017 年登记的 510 项成果中，应用技术类成果 372 项，其中产生经济效益的成果 91 项，较 2016 年 69 项增长明显。自我转化产生净利润 92.49 亿元，合作转化收入 4.70 亿元，技术转让与许可收入 50 万元。

二　2017年青海省知识产权专利产出分析

（一）专利申请和授权情况

根据国家知识产权局统计，2017 年青海省共申请专利 3581 件。按照 2017 年国家知识产权局调整后的统计口径，2017 年青海省有效专利申请 3181 件，其中发明专利 949 件，占总量的 29.8%；实用新型 1946 件，占总量的 61.2%；外观设计 286 件，占总量的 9.0%。

各地区专利申请量如下：西宁市 2442 件，占总量的 76.8%；海西州 303 件，占总量的 9.5%；海东市 205 件，占总量的 6.4%；海南州 92 件，占总量的 2.9%；海北州 70 件，占总量的 2.2%；玉树州 29 件，占总量的 0.9%；黄南州 25 件，占总量的 0.8%；果洛州 15 件，占总量的

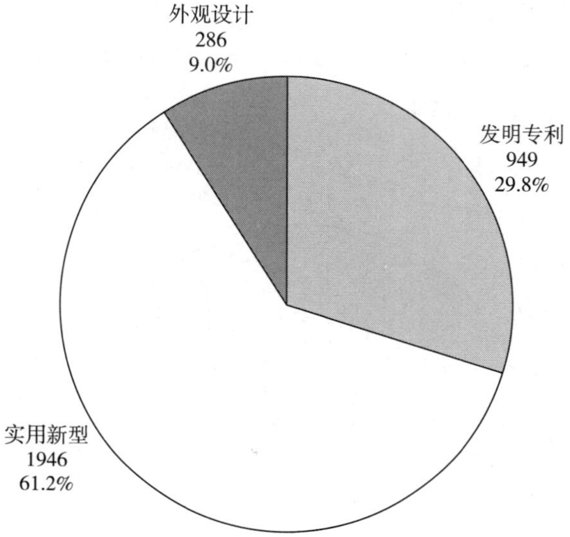

图 11　2017 年青海省专利申请类别占比统计

0.5%。职务申请2576件，占总量的81.0%；非职务申请605件，占总量的19.0%。

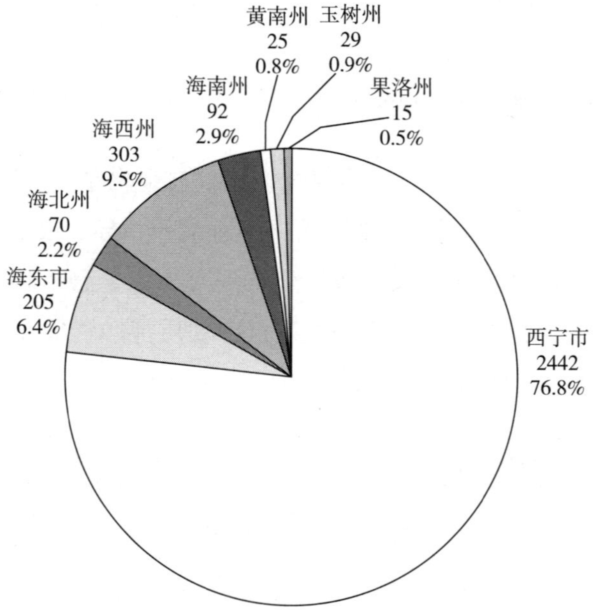

图 12　2017 年青海省各地区专利申请统计

2017 年青海省共授权专利 1580 件，其中发明专利授权 240 件，占总量的 15.2%；实用新型专利授权 1079 件，占总量的 68.3%；外观设计专利授权 261 件，占总量的 16.5%。

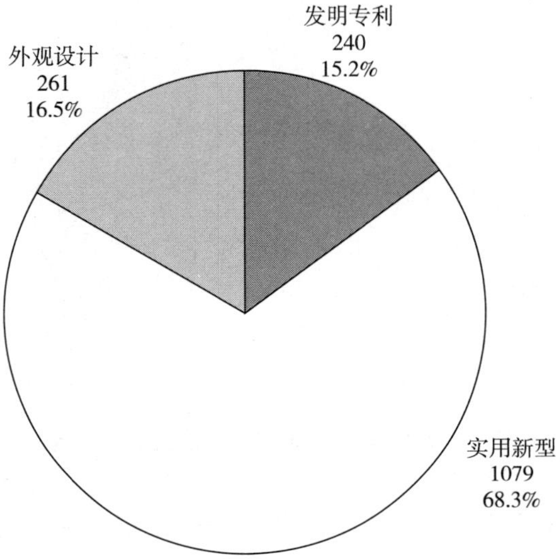

图 13　2017 年青海省专利授权类别占比统计

（二）专利质押融资开展情况

为加快专利转化及产业化，实现知识产权与金融结合，2017 年青海省通过出台相应政策、建立合作机制、深入企业调研指导、银企对接等多种方式，大力推动专利权质押融资工作。全年深入 9 家金融机构、1 家服务机构、1 家信用担保机构和 50 余家企业进行专利质押融资辅导，帮助 6 家企业完成了质押融资，实现年质押融资 20497.91 万元。

（三）专利行政执法情况

根据青海省科技厅法治政府创建工作要求，制定完善了青海省专利行政执法工作制度，保障了执法工作的顺利开展。全年为 28 家企业提供专利维权咨询服务，共开展专利执法检查 9 次，查处假冒专利案件 14 起，专利标

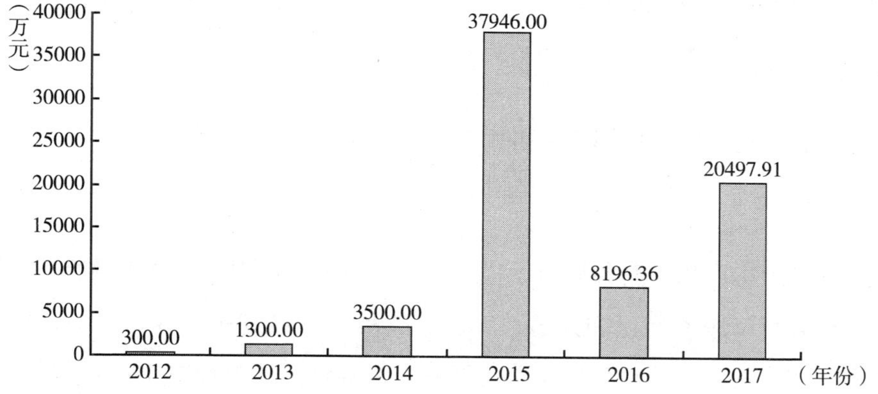

图 14　2012～2017 年青海省专利质押情况

识不规范案件 12 起，责令整改超市 3 家、电器商场 2 家，并及时在青海省知识产权局门户网站、省发改委信用青海网站上进行公示，有效打击了专利假冒及侵权行为，净化了市场环境，保护了专利权人和消费者的合法权益。

（四）知识产权宣传和培训情况

一是以“4·26 世界知识产权日”“全国科技工作者日”“第十一届中国专利周”为契机，以专利的创造、运用、保护、管理为重点，有针对性地开展知识产权宣传教育活动。二是紧紧围绕高新技术企业和科技型企业“双倍增”工程及“小巨人”企业培育计划、专利申请百强企业调研计划，多次深入西宁、海西、海东企业开展知识产权宣讲、专利挖掘工作，为企业高价值专利培育、知识产权布局、知识产权体系构建等提出指导性意见和建议。三是深入院校推进知识产权工作，经青海省知识产权局组织推荐，经国家知识产权局和教育部批准，西宁市第五中学被确定为第三批全国中小学知识产权教育试点学校，在全省中小学中树立起知识产权教育工作的标杆。四是先后在西宁、德令哈举办了两期中小企业知识产权与企业信用体系建设巡回培训班，宣讲专利权质押融资、专利基础知识及专利检索操作实务等相关内容。全年共举办各类宣传培训班 20 期，参训人员达 1500 余人次。五是积极宣传青海省知识产权工作亮点。采用创新宣传模式录制了专利行政执法微视频，“以案释法”讲述企业知识产权保护案例，有效扩大了知识产权宣传的广度和深度，营造了尊重知识产权的社会氛围。

（五）西宁代办处和专利代理机构建设

1. 西宁代办处工作情况

国家知识产权局专利局西宁代办处积极开展“青年文明号”创建活动，努力提升窗口服务质量和办事效率。认真落实“放管服”要求，主动服务地方经济建设，变被动服务为主动服务，对所有案子进行100%的质检，确保各项业务“零差错、零投诉”。2017年西宁代办处开展四项新业务内容，一是优先审查工作由原先限定发明专利可予以办理，现拓展为实用新型及外观设计皆可予以办理；二是根据国家局通知实施的《关于代办处实施新收费标准有关事项的通知》，将专利费中的登记费拆分为登记费和公告印刷费；三是开展收费网上补缴系统，将手填缴费清单逐渐转换为电子提交，降低缴费中错缴失误；四是开展远程票据打印业务，分担国家局邮寄业务压力，同时降低缴费人丢失收据风险。2017年，西宁代办处累计受理专利申请1270件，电子率达到93.74%；专利许可合同质押登记5件，涉及金额

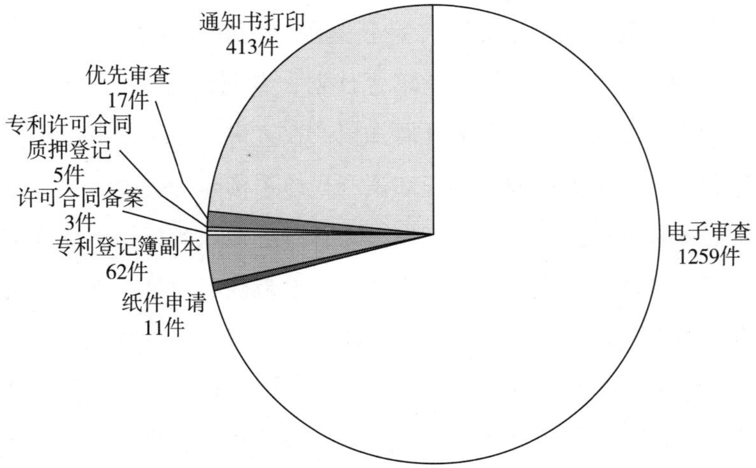

图15　2017年西宁代办处各项业务受理情况

14267.75万元；优先审查17件；收取专利费用4735笔，涉及金额265.857万元；远程248笔，涉及金额26193元；费减备案418件。

2. 专利代理机构工作情况

截至2017年底，青海省在中华全国专利代理人协会备案的专利代理机构共6家，省内共有执业专利代理人10人，代理人助理31人。为提高全省专利代理能力和水平，一方面通过积极引进省外专利代理机构来青海省开办分支机构，缓解青海省专利代理服务供给不足，促进青海省专利代理行业形成有效竞争；另一方面努力加强本地专利代理人队伍的培养，推进专利代理行业的健康发展。2017年，成功引进了一家省外专利代理机构成都华风专利事务所来青海开设分支机构，并通过与外省加强合作交流，组织省内考生参加全国专利代理人考前培训。近年来，青海省已有10余名人员取得了全国专利代理人资格。

三　形势与展望

（一）面临的形势

虽然2017年青海省科技成果从数量到质量均有较大提高，知识产权工作也取得了一定的成效，但依然面临一些问题。科技成果管理方面，全省科技成果登记工作不成体系，省级科技成果登记部门与市州登记部门缺少沟通；全省“十二五”以来累计登记科技成果2500余项，但科技成果登记数据共享不足；科技成果登记数据指标滞后，不能完全满足为决策提供依据的需要。知识产权专利方面，专利转化应用比例较低，企业自主创新能力不足，缺乏自主知识产权，高质量核心专利数量少，知识产权服务机构发展缓慢，从业人员少，区域发展不均等。

（二）工作展望

科技成果方面，2018年仍需进一步加大工作力度，在保证数量的基础上，提高科技成果评价及登记水平，优化科技成果构成结构。不断深化科技成果工作机制改革，加强科技成果登记服务工作，促进登记、奖励、转化相结合，助力大众创业、万众创新。逐步探索建立青海省科技成果登记工作体系，加强部门间数据共享，继续重点疏通产学研结合、成果转移转化通道。积极与青海省科学技术信息研究所、青海省测试计算中心沟通协调，开展“青海省科技成果信息汇交平台”建设，建立科技成果数据库、科技专家库，畅通青海省科技成果信息收集渠道，进而掌握青海省各类科技计划、科技成果存量与增量数据的动态变化，向社会公布科技成果信息，加强资源支持和服务支撑，促进科技成果转移转化工作。

知识产权专利工作还需从以下几方面推动。一是按照“数量布局、质量取胜”的原则，开展核心专利、高价值专利培育，实现专利数量稳步增长，发明专利比重逐步提高。开展知识产权优势企业培育工作，继续推进实施《企业知识产权管理规范》国家标准，培育和构建青海省知识产权聚集区。二是推动知识产权运用，助力大众创业、万众创新和产业优化升级，持续开展知识产权分析评议和产业专利导航工作，提升专利信息利用和服务能力。建立青海省专利权质押风险分担机制，出台青海省专利权质押风险补偿政策，有效推动青海省专利权质押融资工作健康快速发展。三是加大知识产权保护力度，组织开展打击侵犯知识产权和制售假冒伪劣商品专项执法。建立执法联动机制，重点做好电商领域知识产权保护工作，共同维护权利人的合法权益。进一步加强专利行政执法案件信息公开，强化知识产权保护社会信用体系建设工作。加强知识产权维权援助工作。四是加强扶持和培育知识产权服务业，加强知识产权人才培养，结合省情，积极培育和引进知识产权服务机构，搭建知识产权公共服务平台，优化知识产权服务环境，加强知识产权人才培养力度，探索引进和培养知识产权人才的有效途径和方法。

G.6

青海科技创新体系建设报告*

摘　要： 科技创新链条一般分为科学发现、技术创新和产品与产业实现三个阶段，支撑高校、科研院所和企业完成全链条创新活动，是实现科技与经济紧密结合的关键，也是青海省产业转型升级迈向价值链中高端的关键。应深化科技体制改革，加快建立以企业为主体、市场为导向、产学研深度融合的科技创新体系，尤其要加大青海省工程技术研究中心、重点实验室、科技基础条件平台等各类科技创新平台建设，加强科技创新人才的引进和培养，大力推进产学研协同创新，形成具有青海特色的科技创新体系，为全省的科技创新提供良好的科研环境和智力支撑。

关键词： 科技创新体系　创新平台　科技人才　青海省

2017年，青海省科技部门积极推动创新驱动发展战略实施，完善科技创新政策法规，着力推动重点实验室、工程技术中心、科学仪器共享平台、科技信息平台建设，不断优化创新环境，按照《青海省“十三五”科技创新发展规划》中提出的构建八大绿色产业技术体系，以全面增强科技创新能力为目标，安排部署科技项目，推动重点领域技术研发和科技创新成果应用，逐步建立健全青海科技创新体系。

---

* 课题组成员：苏海红、瞿文蓉、赵长建、宋宝珠、吴玲娜、王杏芳、俞成、刘鲤君、惠庆华、薛仲萍、余旭。

一　青海科技创新体系建设概况

（一）企业创新主体地位进一步强化

鼓励和引导企业与高等院校、科研单位，采取多种合作形式与产业发展密切相关的工程技术研究中心、新型研发组织等共建企业技术创新平台，形成企业技术创新体系。一是支持企业建立省级工程技术研究中心，截至2017年，青海省级工程技术研究中心达到64家。二是组建新型研发组织，支持重点产业技术创新，指导组建青海省太阳能光伏产业技术创新战略联盟和青海省锂产业技术研究院，协调完成“西宁（国家级）经济技术开发区锂电创新型产业集群”建设方案，并推荐申报国家级创新型产业集群。三是加快培育青海省科技型企业、高新技术企业和科技“小巨人”企业（以下简称“三型”企业），与相关部门建立联动机制，共同支持“三型”企业培育库建设，加强分类指导、梯级培育和动态管理。2017年度“三型”培育库入库企业分别达到89家、261家和27家。四是在落实税收政策方面，省科技厅会同省财税部门制定《关于进一步做好企业研发费用加计扣除政策落实工作方案》，实现“三型”企业及其培育对象全覆盖，完成104家企业研发费用加计扣除额鉴定工作，加计扣除研发费用鉴定额达到10.68亿元，同比增长58%。落实企业研究开发费用税前加计扣除补助资金激励政策，76家企业获得860万元“企业研究开发费用税前加计扣除补助资金”支持。

（二）高校和科研院所创新能力得到提升

一是不断扩大高校、科研院所学术自主权。在项目指南的编制中充分征求高校和科研院所各有关专家的意见，项目申报时，高校、科研院所结合各单位优势、特色学科领域的发展需求及项目团队科研基础等实际进行综合排序，充分保障了高校和科研院所的学术自主权。科技部门通过公开择优、定向择优等方式确定项目承担者，并按照公开透明的原则，实行申报流程、评审结果、分配结果、绩效评价全过程面向社会公开。同时，改进财政科研项目资金管理，下放预算调剂权限，赋予高校、科研院所承担财政科研项目对间接经费的统筹使用权，加大绩效支出的激励作用。二是积极支持创新平台建设。青海省61个省级重点实验室中有41个依托单位为高校或科研院所，占67%，成为全省集聚科技人才、科技交流、科研平台等科技资源的重要创新基地。三是激发科研机构创新活力。开展2016年度科研机构创新绩效评价，依据评价结果首次对24家科研机构给予经费支持，扩大了科研机构的科研自主权。

（三）高新区体制机制进一步理顺

按照青海省委省政府落实科技驱动发展战略有关部署和要求，联合西宁市政府起草完成《进一步深化青海国家高新技术产业开发区改革发展实施方案》，探索建立协同创新的体制机制，明确国家高新区改革创新的路径；制定促进创新型产业集群建设的具体措施。同时，按照《青海省高新技术产业开发区建设工作指引》指标要求，针对性地指导海东科技园等4家在建省级高新区发展，从推动创新政策先试、培育科技企业、加强平台建设、集成项目支持、促进科技金融服务等方面集中发力，着力使高新区建设成为科技创新驱动发展先行区，推动产业转型升级为示范区。

（四）科技金融合作得到有效推动

一是科技创新引导基金规模不断扩大。截至2017年底，青海省科技创新引导基金合同约定总规模达到20.44亿元，其中财政出资4.05亿元。基金先后设立了青海科技创新投资基金等8个子产品，累计支持262个项目，累计投资5.26亿元。二是推动专利质押融资工作。截至2017年底，累计促成企业实现专利权质押融资贷款6.88亿元。三是青海汇富科技成果转化投资基金（有限合伙）获批国家科技成果转化引导基金子基金，母基金注资9000万元。四是强化与银行业等金融机构的合作，搭建科技企业融资服务平台。分别加强与国家开发银行省分行、中国银行省分行、交通银行省分行等银行业金融机构的合作，协同青海银监局制定出台《关于推动青海银行业支持科技企业发展的指导意见》，并与国开行青海分行联合成立科技金融协调工作组，建立联合机制，推进开发性金融对全省重大科技创新工作的支持。

（五）创新平台建设进一步加强

一是重点实验室建设方面。立足于青海特色资源及产业开发，加大投入力度，建设和发展特色优势学科，完成省级重点实验室三年全面评估报告和单项业绩评估工作，共有29个省级重点实验室获得全面评估或单项评估优秀，当年资助3600万元支持获优重点实验室建设。二是工程技术研究中心企业建设方面。为进一步提升科技服务和创新能力，修订完成《青海省工程技术研究中心管理办法》（青科发高新〔2017〕107号）。新认定“青海省电解铜箔工程技术研究中心”“青海光通信材料工程技术研究中心”“青海省地质环境保护与灾害防治工程技术研究中心”等5家省级工程技术研究中心。完成省级64家工程技术研究中心考核评估，并进行了择优支持。通过平台建成全国首座“百兆瓦太阳能光伏发电实证基地”，成为国际上光伏组件种类及系统运行方式最全、容量最大的实证性研究基地，填补了我国光伏组件和平衡部件野外公共测试平台的空白。三是科技基础条件平台建设方面。支持青海省生态环保产业技术服务平台、青海省生态与农牧业气象科技创新服务平台、青海省食品资源天然产物研发与安全保障技术服务平台建设、青海省科技统计数据监测平台、青海省科技成果信息汇交平台、青海省科技计划项目统计分析与决策支持平台等12项科技基础条件平台建设项目，加强大型科研仪器设备等保障研究开发的科研条件建设，组织开展了青海省大型科研仪器设备补助专项，支持5280万元对青海大学等单位申报的17台（套）大型仪器按最终价格70%进行立项补助。鼓励大型仪器拥有单位增强科技创新服务的能力和水平，开展了大型仪器共享服务补贴工作，截至2017年底，加入青海省大型科研仪器共享服务网络平台的单位有91家，入网单台（套）10万元以上的各类大型科研仪器1103台（套），仪器原值7.0亿元。四是三江源智慧生态畜牧业平台建设方面。建成三江源智慧生态畜牧业综合信息云平台和草情监测与草畜平衡诊断系统，实现信息云平台和典型示范区县级平台的联网运行。初步建成集“天然草地合理放牧—饲草基地建植与管理智慧支撑—优良青贮饲料加工—饲料精准配置—牦牛、藏羊冷季补饲与健康养殖—高原特色畜产品加工信息化管理—畜产品质量追溯与电商平台”于一体的智慧生态畜牧业产业链，为构建三江源生态保护“减压增效”的“智慧生态畜牧业”新模式提供了全面有效的信息与技术支撑。积极推动三江源国家公园研究院建设，联合中科院共同组织实施重大专项，构建星—空—地一体化生态监测及大数据平台，为三江源国家公园管理与生态保护决策提供定量化、高精度的空间信息支撑与精准化服务。五是省临床研究中心建设方面。根据《国家临床医学研究中心管理办法》，结合青海实际，调研起草了《青海省临床医学研究中心暂行管理办法》，依据青海包虫病、高原医学等疾病控制技术在国家层面的重要引领示范作用，通过多次调研，明确建设思路、建设目标和运行机制。

（六）科技人才队伍建设逐渐壮大

组织实施基础研究、自然科学基金、科技基础条件平台建设、重点实验室等科技计划，通过“项目 + 人才 + 平台”培养模式，提高科技人才、创新团队、青年科技人才的创新能力，激发高层次科技人才的创造活力和积极性。目前，青海省 8 人入选科技部人才推进计划，6 人入选中组部“万人计划”；选拔 368 名学科带头人。2017 年青海科技部门组织推荐的 9 名科研人员和 1 个创新团队入选高端创新人才“千人计划”。同时，加强“三区”人才建设服务基层，支持“三区”科技人员深入青海省农牧区开展科技服务，培训农牧民 10000 人次，为受援地培养技术骨干 3000 人。

（七）科研创新能力稳步提升

相关统计数据分析，2016 年青海省科研创新能力较上年有所提高。2016 年青海省研究与发展全时人员 4166 人年，同比增长 3.94%；R&D 经费支出额为 14 亿元，同比增长 20.83%。

表1　2015～2016年青海省科研创新能力评价

指标及权重	单位	数值		
		2015	2016	较上年提高（%）
研究与发展全时人员当量（2%）	人年	4008	4166	3.94
地方部门属研究与开发机构科技产出（使用拥有有效发明专利指标）（2%）	个	4	28	600.00
R&D经费支出额（6%）	万元	115843	139977	20.83
地方部门属研究与开发机构数据（8%）	个	21	23	9.52
地方部门属科研机构科研用房面积（6%）	平方米	1261583	1289634	2.22
地方所属科研机构科研仪器设备数量（50万元以上）（6%）	台（套）	429	497	15.85
科研仪器设备利用率（5%）（全年机时）	小时	689038.3	746415	8.33
科研仪器设备对外服务率（5%）（对外服务机时）	小时	38157.5	53946	41.38
1. 国家创新型试点城市 2. 可持续发展实验区 3. 国家高新技术产业开发区 4. 国家农业科技园区 5. 国家科技成果转移化示范区分布（4%）	1	0	0	0.00
	2	2	2	0.00
	3	1	1	0.00
	4	5	5	0.00
	5	0	0	0.00
科技特派员（6%）		1200	1400	16.67
各地区规上工业企业办研发机构（4%）	个	41	51	24.39
1. 国家技术创新中心 2. 企业重点实验室 3. 省部共建重点实验室 4. 国际科技合作基地（6%）	1	0	0	0.00
	2	1	1	0.00
	3	1	1	0.00
	4	0	0	0.00
1. 国家级科技企业孵化器 2. 国家技术转移示范机构 3. 国家备案众创空间 4. 国家备案星创天地（10%）	1	5	5	0.00
	2	0	0	0.00
	3	4	4	0.00
	4	0	11	0.00
创业风险投资管理资本总额（2.5%）	（亿元）	1.4	1.71	22.14
创业风险投资的投资强度（2.5%）	（万元/项）	738.8	1300	75.96
技术合同成交额（2.5%）	亿元	46.95	56.92	21.24
技术合同交易数（2.5%）	项	953	986	3.46

资料来源：《2017青海省科技统计数据》。

二　青海创新体系重点工作进展情况

（一）青海省工程技术研究中心建设

1. 总体运行情况

（1）分布情况。截至 2017 年，青海省拥有工程技术研究中心（以下简称工程中心）64 家，较上年度新增 5 家。按领域划分，新材料 10 家、新能源及节能技术 9 家、装备制造 7 家、盐湖化工 6 家、生物与新医药 11 家、地质勘探及交通 3 家、农牧业 6 家、信息技术 2 家、矿产及水资源综合利用 10 家。按地域划分，西宁市 53 家、海西州 8 家、海东市 2 家、海北州 1 家。按依托单位性质划分，依托工业企业组建 48 家、依托科研院所（含转制科研院所）组建 15 家、依托高校组建 1 家。

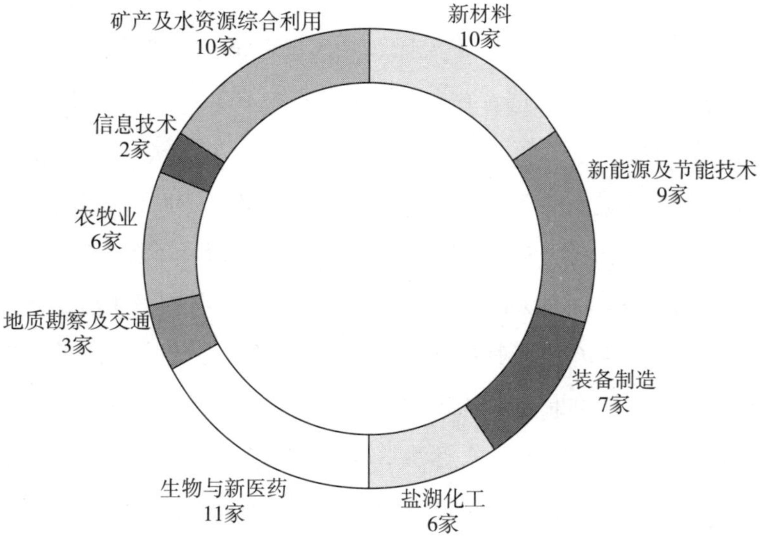

图 1　2017 年青海省工程技术研究中心按领域分布情况

（2）建设面积和仪器设备情况。截至 2017 年，青海省 61 家工程中心建设面积达 29.68 万平方米，同比增长 16.07%，52% 的面积用于中试及扩大化，39%的面积用于科研试验，9%的面积用于工程中心办公。其中，青海省高纯纳米氧化铝材料工程技术研究中心、青海省精细化工工程技术研究中心、青海省硅材料工程技术研究中心、青海省先进电池材料工程技术研究中心、青藏高原特色生物资源工程技术研究中心增长显著。2017年，工程中心仪器设备原值达11.12万元，同比增长14.48%。其中，50万元以上仪器设备共720台，总值达3.6亿元，较上年度新增119台，新增总值达5950万元，按资金合计增长16.53%。仪器设备原值增长明显的工程中心有：青海光通信材料工程技术研究中心、青海省电解铜箔工程技术研究中心、青海省先进电池材料工程技术研究中心、青海省硅材料工程技术研究中心、青海省沙棘资源开发工程技术研究中心和青海省高原牦牛研究开发中心。建设面积和仪器设备增长显著的工程中心主要分布在光电新材料、锂电新材料、光伏新材料、特色生物及农牧业领域。

（3）人才队伍情况。截至2017年底，工程中心拥有职工2954人，其中，固定人员2282人，客座人员672人，分别占职工总数的77%和23%。2017年，工程中心拥有院士9人，“千人计划”入选者39人，“万人计划”入选者6人，“人才推进计划”入选者6人，学术带头人163人（其中院士4人）。

2. 绩效产出情况

工程中心技术创新情况。（1）专利专著。2017年工程中心申请专利482件，其中，申请发明专利287件，分别同比下降4.55%和10.80%；授权专利208件，其中，授权发明专利87件，分别同比增长28.40%和3.57%；发表论文436篇，其中SCI/EI/IST 97篇，分别同比增长122.40%和64.40%。（2）标准制定。2017年工程中心共制定各类标准51项，同比下降33.80%。其中，制定国家标准2项，行业标准6项，地方标准6项，企业标准37项。（3）工程化能力。2017年工程中心配合承担各类科研项目117项，同比下降34.80%；获得国家级、省部级成果奖10项，较上年度下降44.40%。

3. 工程中心经济效益情况

青海省工程中心主要的经济收益是技术服务收入、提供检验检测等服务

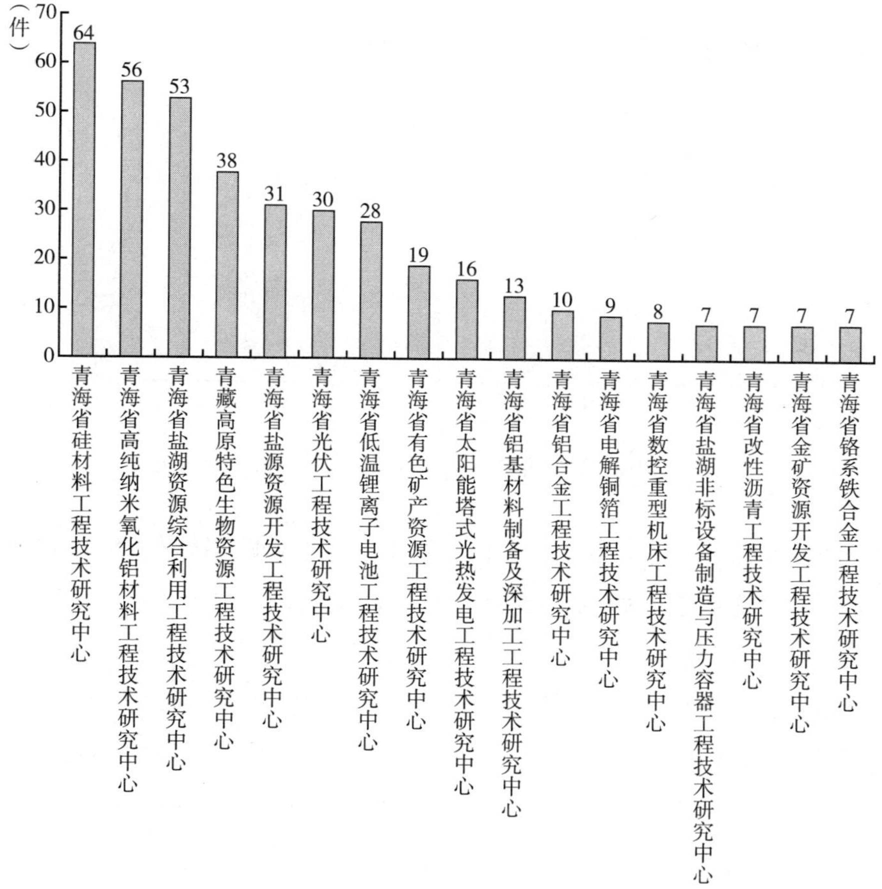

图 2　2017 年青海省工程技术研究中心专利申请前 17 名情况

性收入。2017 年，工程中心技术服务收入和提供检验检测等服务性收入共 15962.33 万元，同比增长 10.65%，其中技术服务收入 1.28 亿元，提供检验检测等服务性收入 3162.33 万元。工程中心通过发挥平台效应不断提升依托单位及行业的技术发展，促进成果转化带动经济发展。①工程中心对依托单位的经济贡献。2017 年新建生产线（中试基地）15 条（个），新增产值 52.06 亿元，实现销售收入 244.19 亿元，其中新产品收入 45.79 亿元，分别同比增长 4.37%、5.08%、28.16%。研发投入 10.33 亿元，投入产出比达 1∶5。②工程中心促进成果辐射扩散。工程中心促进成果辐射扩散分为专利

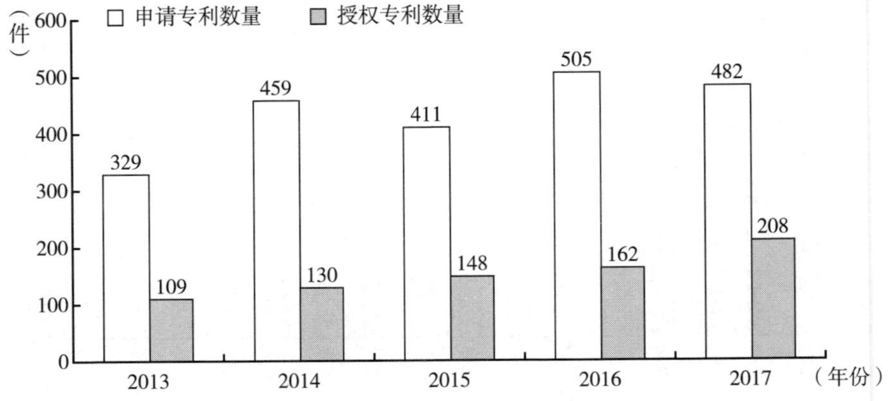

图 3　2013 ~ 2017 年青海省工程研究技术中心专利情况

转化和技术成果转化两部分，其中，专利转化共 6 项，转化金额为 9328. 8 万元；技术成果转化共 8 项，转化金额为 8. 64 亿元。

4. 合作交流情况

（1）技术合作与协作。2017 年，工程中心与 861 家国内外大专院校、科研机构、企业开展技术合作，其中，大专院校 167 家，科研机构 127 家，企业 567 家，分别占合作单位总数的 19. 40%、14. 75%、65. 85%。工程中心主要采取共同研究开发、委托生产加工、咨询服务等合作方式。其中，共同研发 354 家，委托生产加工 94 家，咨询服务 413 家，分别占合作单位总数的 41. 11%、10. 92%、47. 97%。

（2）学术交流。2017 年，工程中心举办国内外学术报告会及专题讲座 81 期；参加国内外学术会议 1085 次；来工程中心讲学专家 708 人次。

（二）青海省重点实验室建设

2017 年，青海省重点实验室建设总体科研水平大幅提升，人才结构显著优化，基础条件不断改善，开放交流更加活跃，逐步成为组织开展高水平研究、聚集和培养高层次人才、开展学术交流的重要基地，为解决全省经济社会发展突出问题提供了战略性、基础性、前瞻性的知识储备和科技支撑。

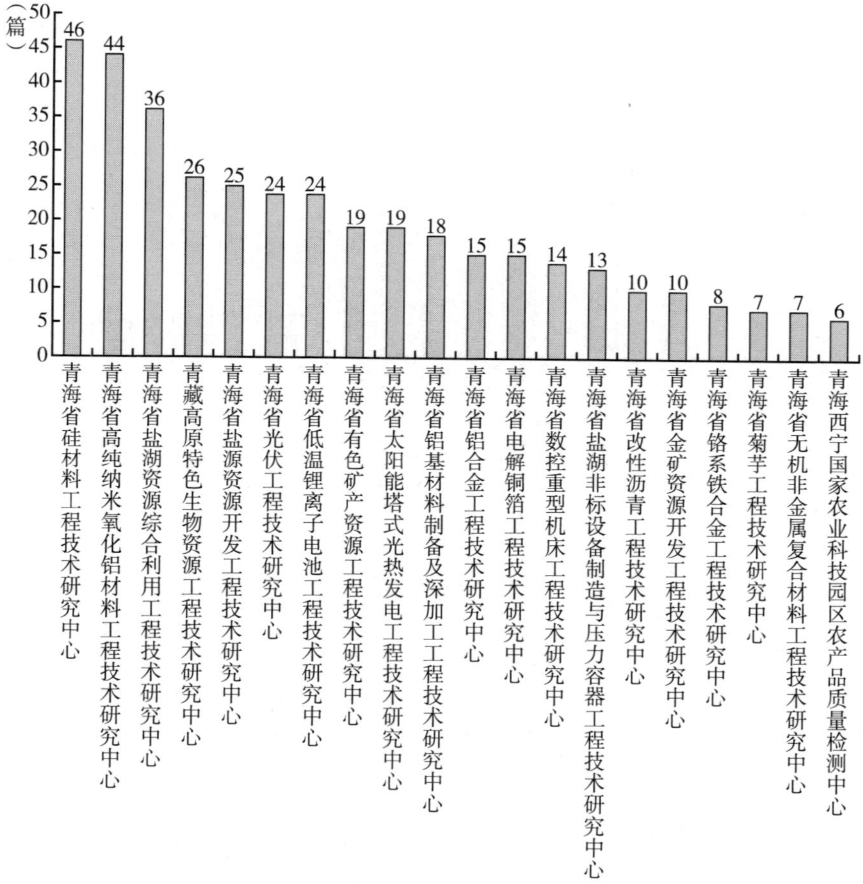

图 4　2017 年工程技术研究中心发表论文数量前 20 名情况

截至 2017 年底，青海省共有 61 个省级重点实验室、1 个省部共建国家重点实验室培育基地（青海省高原医疗）、1 个省部共建国家重点实验室（三江源生态与高原农牧业）和 1 个企业国家重点实验室（藏药新药开发）。

1. 青海省重点实验室布局

（1）领域分布。61 个省级重点实验室分布在环境资源、地学、化学、工程、材料、能源、信息、农业、医药、生物 10 个学科领域。

（2）所属部门分布。重点实验室依托单位所属部门以中国科学院、青海省教育厅、青海省国资委为主。

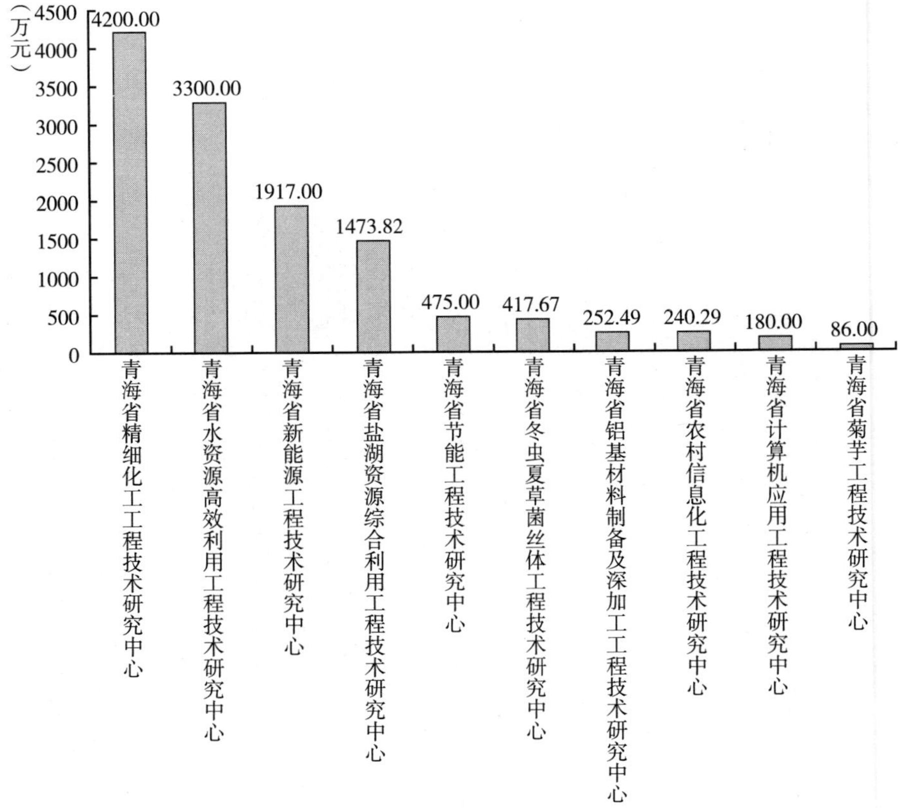

图 5　2017 年青海工程技术研究中心技术服务收入情况

（3）依托单位性质和类型分布。高校、科研院所和企业是青海省重点实验室的主要依托单位，全省以高校为依托单位的重点实验室共 13 个，占 21%；以科研院所（含转制院所）为依托的重点实验室共 28 个，占 46%；以企业为依托的重点实验室 11 个，占 18%；以其他事业单位为依托的重点实验室 9 个，占 15%。

2. 人才培养和队伍建设

重点实验室通过各种渠道培养、引进人才，特别注重青年人才的培养和高层次人才的引进工作，优化人才结构，不断壮大科研队伍。

3. 科研条件

实验室总面积达到 213. 8 万平方米，其中实验用房面积约 15. 4 万平方

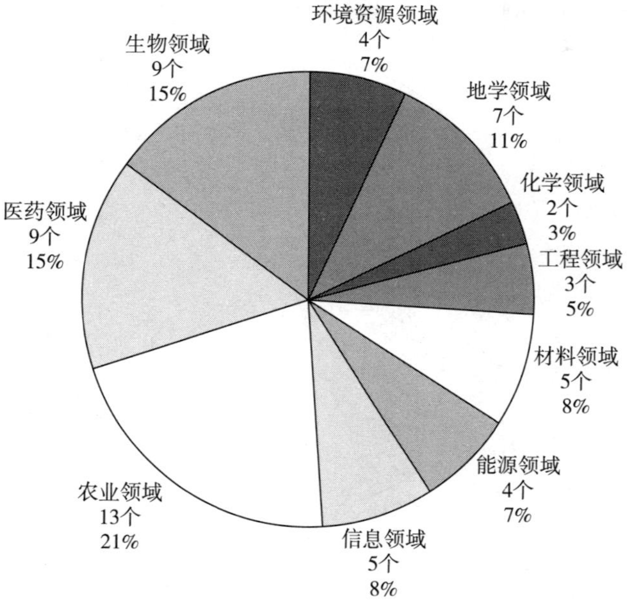

图 6　2017 年度青海省重点实验室领域分布

米，办公用房面积 5.4 万平方米，实验用地面积 192.9 万平方米。省级重点实验室共有仪器设备 13906 台（套），其中新购 916 台套，原值 1.58 亿元。

4. 科研产出

重点实验室积极承担国家及省部级科研项目，多渠道争取经费支持。2017 年承担国家项目 61 项，争取国家经费 2880.5 万元，参与国家项目 11 项，争取经费 705.63 万元。取得国家新品种、新标准 3 项，省级新品种、新标准 10 项；发表论文 469 篇，其中 SCI 收录 303 篇，核心 166 篇；出版专著 13 部；获得发明专利 76 件。

5. 开放交流

省级重点实验室加大开放交流力度，加强科技合作，定期或不定期举办各类学术会议，积极参加国内外学术会议，开展学术交流。举办学术会议 45 场，参加各类学术会议 138 次。承担各类科技合作项目 113 项，争取经费 6652.8 万元。

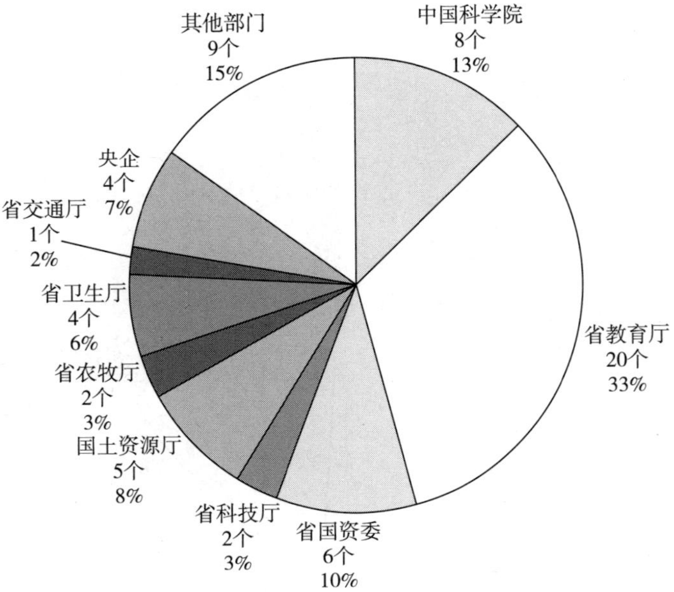

图7　2017年度青海省重点实验室依托单位所属部门分布

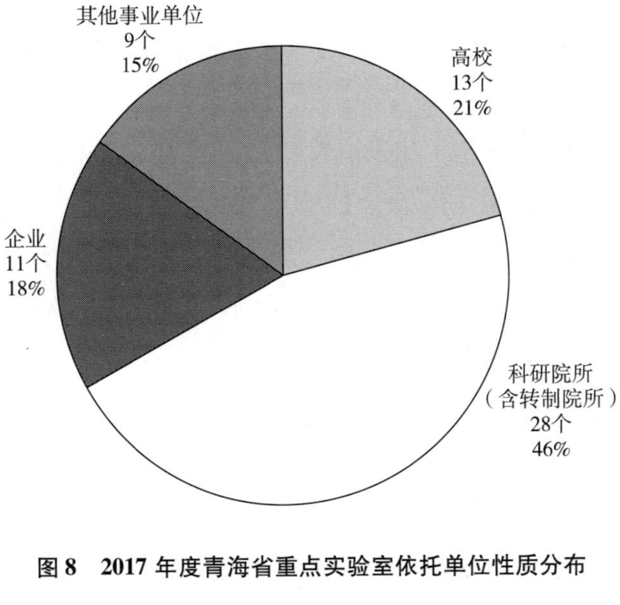

图8　2017年度青海省重点实验室依托单位性质分布

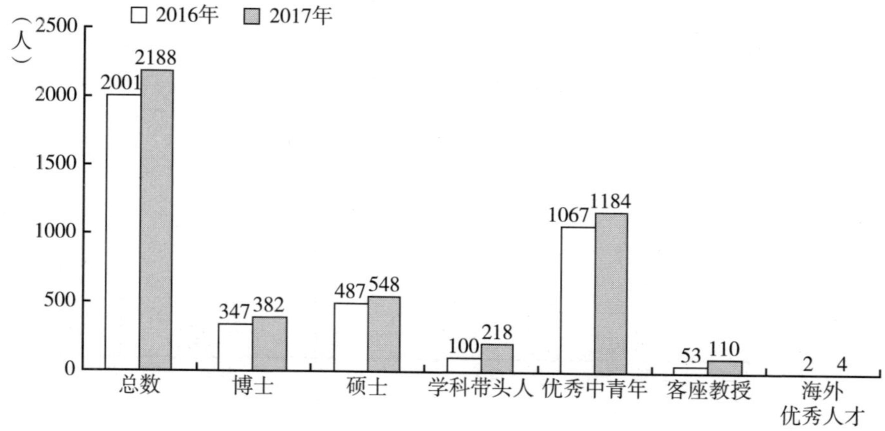

图 9　2016～2017 年青海省重点实验室人才培养分布

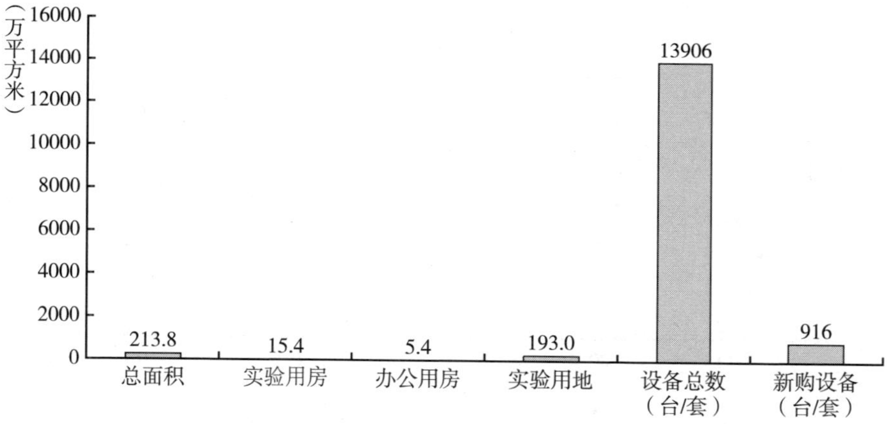

图 10　2017 年青海省重点实验室条件建设情况

6. 重点实验室专项资金支持情况

2017 年青海省创新平台建设专项计划支持实验室 29 个，资助总经费 8800 万元，当年资助 3600 万元。其中支持全面评估优秀重点实验室 13 个，当年资助金额 2600 万元；支持年度成果产出单项业绩优良的重点实验室 29 个，当年资助金额 1000 万元。

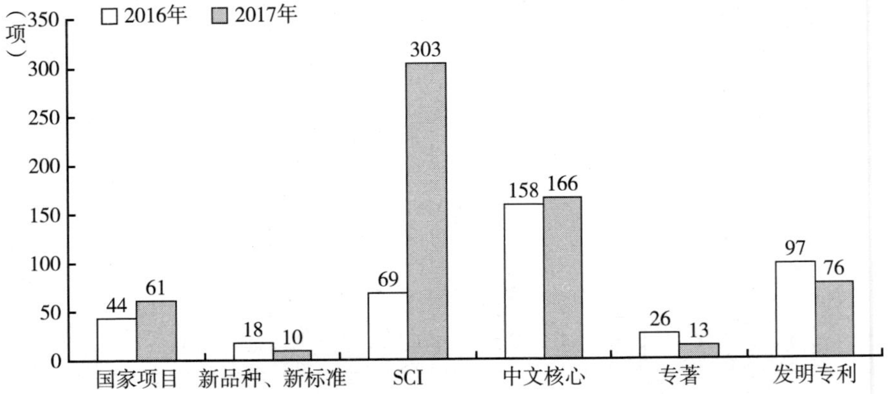

图 11　2016～2017 年青海省重点实验室科技成果情况

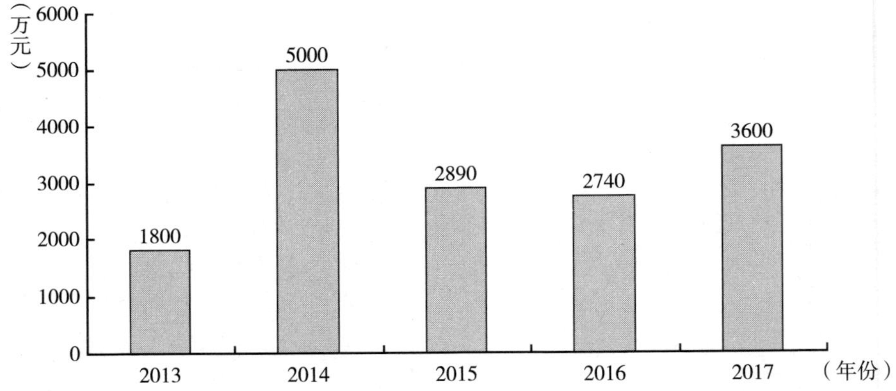

图 12　2013～2017 年青海省重点实验室近五年资助金额

7. 开展省级重点实验室年度评估

为推动省级重点实验室快速发展，提升创新能力，组织开展了重点实验室年度单项评估工作。2017 年度各重点实验室在发表高水平论文、争取国家项目经费、人才培养、开放交流等方面能力明显提升，特别是获得2014～2016年度全面评估优秀的重点实验室效果明显，科研能力明显提升。

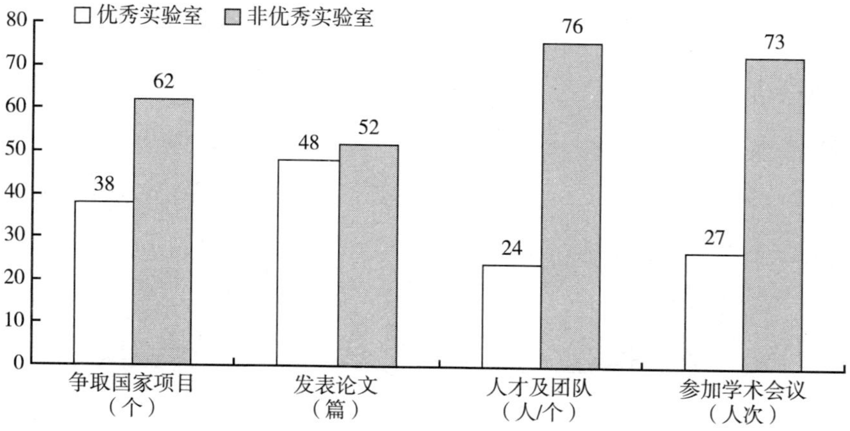

图13　2014~2016年青海省13家优秀重点实验室与48家非优秀重点实验室代表性产出比较

（三）科技基础条件平台建设

1. 持续加大科技基础条件平台建设力度

青海省在科技基础条件平台建设中，加大科技投入，有效配置科技资源，运用共建共享机制，搭建了公益性、基础性、战略性布局合理和开放高效的资源共享信息平台。2017年，共支持12项科技基础条件平台建设项目，总经费5113万元，资助经费1750万元，平均支持强度145.8万元。从近3年科技基础条件平台支持情况来看，科技基础条件平台总投入呈上升趋势。

2. 大型科学仪器共享平台建设逐步完善

不断促进青海省大型科研仪器设施开放共享，提高利用率和服务水平。2017年，服务机时69323小时，服务样品748660件，服务中小企业946家。为鼓励大型仪器拥有单位增强科技创新服务的能力和水平，开展了2017年度大型仪器共享服务补贴工作。

3. 青海省科技文献资源共享平台建设稳步提升

青海省科技文献资源共享平台按照“建设、整合、共享、完善、提高”的要求，实现文献信息资源共知、共建和共享。平台整合了包括中外期刊论

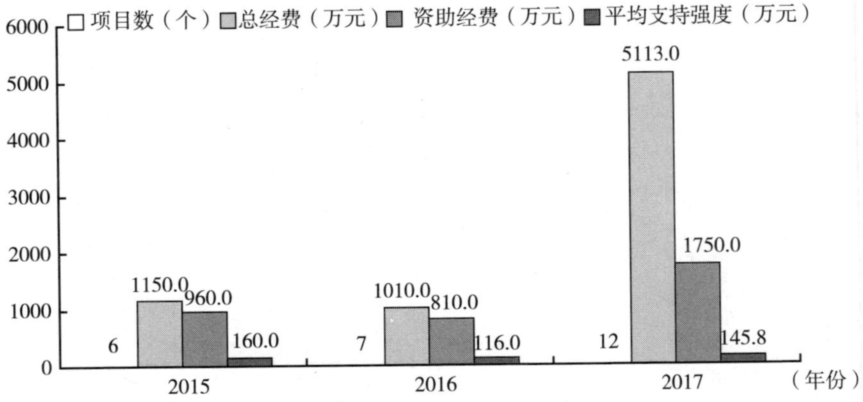

图 14　2015～2017 年青海省科技基础条件平台支持情况

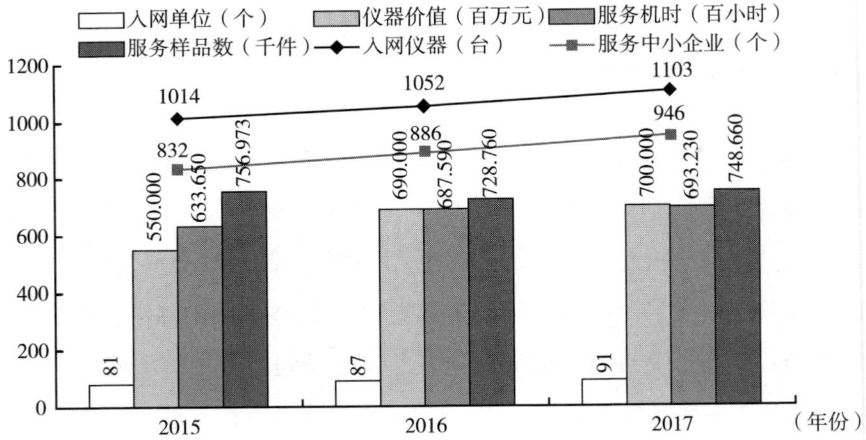

图 15　2015～2017 年青海省大型科学仪器共享平台服务情况

文、专利、标准、学位论文、科技报告、电子图书、报纸在内的 100 多个数据库。科技文献平台为青海省的科研院所、高等院校、大中型企业和科研人员提供科技文献服务。平台访问量累计达到 3120 多万人次，平台下载量逐年增加，2017 年下载科技文献 302482 篇。

4. 开展大型科研仪器购置补助

为全面提升各类创新平台科技创新能力，加强大型科研仪器设备等保障研究开发的科研条件建设，2017 年青海省开展对科研机构和高校专项支持新增大型科研仪器设备购置的补助，共支持 17 台（套）仪器的购置，补助经费 5280 万元。

（四）青海省科普发展情况

1. 科普能力建设情况

（1）青海省科普人员结构有所变化，专职人员增加，兼职人员减少。2016 年青海省共有科普人员 8070 人。其中科普专职人员 1021 人，占科普人员总数的 12.65%；科普兼职人员 7049 人，占科普人员总数的 87.35%。2016 年度全省科普兼职人员共投入工作量 1344 人月，同比增加 105.81%。2016 年，青海省共有中级职称以上或大学本科以上学历的科普人员 5078 人，占科普人员总数的 62.92%。2016 年青海省共有农村科普人员 1135 人，占科普人员总数的 14.06%。其中专职人员 126 人，占科普专职人员总数的 12.34%；兼职人员 1009 人，占科普兼职人员总数的 14.31%。

（2）科普场馆建设增速平缓。2016 年青海省有科技馆 4 个，科学技术博物馆 4 个；城市社区科普（技）活动场地 237 个，同比增长 85.15%；农村科普（技）活动场地 1306 个，同比增长 14.36%；科普宣传专用车（辆）94 辆；科普画廊 1418 个，同比增长 7.01%。有国家级科普教育基地 9 个；省级科普教育基地 31 个。

（3）科普经费投入有所增加。2016 年，青海省科普经费筹集额 9395.77 万元，同比增长 16.46%。其中，政府财政投入 7814.88 万元，占总投入 83.17%，同比增长 22.84%。政府投入的科普经费中，科普专项经费为 1923.9 万元，占总投入的 20.48%，同比增长 19.07%。

（4）科普传播媒介形式多样，总体呈增长态势。2016 年，青海省共出版科普图书 337 种，同比减少 5.34%；出版总册数为 95.39 万册，同比减少 7.00%；青海省共出版科普期刊 38 种，出版总册数为 10.94 万册。青海省共发行科技类报纸 134.15 万份，同比减少 6.90%；广播电台播出科普

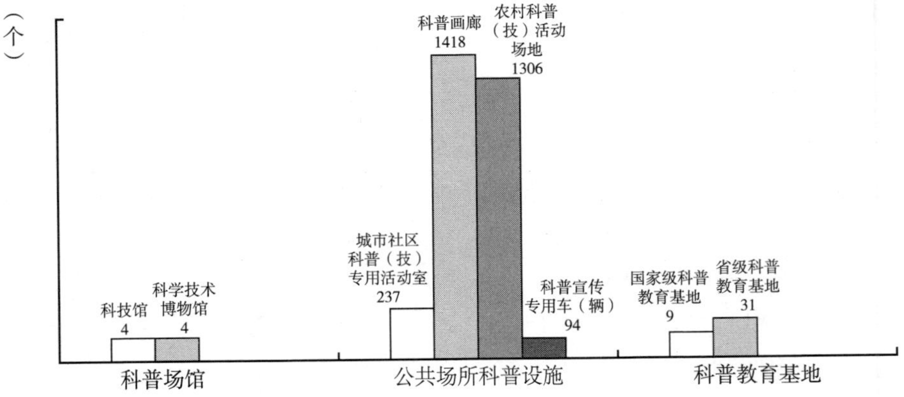

图 16　2016 年度青海省科普场馆情况

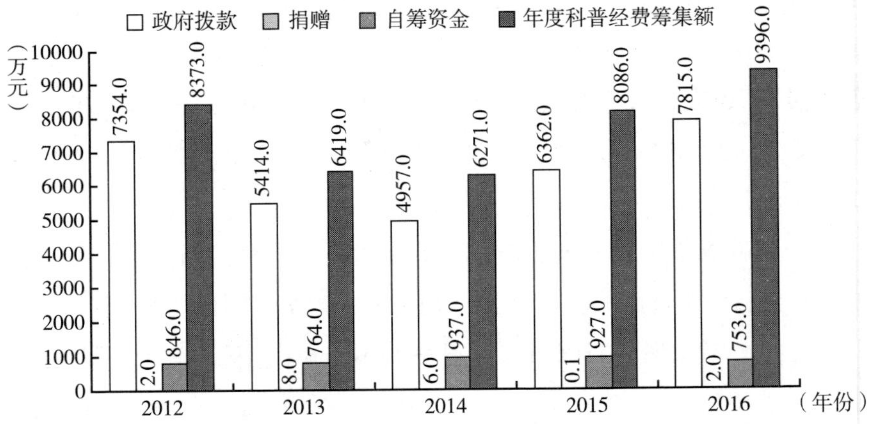

图 17　2012～2016 年青海省科普经费筹集额构成示意

（技）节目总时长为 1974 小时，同比增长 45.25%；电视台播出科普（技）节目总时长为 11374 小时，同比增长 49.90%；发行科普（技）音像制品 37 种，同比增长 208.33%，发行科普（技）类光盘 2.4 万张，同比增长 21.70%；录音、录像带 7000 盒，同比增长 131.79%。

（5）科普活动公众参与度较高。2016 年，青海省举办科普（技）讲座 8380 次，同比增长 65.44%，听众为 105.58 万人次，同比增长 28.36%；举办科普（技）展览 961 次，同比增长 28.30%；参加人数为 16.66 万人次，同比减少 4. 34 万人次，减少 20. 67%；各类机构举办科普（技）竞赛 644 次，同比增长 53. 33%，参加人数为 15. 83 万人次。2016 年，青海省举办科技活动周共投入经费 156. 82 万元，其中政府资金 119. 34 万元，企业赞助 2. 4 万元。科技活动周期间，共举办科普专题活动 943 次。

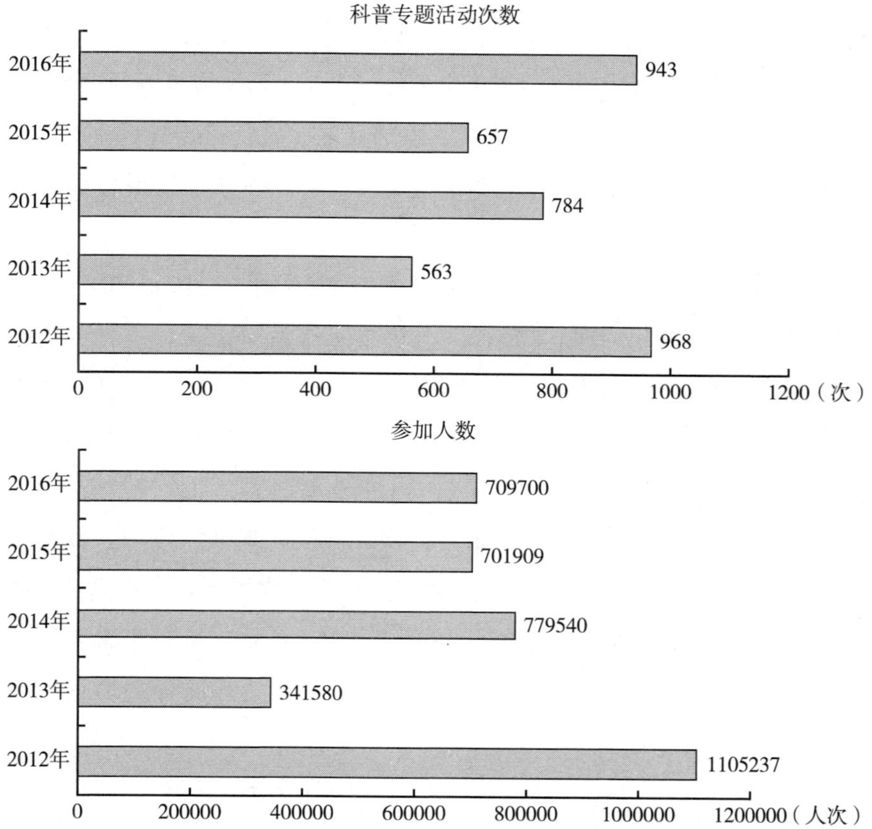

图 18　青海省科技活动周情况（2012 ~ 2016）

（6）科普在创新创业中有所体现。2016 年，青海省共建有众创空间 30 个，办公场所面积 11. 82 万平方米，创业导师 158 人，开展创新创业培训 415 次，参训人数达 1. 6 万人次，共举办科技类创新创业赛事 36 次，参加 2167 人次。

2. 2017年开展大型科普活动情况

（1）举办全省科技活动周。2017年青海省科技活动周期间，青海省科技部门牵头组织各州市县开展了科技大篷车流动宣传、开放科普基地、科普展馆和实验室、科研人员和科普志愿者进校园进社区、科技下乡、科技咨询、科技培训（包括网络科普培训）、科普体验、科技成果推介、科普志愿者行动、科普进寺院等72项科普活动，92个单位1200余名科普工作者参与活动，共散发科普宣传资料145000余份（册），展出展板6000余块，开展科技咨询、科技服务37000余人次，发放药品、农资等物资折合人民币约17.5万元，开放科研院所、科普教育基地53个，举办科技报告会37场，科普影视18场。

（2）开展首个“全国科技工作者日”庆祝活动。为庆祝2017年首个“全国科技工作者日”，鼓励青海省广大科技工作者牢记使命责任，进一步在全社会营造关心科技工作者、尊重科技工作者，尊重知识、尊重人才的良好社会氛围，青海省科技部门联合省科协组织开展青海省2017年首届科技工作日宣传活动。

（3）开展农牧民科技培训。加快农牧区科技成果推广应用，促进农牧区产业结构调整，培育特色经济，推动农业增产、农民增收，提高农民的科技素质。2017年青海省科技培训计划投资1831万元，组织825名科技人员，深入全省38个县（市、区）开展科技服务，共开展各类培训85场，培训农牧民6150人次。

（五）科技人才队伍建设

科技人才是促进经济社会发展的重要力量，是推进科学技术进步的主力军。青海省大力实施人才强省战略，积极开展科技人才的引进培养，把优化人才发展政策环境作为科技工作的战略任务，以创新人才激励政策为切入点，以提高科技创新水平和能力为核心，培养造就国内先进学科和技术领域带头人，带动全省科技人才队伍建设和发展，为实施创新驱动发展提供智力支撑。

1. 科技人才基本情况

2016 年，青海省科技活动人员达 23206 人，同比增长 14.8%，万人 R&D 活动人员数为 7.11 人。科技活动人员中本科及以上学历 15317 人，占总量的 66%。从事科技活动人员中科研机构 1602 人，占总量的 6.9%；企业 11169 人，占总量的 48.1%；高等学校 6359 人，占总量的 27.4%；事业单位为 4076 人，占总量的 17.6%。与 2015 年相比，科研机构、企业、高等学校和事业单位科技活动人员均有所增长。

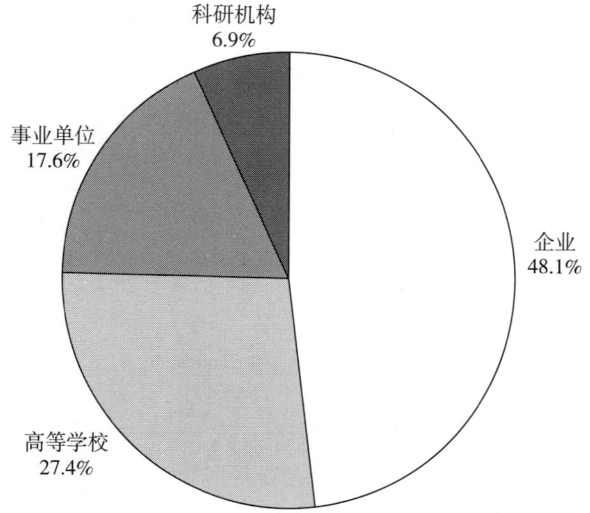

图 19　2016 年青海省科技活动人才分布

截至 2017 年底，青海省有工程院院士 1 人，有突出贡献的中青年专家 31 人，享受政府特殊津贴专家 634 人，省级优秀专家 285 人，省级优秀人才 528 人，省级自然科学与工程技术学科带头人 368 人、入选国家“万人计划”5 人、科技部人才推进计划 8 人，认证创新工程师 173 名。

2. 科技人才队伍建设基本评价

根据《中国区域科技创新评价报告 2016～2017》相关数据，青海省科技人才投入在科技活动经费稳步增长的同时逐步提升，科技人力资源、科技产出等逐步增加，但与全国和其他省份相比，仍存在较大差距。一是科技人力资源总量不足。R&D 研究人员数 2323 人年，居全国第 30 位；万人大专以上学历人数为 1045 人（全国平均 1332.84 人），居全国第 25 位。二是科技人力投入不足。万人 R&D 研究人员数 4.45 人年（全国平均 12.07 人年），居全国第 26 位；企业 R&D 研究人员占比 22.87%（全国平均 62.67%），居全国第 29 位。三是科技人才产出逐步提升，但总体水平仍偏低。万人科技论文数为 1.76 篇（全国平均为 3.65 篇），居全国第 24 位，与上年度持平；万人发明专利拥有量为 1.16 件，同比增长 43%，排位上升 1 位，列第 30 位。

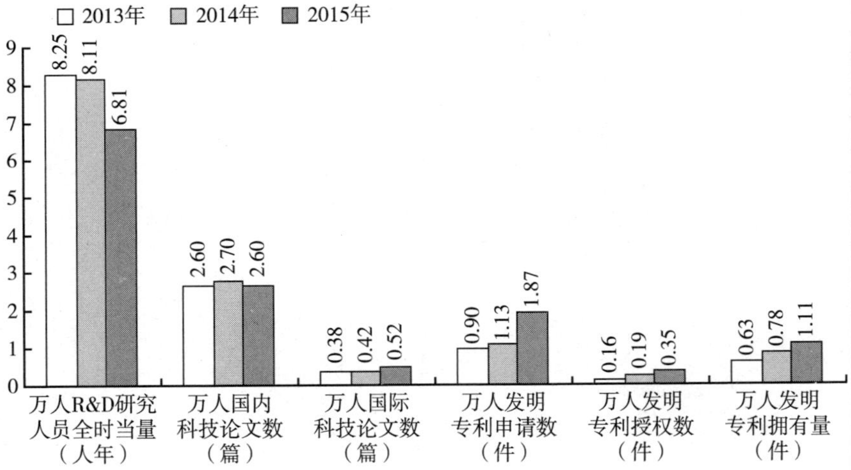

图 20　2013～2015 年青海省科技人才创新能力指标

3. 优化科技人才发展政策环境

（1）完善适应科技创新发展的人才政策体系，围绕提升企业创新能力，制定《加快大众创业万众创新支撑平台建设服务实体经济转型升级的实施意见》《青海省高新技术企业和科技型企业“双倍增”及科技小巨人培育计划实施方案》等 3 项政策性文件。通过创新顶层设计，建立和完善更加灵活的人才管理激励机制，不断优化人才创新创业环境，激发创新创业活力。

（2）组织开展专利质押融资，激发科技人才创新活力。2017 年，促成企业实现专利权质押融资贷款2.05亿元。改革完善科技奖励制度，依据经济社会发展水平逐步提高省、市（州）、县（市、区）科技奖励额度。2017年青海省对30个科技成果进行奖励。国内领先水平科技成果达到90%，国际先进水平以上的科技成果占47%，取得授权专利116项，发表论文568篇，其中SCI 167篇；完善职称评审制度，加快科技人才培养，在省自然科学研究系列职称评定中，对在科学研究、科研岗位上工作满1年，经用人单位考核合格，取得博士学位或硕士学位的人才，可以分别予以认定副研究员或助理研究员。对纳入青海省“高端创新人才千人计划”引进人才范围的人员，经单位考核合格，不受学历、资历、外语、计算机、继续教育等申报条件的限制，根据其工作能力和业绩水平，对照自然科学研究系列职称评审条件，可跨级别申报评审相应专业技术资格，有效推动青海省科技人才的培养和人才队伍的建设。

（3）深化科技成果使用处置收益改革，让科技人才“一朝致富”。制定《青海省促进科技成果转移转化行动方案》，着力破解成果转化难的问题，进一步加快下放省内财政资金支持形式的科技成果使用、处置和收益权，扩大高校和科研机构的自主权，提高科研人员成果转化收益分享比例等，营造创新创业良好环境，激发全社会创新创业活力。

4. 构建更加完善的科技人才培养机制

（1）推进科技计划管理科学化、规范化。建立科技计划管理平台，对科技计划实现“全程记录、痕迹管理”，建立项目管理全过程的科研信用制度。基础研究计划引入第三方机构开展项目管理相关工作，并首次实行网络评审，进一步完善项目申报、立项、检查、验收等项目管理内控制度体系。通过“项目+人才+平台”的培养模式，聚焦科学前沿，重点解决全省经济社会发展重大科学问题，组织实施基础研究、科技基础条件平台建设、重点实验室、“西部之光”等科技计划，加强培养优秀科研人才和团队，为实施创新驱动发展战略提供创新性人才和基础研究成果。

（2）结合“放管服”深化科研经费管理改革。给予项目承担单位更大的科研自主权，项目结余资金留给项目承担单位，基础研究计划实行概算管理，间接费用由直接费用扣除设备购置费的最高不超过13%的比例提高到30%，取消绩效支出比例限制，绩效支出与项目实际贡献挂钩。基础研究项目验收时，不再进行财务验收，为科研经费管理“松绑”。

（3）通过青海省自然科学基金，从“面上项目”、“青年项目”和“创新团队”三方面，支持青海省高层次人才、青年人才和团队，促进青海省科研人员自主创新能力建设，凝聚和培养科技人才。

（4）持续实施柴达木盐湖化工科学研究联合基金，围绕盐湖化工产业发展的关键科学问题，2017年资助项目3项，吸引、培养和集聚了一批省内外高层次科技人才，弥补了青海省盐湖化工高层次科研人才的不足。贯彻落实“不求所有，但求所用”柔性引才政策，对青海省人才引进培养工作发挥重要示范作用。

（5）突出人才培养在科技计划中的重要性，将人才培养列为各类计划项目的考核指标，并且在重点实验室年度评估中，设立人才培养奖励单项，对人才培养表现突出的实验室给予奖励。

5. 发挥科技人才创新引领作用

鼓励企业设立重点实验室等创新平台，面向全社会吸收聚集高水平科技人才，开展合作交流，增强科技创新能力。截至2017年，全省建成国家高新区、可持续发展实验区、农业科技园区、重点实验室、大学科技园、盐湖化工循环经济特色产业集群等29个国家级科技创新服务平台；批准建设4家省级高新区，认定高新技术企业144家、科技型企业294家、培育科技小巨人企业47家；国家级重点实验室2个；省级重点实验室61个、工程技术研究中心64个、农业科技园区38家、科普教育基地31个、院士工作站3家、科技活动机构144家；1014台（套）10万元以上仪器（设施）入网共享；成立了青海大学新农村发展研究院、三江源研究院、创新发展研究院、产业发展研究院和青海省光伏产业发展研究中心，西宁市被科技部列入国家创新型试点城市。此外，还通过研究生联合培养基地、博士后创新实践基地、院士工作站、省部会商、科技援青、省院合作等，聚集培养了一大批优秀科技人才，促进了合作交流和协同创新。

6. 人才队伍建设不断加强

一是学科带头人队伍建设成效显著。截至 2017 年，累计选拔培养学科带头人 368 名。二是组织推荐“高端创新人才千人计划”。2017 年青海省科技部门推荐引进人才 4 名、培养人才 33 名和团队 1 个，其中有 7 名科技人才和 1 个团队入选“高端创新人才千人计划”。在多年持续发力的基础上，部分领域和单位引才聚才的良性机制已经形成。

7. 激发科技人员成果转化积极性

一是在科技计划体系中增设科技成果转化专项，部署建设青海省科技成果信息汇交平台，从科研组织、科技项目实施到科技成果转化诸环节进行统筹考虑。2017 年支持科技成果转化专项 64 项，资助经费 5369 万元。强化科技奖励评价指标中转移转化指标的权重，强化科技奖励对科技成果转化的激励机制和导向作用。二是下放财政资金形成的科技成果使用、处置和收益权，提高了科研院所、高校科研人员成果转化收益分享比例，用于奖励的收益比例由国家的不低于 50% 提升至不低于 70%，将国家享受科技成果转化激励政策的覆盖面由国有科技型企业扩大至全省所有国有企业，并将国家规定企业用于股权奖励的激励额不超过近 3 年该科技成果转化税后利润累计形成的净资产增值额的 15% 提高至 20%。

三　2018年青海科技创新体系建设思路

（一）继续完善促进科技创新相关政策法规

将《青海省促进科技成果转化条例》纳入立法计划，为增强自主创新能力、促进科技成果转化创造良好的法治环境。深化科技奖励制度改革，修改《青海省科学技术奖励办法》。继续推进《青海省贯彻〈国家创新驱动发展战略〉实施方案》《青海省促进科技成果转移转化行动方案》等政策的落地，形成有利于科技成果转化的体制机制，激发科研人员的科技创新热情。

（二）进一步增强企业的创新能力

进一步强化政府引导作用，深入实施知识产权战略以及高新技术企业和科技型企业“双倍增”和科技“小巨人”培育计划、科技成果转移转化行动，落实普惠性财税支持政策，完善企业为主体的科技成果转移转化体系，打通科技成果转移转化通道，引导资金、技术、项目、人才等创新要素向企业集聚，使企业成为研发投入的主体、技术创新活动的主体和科技成果应用的主体。

（三）推动高校与科研院所面向经济社会主战场

扩大高校科研院所自主权，加强基础研究和追求学术卓越，支持跨学科、综合交叉科研团队的组建，提升高校科研院所综合实力和创新性，推动科研人员主动面向市场服务企业，发展面向市场的新型研发机构，建立提供公共服务的“民办官助”新型共性技术研发机构，增强原始创新能力和服务经济社会发展的能力。

（四）进一步加大科技创新人才培养引进力度

制定科技人才分类评价制度，认真做好国家“万人计划”、科技部人才推进计划、青海省“高端创新人才千人计划”的组织推荐工作，青海省自然科学与工程技术学科带头人的选拔认定工作。

G.7

青海高新技术企业发展报告*

摘　要： 高新技术企业是一个国家或地区核心竞争力的重要标志，是带动产业结构调整和经济持续增长的重要力量。我国经济发展进入新常态，以高新技术改造传统产业和加快培育具有区域特色和优势条件的高新技术企业，成为青海省经济转型发展的关键。本文聚焦青海省高新技术产业园区建设和高新技术企业等创新主体发展重要指标，分析了青海省高新技术企业发展现状，并针对发展过程中存在的主要问题提出了措施建议。

关键词： 高新技术企业　科技型企业　科技“小巨人”企业　高新技术产业园　青海省

青海省科技工作以高新技术改造传统产业和加快培育战略性新兴产业为基点，从创新政策制定、创新平台搭建、创新项目组织、创新能力提升等方面着手，有力地促进了青海省高新技术企业发展。2016 年，青海省高新技术产业总产值① 802.75 亿元，占全省 GDP 的 31.96%，对促进全省工业结构优化升级、推动经济发展方式转变发挥了重要作用。

一　青海高新技术企业发展总体情况

（一）“三型”企业经济总量呈逐年上升趋势

2017 年，高新技术企业发展环境持续优化。青海省研究制定了《青海

* 课题组成员：许淳、张海满、赵淑梅、刘永庆、王杏芳、米杰、李冰、刘虹。

① 参照国家高新技术产业总产值包括高新区工业总产值和高新技术企业工业总产值之和计算。

省高新技术企业和科技型企业“双倍增”及科技“小巨人”培育计划实施方案》（青政办〔2017〕100号），加快培育科技型企业、高新技术企业和科技“小巨人”企业（以下简称“三型”企业）。科技部门与省经信、工商、财税、金融等部门建立联动机制，共同支持“三型”企业培育库建设。建立企业综合信息数据库，加强分类指导、梯级培育和动态管理。同时，《关于深化供给侧结构性改革促进实体经济发展的若干意见》（青政〔2017〕42号）、《青海省人民政府关于进一步加强和改进招商引资工作的若干意见》（青政〔2017〕70号）、《关于第二批清理规范省政府部门行政审批中介服务事项的决定》（青政〔2017〕77号）和《青海省人民政府办公厅转发省经济和信息化委关于进一步加强企业技术改造指导意见》（青政办〔2017〕185号）等一系列文件的制定，为吸引科技企业入驻投资、激发创新主体创新活力、提升创新创业孵化能力、构建高新技术产业创新体系营造了良好的政策环境。企业适应市场环境的能动性不断提升，“三型”企业数量和经济总量逐年得到提升。

1. 高新技术企业经济总量增幅较大

截至2017年底，青海省高新技术企业数量由2012年的56家增加到144家，增幅达157.14%，全省高新技术企业规模日益壮大，经济总量实现了较快增长。2012～2016年，高新技术企业工业总产值由172.41亿元增加到401.76亿元，增幅达133.03%，年均增幅23.55%；高新技术企业工业增加值由63.80亿元增加到112.38亿元，增幅达76.14%，年均增幅15.20%；高新技术企业实现总收入额由170.82亿元增长到449.89亿元，增幅达163.37%，年均增幅27.39%；高新技术企业实现主营业务收入由131.23亿元增长到418.41亿元，增幅达218.84%，年均增长率达33.63%；高新技术企业实现新产品产值由43.19亿元增加到218.56亿元，增幅达到406.04%，年均增长率达49.98%；高新技术企业新产品销售收入由34.01亿元增加205.35亿元，增幅503.79%，年均增长率56.76%，新产品销售额占企业收入的比值不断增大。

2014～2016年，高新技术企业中规模以上企业数量分别为47家、55家和23家，占高新技术企业数量的比例为54.65%、50.46%和17.69%。高新技术企业总产值占全省规上企业总产值的比例分别为11.94%、19.39%、14.17%。

2014~2016年，全省规模以上工业企业工业总产值分别为2655.86亿元、2518.12亿元和2835.56亿元，2016年比2014年增长6.77%，而同期高新技术企业工业总产值2016年比2014年增长了26.69%。在经济下行压力不减、宏观环境依然复杂的形势下，青海省高新技术企业总体经济效益呈现增长态势，为青海省经济平稳增长提供了新动能。①

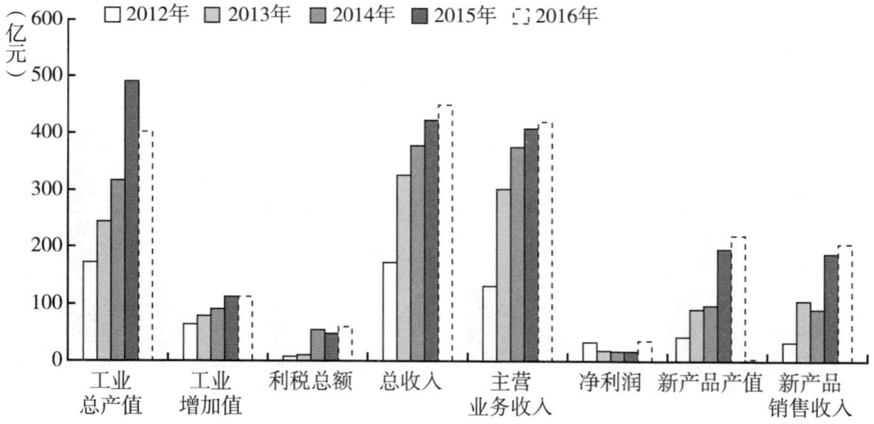

图1　2012~2016年青海省高新技术企业经济总量

2. 科技型企业经济总量增长态势良好

截至2017年底，青海省科技型企业数量由2012年的115家增长到294家，增幅达155.65%，全省科技型企业规模日益壮大，经济总量增长态势良好。2012~2016年，科技型企业工业总产值由116.77亿元增加到183.07亿元，增幅达56.78%，年均增长率为11.90%；科技型企业工业增加值由20.98亿元增加到25.96亿元，增幅为23.74%，年均增幅为5.47%；科技型企业实现总收入额由108.59亿元增长到180.26亿元，增加了71.67亿元，增长幅度

① 参照国家高新技术产业总产值包括高新区工业总产值和高新技术企业工业总产值之和计算。

达66%，年均增长率达13.51%；科技型企业实现主营业务收入由84.28亿元增长到173.49亿元，增幅达105.85%，年均增长率达19.78%。

2014~2016年，科技型企业工业总产值占全省规模以上工业企业总产值的比重分别达到了5.91%、6.99%和6.46%。2014~2016年，科技型企业经济总量增长速度远高于同期全省规模以上工业的增长速度。近三年科技型企业工业总产值呈现逐年递增的趋势，2015年较2014年增长12.22%，2016年比2015年增长4.02%。科技型企业的经济总量增长率明显高于规上企业经济总量增长率，表现出了良好的增长态势，成为青海省经济持续增长的最活跃力量。

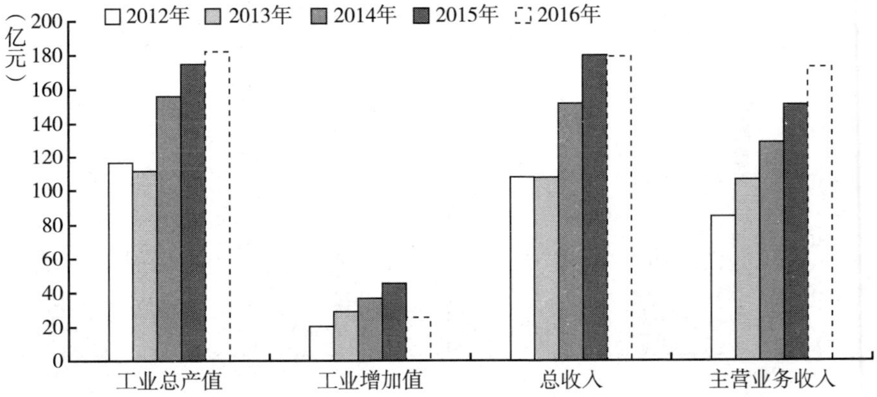

图2　2012~2016年青海省科技型企业经济总量

3. 科技“小巨人”成为高新技术产业新的增长极

启动“科技小巨人培育计划”以来，围绕重点产业创新集群培育发展骨干企业，重点扶持一批科技创新基础条件较好、发展潜力较强的企业，引导资金、技术和人才等创新要素向企业集聚，形成引领高新技术产业发展的科技“小巨人”。2016年培育新增“小巨人”企业9家，科技“小巨人”企业达47家，实现工业总产值35.54亿元，销售收入23.69亿元。科技“小巨人”成为青海省高新技术产业发展新的增长极。

按技术领域划分，2016年47家科技“小巨人”企业中生物与新医药领域8家，占科技“小巨人”企业总数的17%；高技术服务领域9家，占

19%；先进制造与自动化领域7家，占15%；新材料领域12家，占25%；新能源及节能领域5家，占11%；资源与环境领域6家，占13%。

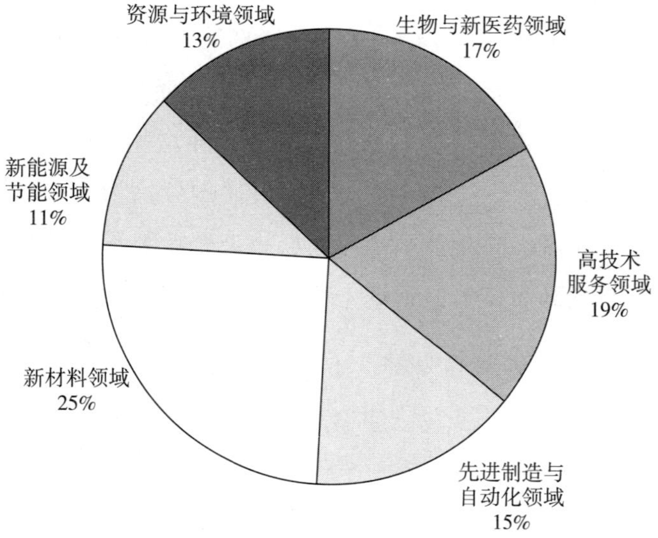

图3 2016年青海省科技“小巨人”企业按领域分布情况

（二）国家级高新区产业创新集群建设初见成效

青海省国家级高新区，以特色生物产业、装备制造业等为主导产业，不断聚集各类资源支持企业发展，产业创新集群建设已见雏形。2014～2016年，国家级高新区工业企业数量分别为453家、505家和573家，年均增长率为12.47%；区内工业企业总产值分别为229.86亿元、224.60亿元和271.99亿元，实现增幅18.33%；工业企业增加值分别为78.36亿元、75.26亿元和85.05亿元，实现增幅8.53%；销售收入分别为360.36亿元、403.01亿元和463.26亿元，实现增幅28.55%，年均增长率为13.38%；企业纳税总额分别为5.69亿元、5.95亿元和6.31亿元，年均增长率为5.30%。

青海省国家级高新区中高新技术企业数量逐年增加，但总量少。2014～2016年，国家级高新区内高新技术企业分别为17家、20家和33家，占全区企业比例分别为3.75%、3.96%和5.76%；高新技术企业完成工业总产值分别为21.86亿元、18.08亿元和21.53亿元，仅占全区工业企业总产值的9.51%、8.05%和7.92%，且逐年递减。

2014～2016年，区内科技型企业数量分别为26家、34家和55家，占区内企业总数比例分别为5.74%、6.73%和9.60%，科技型企业完成工业总产值分别为16.22亿元、12.21亿元和21.38亿元，占全区总产值比例分别为7.06%、5.44%和7.86%；科技型企业工业增加值分别为2.85亿元、2.89亿元和3.33亿元，占全区企业增加值比例分别为3.65%、3.85%和3.92%。近三年，区内高新技术企业和科技型企业数量及其经济效益均较少，亟须加大区内高新技术企业和科技型企业的培育力度。

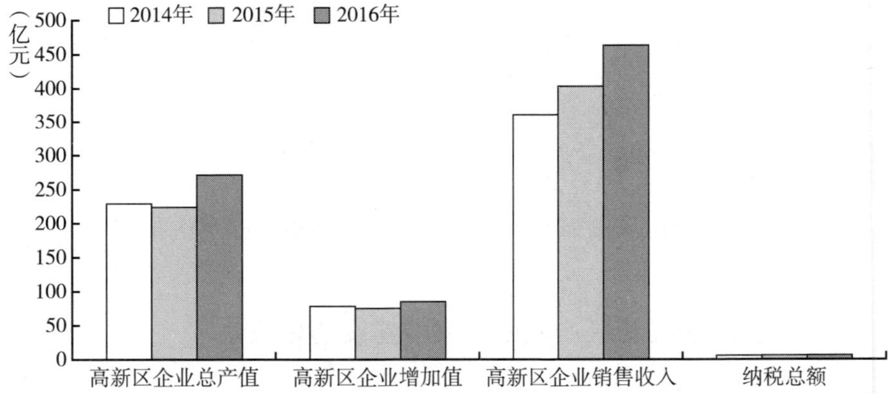

图4　2014～2016年青海省高新区工业企业经济总量

（三）在建省级高新区工业经济发展规模差异较大

1. 德令哈工业园（在建高新区）企业经济总量实现大幅增长

2014～2016年，德令哈工业园（在建高新区）以盐湖化工、光伏光热和高原特色生物产业为园区主导产业，不仅立足于区域资源优势，也着力推动产业结构优化，取得积极成效。三年内，企业数量由43家增长到82家，增幅达到90.70%，年均增长率为38.09%；企业工业总产值由30.20亿元增加到59.50亿元，增幅达到97.02%，年均增长率为40.36%；企业工业增加值由3.89亿元增加到13.60亿元，增幅达249.61%，年均增长率为

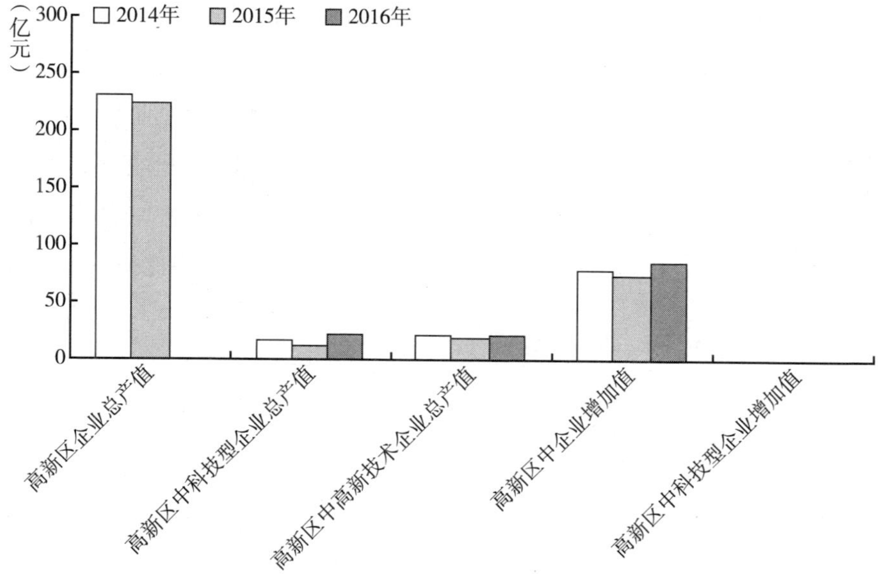

图5　2014～2016年青海省高新区工业企业、高新技术企业和科技型企业经济总量

86.98%；企业实现销售收入由26.90亿元增长到42.04亿元，增幅达56.28%，年均增长率达25.01%；企业实现净利润由－1.83亿元增长到0.67亿元，增幅达136.94%，实现了扭亏为盈。企业实现纳税总额由1.59亿元增加到2.66亿元，增幅67.30%，年均增长率达29.34%。

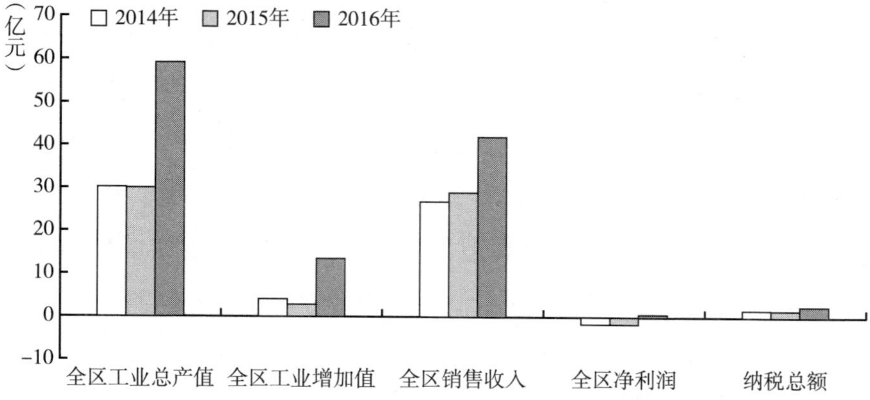

图6　2014～2016年青海德令哈在建高新区企业经济总量

2. 格尔木工业园（在建高新区）企业经济总量有所下滑

格尔木工业园（在建高新区）独立运行以来，以化工、有色金属等矿产资源开发为主导产业，同时积极引进和发展配套产业，规模以上企业数量达到41家。2015～2016年，在经济下行压力不减、宏观环境依然复杂的形势下，园区工业总产值由174.29亿元增长至187.35亿元。2016年实现工业增加值177.40亿元。区内高新技术企业和科技型企业数量均为3家，无增长，占比偏小。

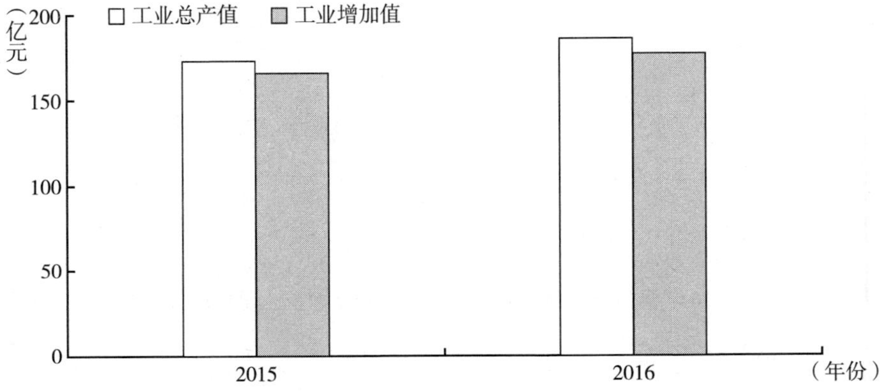

图7　2015～2016年青海格尔木在建高新区企业经济总量

3. 北川工业园（在建高新区）企业经济总量平稳提高

北川工业园（在建高新区）以发展铝合金等金属材料加工、高端装备制造业和生产性服务业为主。企业特点规模小。2014～2016年，企业数量分别为180家、214家和267家。企业数量增幅较大。企业工业总产值由46.60亿元增加到66.78亿元，增幅为43.30%，年均增长率为19.71%；企业工业增加值由13.50亿元增加15.36亿元，增幅为13.78%，年均增长率为6.67%。北川工业园（在建高新区）中高新技术企业数量均为1家，2016年科技型企业达到16家，占全区工业企业数量比例为5.99%。

4. 海东科技园（在建高新区）对区域经济发展支撑作用尚未显现

海东科技园（在建高新区）依托区位相对便利和与中关村产业、技术紧密对接的优势，优化创新产业环境。以光伏制造业、现代服务业和大数据

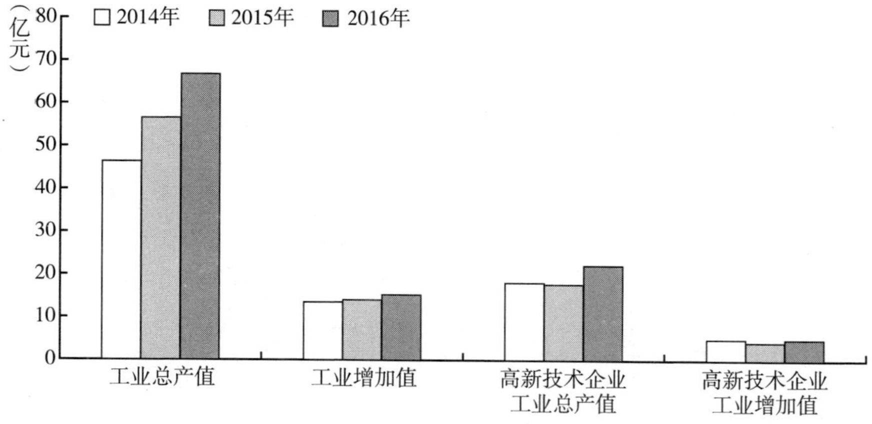

图 8　青海北川在建高新区企业经济总量

等高新技术产业为园区产业发展主导方向，孵化和培育企业数量和质量逐渐提升。园区入驻企业以科技型中小微企业为主。2014～2016 年，园区入驻企业数量由 52 家增至 126 家，增幅达 142.31%，年均增长率为 55.66%。2016 年企业工业总产值为 2.50 亿元，企业工业增加值约为 1000 万元。2014～2016 年，企业销售收入分别为 200 万元、500 万元和 430 万元，增幅达 115%，年均增长率为 46.63%。

海东科技园高新技术企业只有 1 家。2016 年，高新技术企业工业总产值 1242 万元，占全区总产值的 4.96%，占比较小。科技型企业为 2 家，科技型企业工业总产值为 317.96 万元。2016 年海东科技园获批国家级企业孵化器，开展科技金融试点，海东科技融资担保有限公司集成政府和社会资本约 1.7 亿元，开展科技融资担保业务，助力创新创业团队和科技型小微企业知识产权等融资。截至 2017 年 10 月底，累计为 82 家企业和 42 名大学生创业者提供融资服务，融资总额约 1.85 亿元。尽管海东科技园入驻企业数量不多、规模不大，但在推动高新技术企业发展方面有较大提升空间。海东科技园具有与中关村结对支持、科技园创建人才特色小镇以及区位优势等有利条件，通过引进与培养、合作与交流等方式，将进一步提高园区创新创业孵化能力、科技服务水平，通过持续努力，必将成为青海省科技创新创业孵化的先行区。

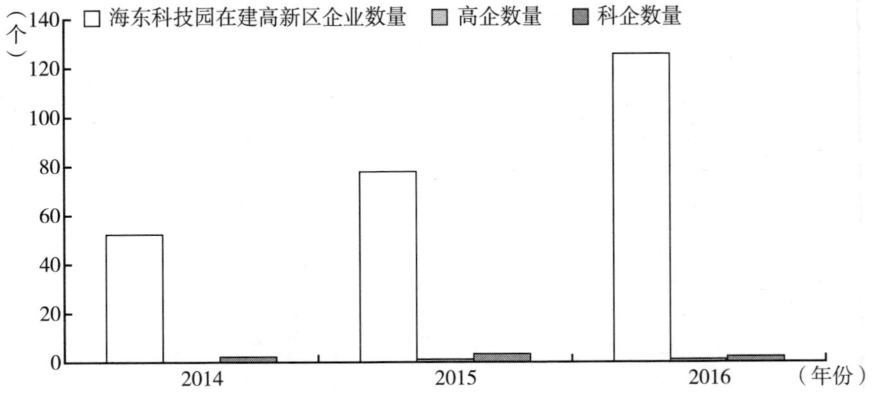

图 9　2014～2016 年青海海东科技园在建高新区企业数量情况

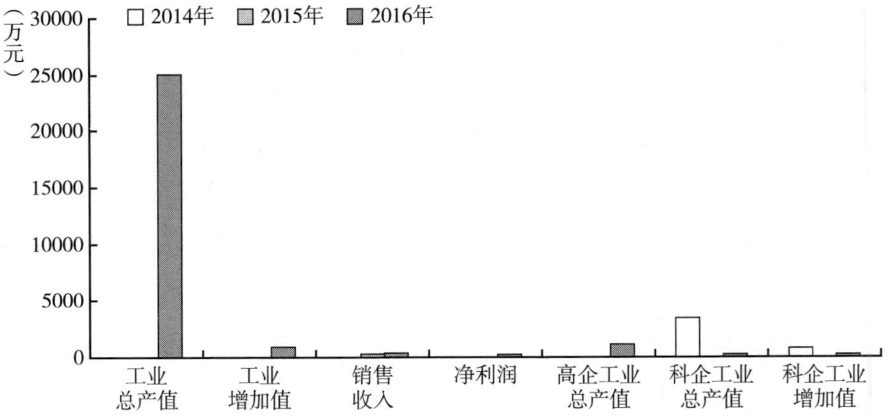

图 10　2016 年青海海东科技园在建高新区企业经济总量

（四）高新技术企业经济效益增长平稳

1. 高新技术企业经济效益稳中有进

（1）高新技术企业盈利能力逆势上扬。2012～2015 年，青海省高新技术企业营业净利率呈现逐年下滑趋势，但 2016 年高新技术企业营业净利率开始呈现上升趋势，高新技术企业营业收入创造净利润的能力呈逐增趋势。一是“十二五”期间，高新技术企业净利润的涨幅低于主营业务收入的涨幅，即净利润的增长速度慢于主营业务收入的增长速度，故营业净利润整体上处于下降态势。而2016年出现拐点，全省高新技术企业净利润涨幅高于主营业务收入的涨幅，即净利润增长速度快于主营业务收入增长速度，故营业净利润开始处于增长态势。二是高新技术企业主营业务收入涨幅大于零，即企业主营业务收入始终处于逐年增长趋势，净利润在2013年和2014年两年增长率为负，2015年转正，在2016年净利润增长幅度很大，达到了105.64%。高新技术企业营业净利率（营业净利润/营业收入）开始好转。

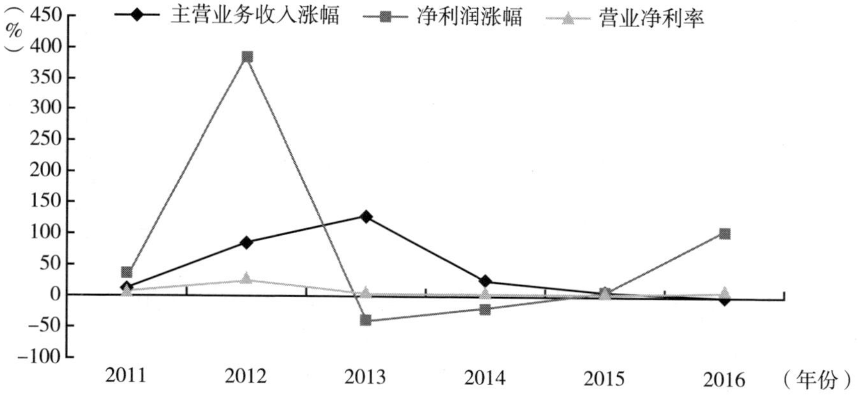

图11　2011～2016年青海省高新技术企业盈利能力

（2）高新技术企业劳动生产率增长缓慢。“十二五”期间，青海省高新技术企业的劳动投入经济效益呈逐年提升态势，高新技术企业的生产效率不断提高，这得益于高新技术企业工业增加值的涨幅整体上大于企业从业人员数量的涨幅。2015～2016年，高新技术企业工业增加值增长缓慢，工业增加值涨幅出现负值，企业从业人员数量递减，企业从业人员数量涨幅出现负值。高新技术企业的劳动投入经济效益呈增长缓慢态势，高新技术企业的生产效率提高较慢。“十二五”期间，青海省高新技术企业工业增加值逐年递增，高新技术企业从业人员数同样呈逐年递增趋势。但在2015～2016年，高新技术企业工业增加值由113.16亿元减少到112.38亿元，从业人员数由51666人减少到51252人，高新技术企业工业增加值和从业人员数均呈下降趋势。由于工业增加值下降率低于从业人员数下降率，从一个侧面也反映出青海省高新技术企业生产技术水平有所提高，经济管理水平有一定提升，职工技术熟练程度和劳动积极性稳步提升。

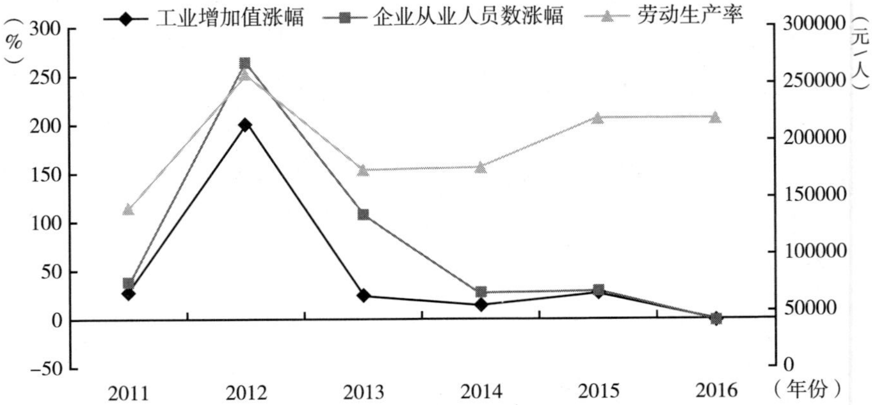

图 12　2011～2016 年青海省高新技术企业劳动经济效益

（3）高新技术企业纳税额和享受减免税额逐年递增。2013～2015 年高新技术企业纳税额和享受减免税额均呈现逐年递增趋势，而 2016 年有所下滑。总体上，近 4 年高新技术企业经济效益较好，对地区经济发展的促进作用越来越强。

2. 科技型企业经济效益总体平稳

（1）科技型企业盈利能力有所下滑。近五年以来，青海省科技型企业营业净利率基本呈现逐年下滑趋势，科技型企业营业收入创造净利润的能力逐渐下降。原因是科技型企业主营业务收入始终处于逐年增长趋势，但净利润在其中两年增长率为负，造成了全省科技型企业营业净利率（营业净利润/营业收入）的下滑。

（2）劳动投入经济效益逐年提升。近五年来，青海省科技型企业劳动投入经济效益基本呈逐年提升态势，2016 年有所下降。科技型企业生产效率不断提高，主要得益于科技型企业工业增加值涨幅整体上大于企业从业人

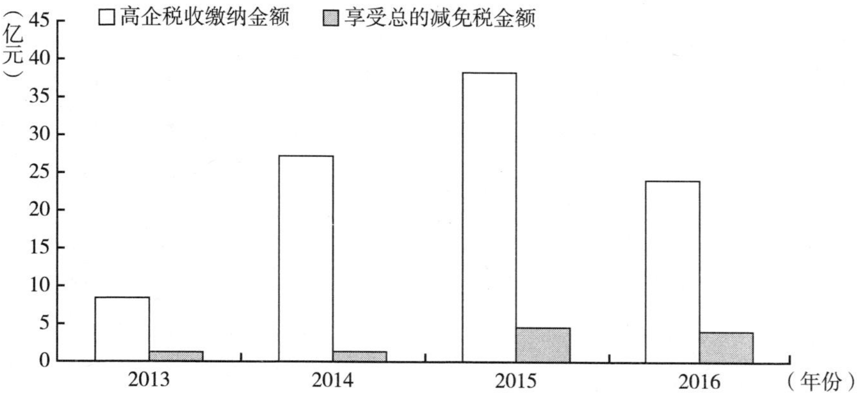

图 13　2013～2016 年青海省高新技术企业税收缴纳、享受减免税情况

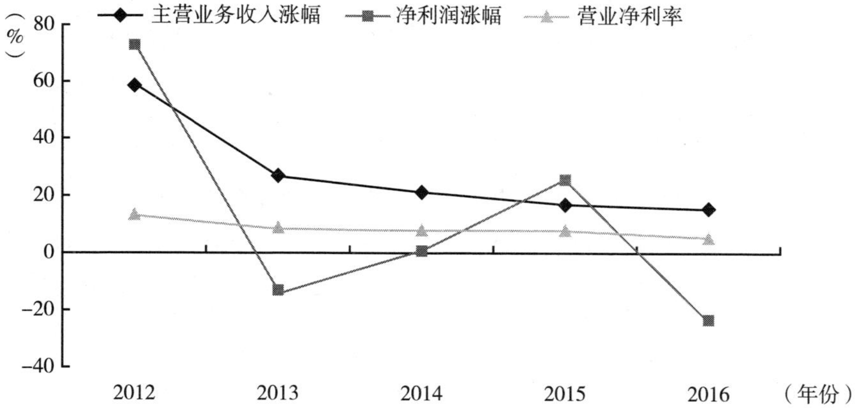

图 14　2012～2016 年青海省科技型企业盈利能力

员数量的涨幅。2012～2015 年，青海省科技型企业工业增加值逐年增加。科技型企业从业人员数整体上呈逐年递增趋势，但科技型企业的工业增加值增长率均高于从业人员数增长率，反映出青海省科技型企业生产技术水平有所提高，经济管理水平有一定的上升，职工技术熟练程度和劳动积极性稳步提升。

3. 高新技术企业发展规模效益逐渐显现

2012～2016 年，青海省高新技术企业和科技型企业数量和规模日益壮

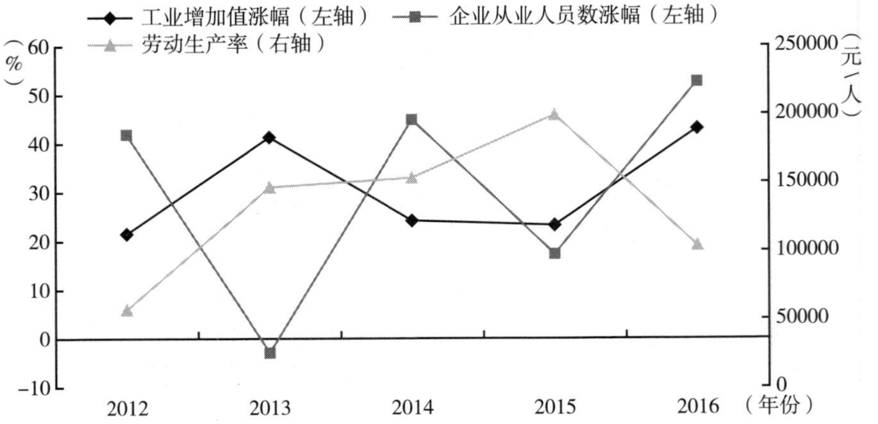

图 15　2012～2016 年青海省科技型企业劳动经济效益

大，经济总量实现快速增长。截至 2016 年底，全省高新技术企业 130 家，实现工业总产值达到 401.76 亿元，年均增幅 23.55%。全省科技型企业 256 家，实现工业总产值 183.07 亿元，年均增幅 11.90%；高新技术企业实现工业增加值 112.38 亿元，年均增幅 15.20%；科技型企业完成工业增加值 25.96 亿元，年均增幅 5.47%。可见，高新技术企业完成工业总产值和工业增加值均高于科技型企业，前者年均增长率均高于后者，故青海省高新技术企业规模较科技型企业大，且总体上对经济增长贡献高。

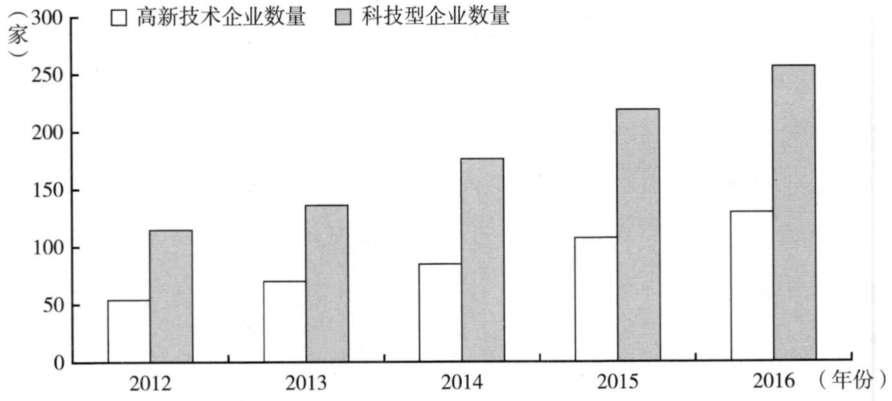

图 16　2012～2016 年青海省高新技术企业和科技型企业数量比较

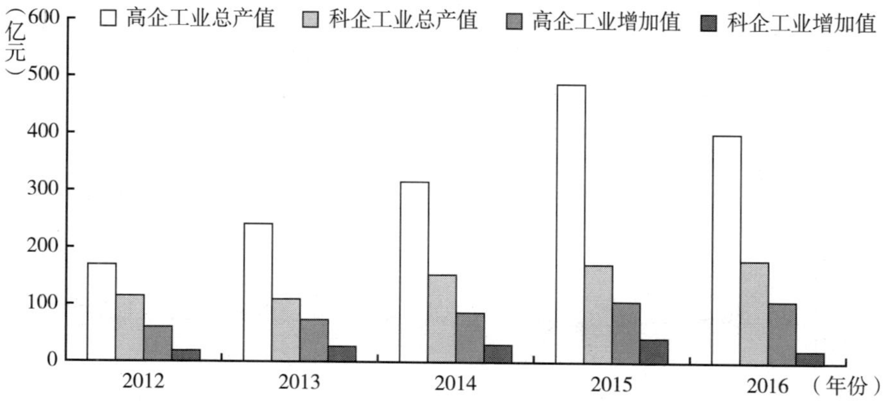

图 17　2012～2016 年青海省高新技术企业和科技型企业产值和增加值比较

二　青海高新技术企业发展特点

（一）“三型”企业发展能力分析

1. 高新技术企业发展成效初显

企业发展能力又称为企业发展潜力，一般通过主营业务收入增长率、净利润增长率、营业净利率、工业增加值率以及新产品产销率等指标进行反映。近五年，青海省高新技术企业主营业务收入增长率整体呈逐年递减趋势，反映出企业经营状况和市场占有能力不高；2015～2016 年，净利润增长率增幅较大，说明青海省高新技术企业中出现发展能力较强的企业，对照数据源，在盐湖提锂和锂电产业等领域聚集了现阶段发展能力较强的企业，对青海省高新技术企业整体发展能力具有较强的带动作用。

2012～2015 年，青海省高新技术企业营业净利率呈现逐年下滑趋势，高新技术企业营业收入创造净利润的能力逐渐下降。但 2016 年高新技术企业营业净利率出现拐点，呈上升趋势，新产品产销率大体上保持持平趋势。综上，青海省高新技术企业整体发展能力还不强，但在重点领域，高新技术企业规模效益和发展潜能已显现，今后应更加注重高新技术企业在重点领域和重点园区的布局。

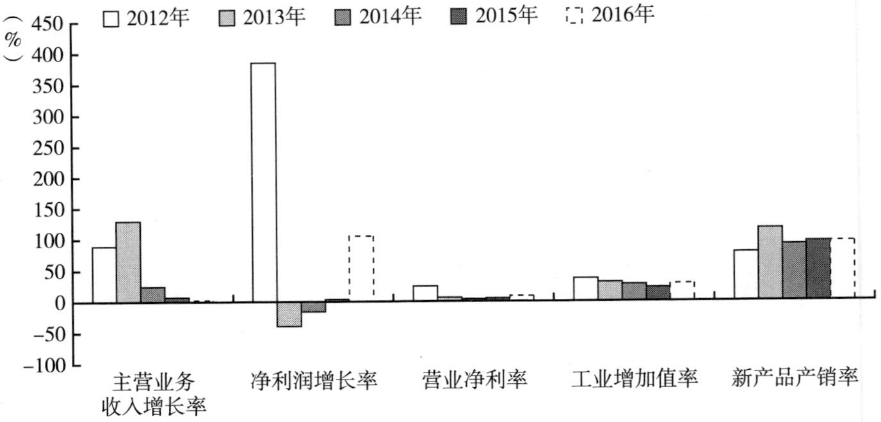

图 18　2012～2016 年青海省高新技术企业发展能力

2. 科技型企业发展能力尚弱

近五年来，青海省科技型企业主营业务收入增长率呈现逐年递增趋势，反映出科技型企业经营状况和市场占有能力越来越好；净利润增长率基本持平、营业净利率呈逐年下滑趋势、工业增加值率在前四年基本持平，在 2015～2016 年下降幅度较大；新产品产销率大体上保持持平趋势。青海省科技型企业整体上发展能力尚弱，处于起跑阶段，蓄势待发。

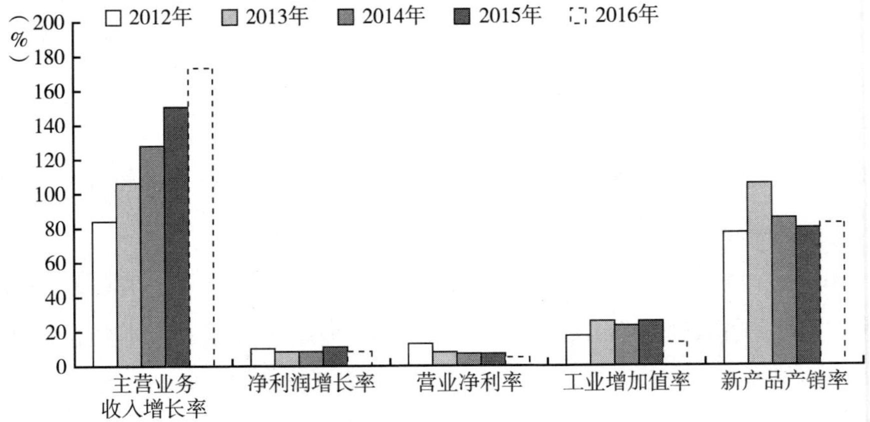

图 19　2012～2016 年青海省科技型企业发展能力

3. 科技“小巨人”企业发展潜力较大

2015～2016 年，青海省新培育科技“小巨人”企业 9 家，销售增长率达到了 296.71%。说明青海省科技“小巨人”企业产品市场占有能力较强，将成为推动青海省高新技术产业发展的生力军。

（二）高新技术企业创新能力评价

企业研发投入的多少表明企业自身能力的强弱。青海省高新技术企业近几年研发投入呈现逐年增长趋势，2012～2016 年，从 9.20 亿元增长到 17.84 亿元，增幅达 93.95%，年均增长 19.63%，虽高新技术企业研发投入逐年增长，研发投入水平却不高。青海省高新技术企业的研发投入占销售收入比例整体上呈现逐年下降的趋势，从 7.01% 下降到 4.26%。而同期主要发达国家的企业研发投入占销售收入比值已达 20% 左右。因此，引导企业加大研发投入仍是促进青海省高新技术企业创新能力提升的根本和基础。

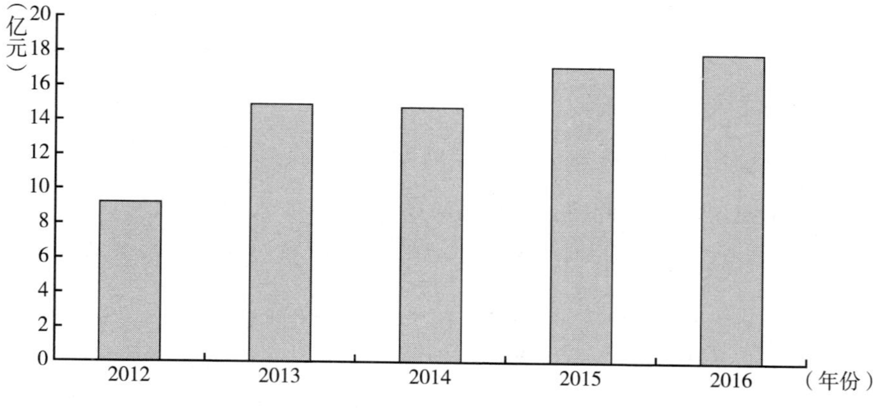

图 20　2012～2016 年青海高新技术企业研发费用投入对比

青海省高新技术企业科技成果产出量逐年提升。截至 2016 年底，130 家高新技术企业登记技术合同 223 项，技术合同成交金额达 3.08 亿元。获国家科技奖励 2 项。拥有知识产权 1132 件，其中发明专利 334 件；实用新型专利 533 件；外观设计专利 139 件，软件著作权 87 件，植物品种 9 件，新药证书 74 个，形成国家或行业标准 39 项。在青海省高新技术企业获得专利的数据中，

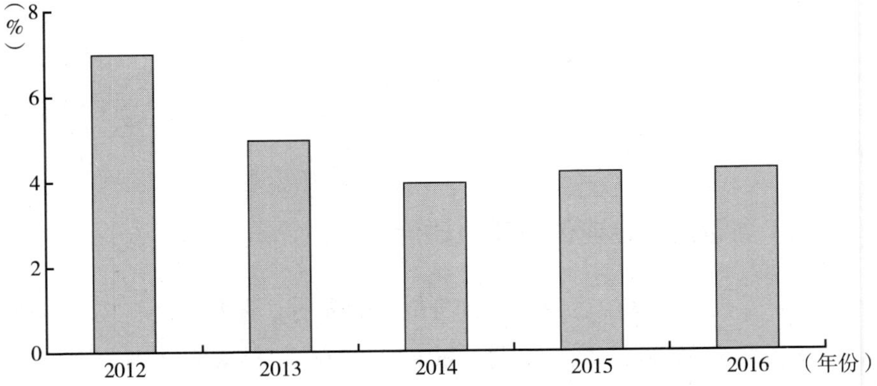

图 21　2012～2016 年青海高新技术企业研发费用占销售收入比值对比

发明专利、实用新型、外观设计所占比例分别为 33.20%、52.98%、13.82%。以 2016 年为例，青海省高新技术企业申请发明专利 229 项，发明专利授权 68 项，授权率仅 29.69%；实用新型专利 307 项，实用新型专利授权 249 项，授权率 81.11%；外观设计专利 15 项，外观设计专利授权 15 项，授权率 100%。

2016 年，青海省高企专利授权量排名前十的企业专利授权量 188 件，占全部高新技术企业专利授权量的 56.60%。2016 年全省 130 家高新技术企业累计获得授权专利 332 项，均为国内专利，无 1 项国外专利，且 75% 的专利为实用新型专利。同时，130 家高新技术企业中 73 家无授权专利。表明虽然青海省高新技术企业户均专利申请、授权量均高于全省企业平均值，但部分高新技术企业仍缺少专利等自主知识产权成果。

从以上分析可见，一是青海省高新技术企业自主研发能力和自主知识产权成果质量均有待提高，二是青海省高新技术企业科技成果转移转化水平还有待进一步提升。

针对上述情况，青海省将进一步加大对“三型”企业的培育和支持。2017 年以来，省级财政支持高新技术企业项目 8 项，总经费 117347 万元，资助经费 5000 万元，当年资助 2000 万元，项目总科研投入 41006 万元（企业科研投入 36006 万元）。项目执行期内，累计实现产值 261540 万元，累计申请专利 67 件，累计发表论文 12 篇，累计制定各类标准 5 件，累计培养各

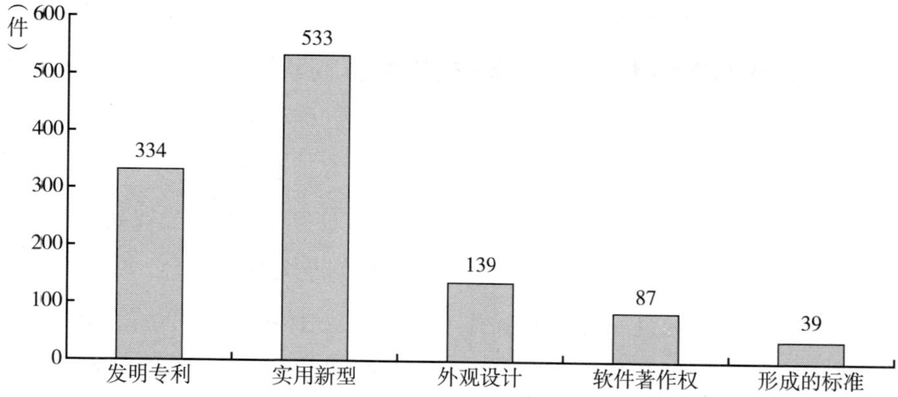

图 22　2016 年高新技术企业拥有知识产权情况

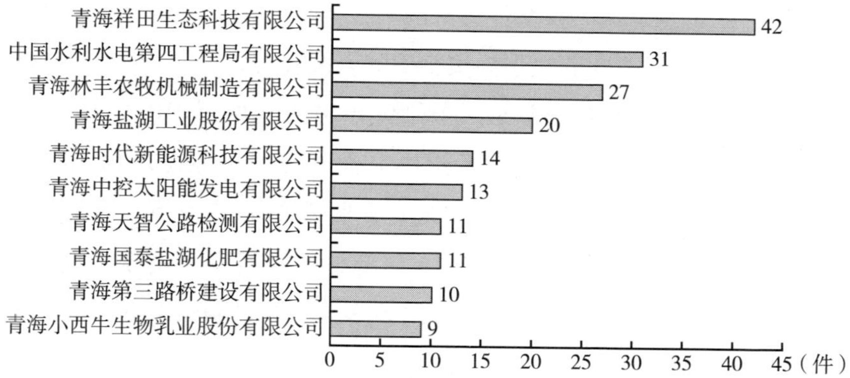

图 23　2016 年青海省高新技术企业专利授权量前 10

类人才 66 名。一是支持科技型企业承担项目 9 项，总经费 33825 万元，资助经费 3100 万元，当年资助 1050 万元，项目总科研投入 20951 万元（企业科研投入 17851 万元）。项目执行期内累计实现产值 49590 万元，累计申请专利 32 件，累计发表论文 10 篇，累计制定各类标准 5 件，累计培养各类人才 51 名。二是以科技项目支持带动和引导企业加大技术研发投入。据税务部门统计，2016 年度，青海省 114 家企业开展了研发费用税前加计扣除工作，加计扣除额达 6.9 亿元，免税额为 1.73 亿元。其中，高新技术企业 79 家，加计扣除额为 5.3 亿元，免税额 1.33 亿元；科技型企业 21 家，加计扣除额为 0.3 亿元，免税额 0.075 亿元。三是围绕青海省重点产业布局工程技术研究中心等创新平台。2017 年，共支持 26 家高新技术企业建立工程技术研究中心 28 家，占全省工程技术研究中心总数（61 家）的 42%。支持 22 家科技型企业建立工程技术中心 24 家，占全省工程技术研究中心总数的 40%。在加强工程技术研究类创新平台能力建设同时，也为全省高新技术产业技术发展夯实基础。四是加大以大学生创新创业大赛为平台，集成大学生创新创业投资引导资金、科技创新引导基金、银行科技金融产品等金融资源与知识产权、成果转化等双创要素对接，合力支持“双创”提供经济持续发展新动能。组织大学生创新创业大赛三年来，创业企业获得天使投资、风险投资、银行贷款和其他部门财政资金累计 7431 万元。2015 年通过引导资金支持的 47 家企业总资产较融资支持前增长 84%。青海青藏华峰中蜂蜂业有限公司以阶段参股方式获得引导资金 400 万元支持，公司仅一年内总产值就由 500 万元增长至 1000 余万元，净利润由 50 万元增至 210 万元。

2017 年上半年，全省 130 家高新技术企业实现工业总产值 233.58 亿元，实现工业增加值 71.15 亿元，实现营业收入 213.65 亿元，实现主营业务收入 196.63 亿元，实现净利润 6.16 亿元，实现研发经费企业内部支出 6.94 亿元；授权专利 44 件，其中发明专利 8 件，实用新型专利 36 件。

（三）科技型企业创新能力浅析

2012 ~2016 年，青海省科技型企业研发投入整体上呈逐年增长趋势，从 0.78 亿元增长到 9.57 亿元，增幅达 1125.31%，年均增长率为 191.80%。青海省科技型企业研发投入增幅很大，说明在创新驱动发展战略引领下，科技型企业创新活力和创造潜能得到充分释放，科技型企业对研发工作高度重视。

青海省科技型企业科技成果转化能力较强。以 2016 年数据为例，254 家科技型企业承担国家、省部级及市州级科技项目共 39 项，获得授权发明专利 68 件、授权实用新型 312 件、授权外观设计 35 件、授权软件著作权 14 件、授权新药证书 1 件，形成国家、行业或企业标准 21 项。大学生创新创业大赛获奖科技型企业 8 家。拥有科技成果 71 项，其中 42 项

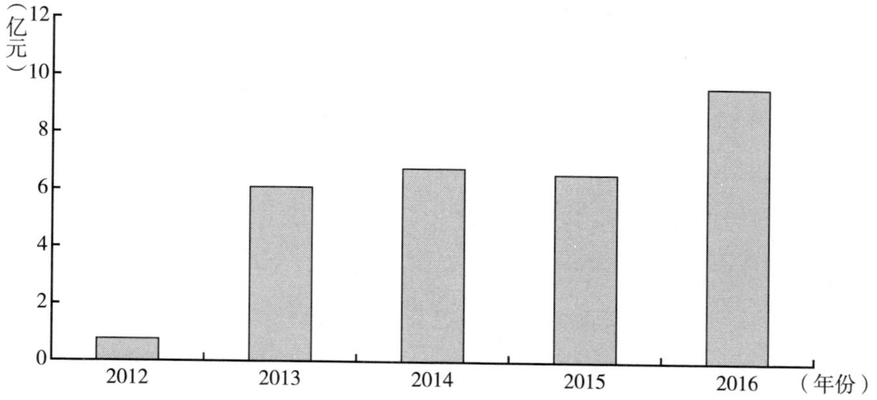

图 24　2012～2016 年青海省科技型企业研发费用投入对比

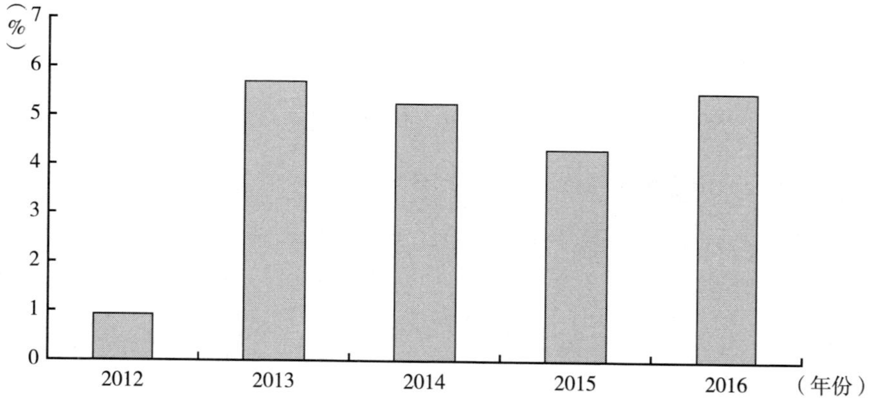

图 25　2012～2016 年青海省科技型企业研发费用投入增幅对比

科技成果转化为生产力，成果转化率高达 60%。说明科技型企业已成为青海省科技创新最活跃的主体。

三　高新技术企业发展存在的问题

（一）高新技术产业规模偏小

青海省高新技术产业发展突出问题是产业总体规模小，高技术企业数量、实现总产值均偏小。高新技术企业中规模以上工业企业占比偏低，对经济发展的支撑作用不强。根据2014～2016年数据，青海省高新技术企业分别为86家、109家和130家，科技型企业分别为132家、155家和165家。尽管增速较快，但总量小。高新技术企业总产值占全省规上企业工业总产值比例分别为11.94%、19.39%和14.17%，占比较低。分析其主要原因有：一是全省工业企业经济总量较小，且产业基础以传统资源性开发为主，传统劳动密集型企业比重较大，产业技术层次较低，以高新技术改造传统产业任务艰巨；二是依托资源优势，近年来，青海省着力发展新能源、新材料、特色生物和生态环保等战略性新兴产业，但很多企业尚处于起步阶段，规模效益尚未显现，并受制于技术、人才、区位以及产业创新能力较弱等制约因素；三是对国内外高新技术引进消化和再创新政策扶持力度、综合施策的手段还不够完备。

（二）高新技术研究与开发投入不足

高新技术产业是资金密集型和技术密集型产业，产业的发展要求大量的资金投入。尽管青海省高新技术企业和科技型企业研发投入逐年增长，但投入强度不高，科技成果含金量不高。原创性、技术价值和经济价值的自主知识产权成果少。服务于技术转移、企业孵化的专业化科技服务机构不多，高水平复合型技术、管理服务团队较少，创新创业孵化服务能力有待进一步提升。

（三）高新技术人才短缺

知识密集型是高新技术产业的根本属性，高技术人才及其先进的科学技术知识存量，对高新技术产业的发展极为重要。青海省科技人才少，创新平台能力弱。一是高原相对严酷的地理和气候环境以及经济社会发展发育相对滞后的客观条件制约了人才队伍引进和发展壮大。二是青海省高校特色学科建设优势还不明显，学科建设与产业发展的配套性还有待于加强，创新平台的布局及其基础条件和能力建设力度还需加大。三是虽已建立了柔性引进、联合培养等多渠道引才育才措施政策，但其长效性尚未得到充分显现，青海省高新技术人才高度匮乏，已成为制约高新技术产业发展的瓶颈。

（四）高新技术企业融资困难

从总体上看，青海省高新技术企业仍然面临着融资难的问题，高新技术企业拥有的知识产品、技术产品评估的复杂性、效益的不确定性、商品化过程的复杂性等突出特点，增加了价值评估的难度，尽管青海省已建立科技创新引导基金，加大了与商业银行科技金融合作和试点工作，取得阶段性成效，但受制于市场环境、企业内需、专业化人才队伍和评价体系等因素，仍需要进一步完善制度、创新机制，切实提高资金使用效益。

（五）高新技术企业发展环境有待优化

尽管国家和地方均制定出台了一系列鼓励企业自主创新、推动高新技术企业发展的政策措施，但由于部门条块划分、财政资金不足、资源整合集中发力不够等原因，还有待于在实践中不断加以深入贯彻落实。同时，青海省高新技术企业尚未建立规范性统计分析体系。缺乏客观、全面反映和科学有效的分析高新技术企业发展的数据平台，也是制约政府部门科学判断，并结合实际精准施策的短板。

四　推动青海省高新技术企业发展的措施建议

（一）加大高新技术企业培育力度

落实《青海省高新技术企业和科技型企业“双倍增”及科技“小巨人”培育计划实施方案》各项措施，用足用好国家有关企业技术开发费加计扣除、高新技术企业减免税等优惠政策，完善科技创新创业服务平台建设、加大科技金融支持力度，围绕青海省重点和特色产业，加大高新区等工业园区区内企业遴选，培育和发展壮大青海省科技型企业、高新技术企业和科技“小巨人”企业。

（二）建立高新技术人才支撑体系

进一步完善适合高技术人才的分配与激励制度，努力营造有利于高技术人才成长的良好环境，在用好现有人才的同时，吸引外来优秀人才，培养实用人才。围绕战略新兴产业和重点支撑产业发展，以“三型”企业及其培育对象为主体，通过政府支持，有计划、有目的地培养和引进创新创业领军人才，努力做到推出一个领军人才，带出一个创新创业团队。

（三）破解高新技术企业融资难题

加大间接融资服务力度，不断创新金融服务和产品，借鉴发达地区成功经验，研究高新区、银行、担保企业的“贷款风险共担模式”，探索建立贷款风险共担机制的有效途径。进一步加强商业银行与信用担保机构、创业投资机构、科技企业孵化器等机构的合作，逐步推行“园区＋企业＋银行”“企业＋担保机构＋银行”等融资模式，通过战略合作支持企业开展技术创新。大力推动高新技术产业基金与私募股权基金。

（四）营造良好的高新技术企业发展环境

一是做好制度建设工作。制定出台“青海省高技术产业发展规划”“青海省高技术产业开发区发展规划”，明确青海省高技术产业、高技术产业开发区的发展目标、方向、主要任务，提供并落实政策，为高技术企业的发展提供引导和政策保障。二是做好产业引导和项目支持工作。结合“三型”企业培育目标，围绕重点领域、重点行业、重点企业，组织实施重点创新项目。三是提供良好的管理和服务等资源要素。四是充分发挥市场作用，从主要依靠政府行为推进高新技术企业发展转向主要依靠市场机制。五是加强研发基础公共设施建设，充分发挥园区基地载体的综合服务功能。六是通过加强支持政策的宣传，引导社会舆论导向，培育创新文化。

（五）建立高新技术企业发展的考核机制

当前，青海省已逐步重视培育和壮大高新技术企业群，积极引导和促进高新技术企业的健康快速发展，加快产业结构调整步伐。从宏观管理的角度出发，政府应当建立促进高新技术企业发展的标准化统计分析、评价体系与科学的考核机制，并加大部门与地方联动，以促进全省高新技术企业的快速发展。

G.8

青海农村科技发展报告*

摘　要： 2017年青海农村科技发展以着力提升现代生态农牧业发展水平为目标，以农村信息化科技服务为手段，以“1020”生态农牧业重大科技支撑工程为重点，以各级农业科技园区为平台，围绕农业供给侧结构性改革需求，不断强化各项任务落实，取得突出成效。

关键词： 农村信息化　“1020”生态农牧业　农业科技园区　青海省

2017年，青海省农村科技工作结合《青海省“十三五”科技创新规划》，促进农牧业可持续发展，加快转变农牧业发展方式，着力提升现代生态农牧业发展水平，重点推进农村信息化科技服务和生态农牧业重大科技支撑工程，以各级农业科技园区为平台，全面加强科技对“三农”的支撑力度。

一　以农村信息化示范省建设构建新型农牧业科技主动服务模式

（一）完善服务功能与提升服务质量并重

围绕提升服务质量、拓展服务方式等，2017年重点开发了基于农牧区信息化主动服务平台的微信公众平台和“青海省农牧区信息化综合服务平

---

* 课题组成员：孙传范、王荔华、苗希春、常丽娜、杨军。

台”手机 App，实现了更加灵活便捷的农户与特派员互动、专家在线问答、特派员主动服务等功能。

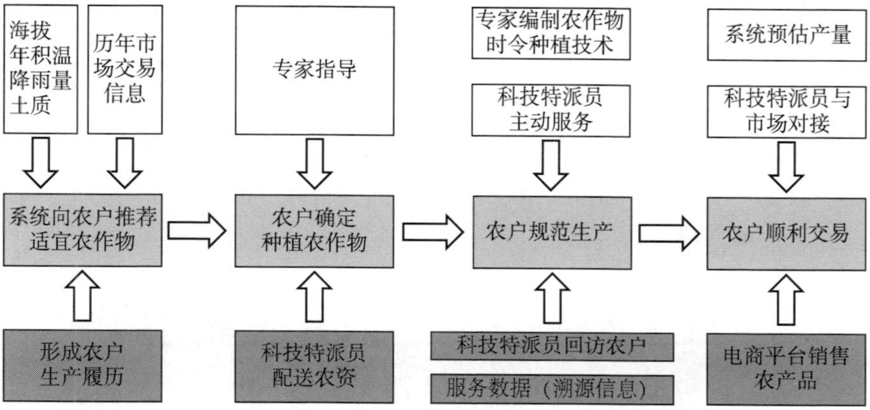

图1　青海省农牧区信息化综合服务平台服务流程

在播种前期，根据农户田块的地理位置、海拔、年积温、降雨量、土肥等基本数据，以及市场价格预测分析，为农户推荐适宜种植的品种，并引导农户种植青海省和国内近年来选育出的“抗病、优质、高产”农作物良种，同时科技特派员为农户提供生产机械、种子、化肥、农药、农膜等农资经销信息及配送服务。在生产过程中，围绕种植品种，由签约专家制定相应的高产栽培技术和病虫害防治方案，信息化综合服务平台依据农作物生产时令推送相关技术信息。科技特派员不定期走访农户，听取农户对平台服务的意见建议，及时向平台反馈问题，再由平台与各签约科学家联系完善服务方案，在此基础上及时调整、完善服务内容和方式。同时，农户可利用电话、微信、手机短信等渠道向签约专家进行咨询和远程诊断。与此同时，对农户种植农作物进行产量预估，信息化平台发布产品销售信息，并通过信息化服务平台电子商务系统，帮助农户进行网上销售，促进了农户增收。截至 2017 年底，通过青海省农牧区信息化主动服务平台面向农牧民推送农牧业生产、就业劳务、政策培训、村级事务管理等综合信息 41000 多条，服务农牧民 300 多万人次。

（二）实现海东市民和县农村信息化服务全覆盖

结合冬季农业科技培训和春季农业生产，依托青海省农村信息化综合服务平台和青海大学新农村研究院签约专家，通过科技特派员在民和县开展了农村信息化主动推送服务，构建了“专家—科技特派员—农户”三位一体的青海省农村信息化主动服务模式，服务覆盖全县6.8万户农户的54万亩耕地，已基本实现了农业科技成果从科研院所到农户的扁平化主动推送服务在民和县的全覆盖。

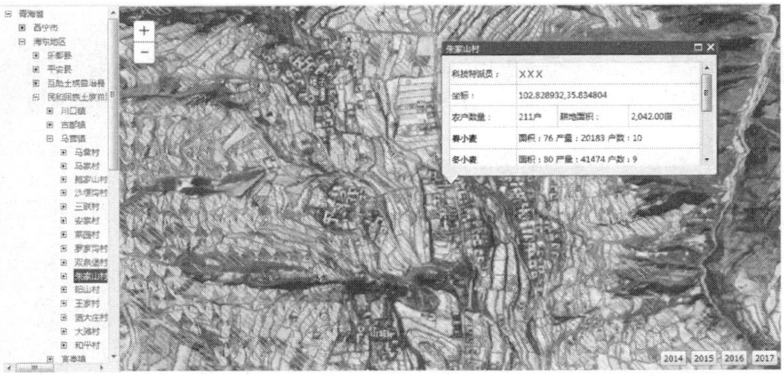

图2 青海海东某市民家山村农产品种植面积及分布监测系统

（三）农村信息化服务成效明显

一是有效利用耕地面积进一步增加。在科技信息化服务中，一方面结合农产品供求形势分析，及时指导农民种植受市场欢迎的品种，调整种植结构，规避市场风险。另一方面提供主动、及时、有效的种植技术服务和农资、农业金融服务，提振了农户种植信心，提高了农民种植积极性。2017年，农户实际耕种面积比年初意向调查时增加2万亩。

二是基本实现了良种全覆盖。通过科技信息化主动服务，青海省农村科技信息化服务平台打通了科技与农业生产“最后1公里”，以京冬8号、高原338号为代表的小麦良种，以青薯2号、9号为代表的马铃薯良种，以纪元8号、金穗3号为代表的玉米良种，以青杂7号、张亚2号为代表的油料良种等已成为全县种植业主栽品种。2017年民和县上述主要农作物良种种植覆盖率达到97%。

三是种植业整体效益不断提升。青海省农村信息化综合服务平台建立的农业服务体系，高效率地推送优良品种和有效开展主动、精准、及时的农业生产服务，使青海省农业生产水平和效益大大提升。例如平台推送的青薯9号、纪元8号等农作物良种，以及覆膜、测土配方施肥等丰产栽培技术，可较当地传统种植品种增产20%以上。2017年全县良种覆盖面积增加2.79万亩，覆膜玉米和马铃薯种植面积已占全县农作物种植面积的80%以上，预计农作物总产量达到47万吨，增收6160.62万元。

四是决策支持能力得到提高。通过信息化主动服务平台和科技特派员队伍，可以实时获取全县各类作物播种面积，并为政府提供精确的农业生产方面的数据。政府相关部门可根据农时季节和农民所需，提前配置资金、农资、人员等相关资源，并与农业病虫害统防统治、农机作业、农村电商等涉农服务业结合，实现贯穿农业生产经营全过程的信息化服务，为政府农业生产提供更科学、更精准的决策支撑。

二　以“1020”科技支撑工程支撑青海省特色农牧业健康发展

为切实推动青海省农牧业十大特色产业发展，加快转变高原特色农牧业发展方式，着力提升现代生态农牧业发展水平，为“四个百亿元”产业健康发展提供有效技术供给，青海科技部门积极推进“1020”生态农牧业科技支撑工程。该工程以产学研联盟为基础，重点打造3大类型农业科技示范区，力促十大特色产业链发展，集成20个技术水平高、产业化前景好的农牧业科技专项进行示范，推动先进适用的农牧业科技成果向生产第一线转移和扩散。

一是自2012年实施“1020”生态农牧业重大科技支撑工程以来，紧密围绕青海省油菜、马铃薯、牛羊肉、饲草料等十大特色产业链发展需求，大力引进农牧业新品种、新技术以及规模化高效生产栽培技术，大幅度提高了全省农牧业新品种、新技术的覆盖率和机械化应用水平。截至 2017 年，共实施“1020”工程科技项目 239 项，累计投资 39 亿元，其中资助经费 2.68 亿元，预计实现新增产值 126 亿元，选育农作物品种 39 个，占同期农作物新品种总数的 75%。已累计验收“1020”科技支撑工程项目 81 项，项目总经费 11.4 亿元，资助经费 1.09 亿元，实现新增产值 34.11 亿元，新增利润 5.97 亿元，获得科技成果 53 项，技术标准 68 项，授权专利 38 件，论文 113 篇，培养各类人才 521 名。

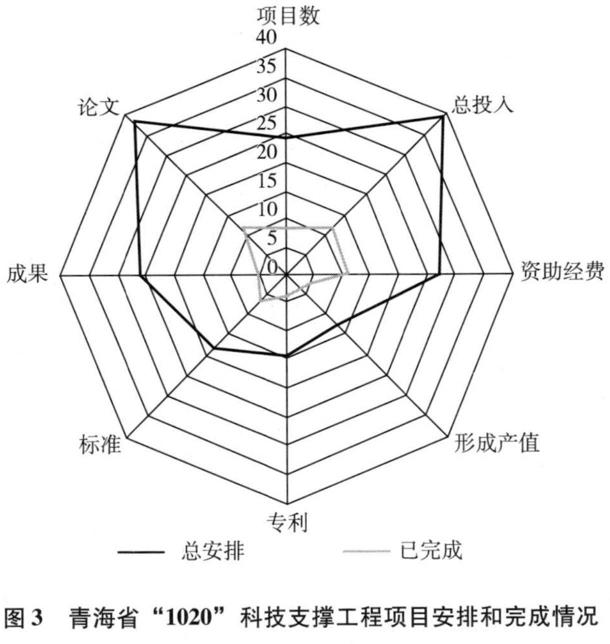

图 3　青海省“1020”科技支撑工程项目安排和完成情况

二是 2017 年重点针对高原特色农牧业产业提升、农产品高值加工、精准扶贫等方面，支持高原现代种业生产、生态循环农牧业发展、农畜产品精深加工、农牧业标准化生产与智能化管理技术示范、农业机械化生产标准研发及推广等“1020”科技支撑工程项目 39 项，预计投资 5.9 亿元，其中科技投入 4.28 亿元，资助经费 10320 万元，年度资助 5628 万元，预计实现新增产值18.6亿元。

三是围绕高寒地区草地畜牧业生产与生态环境保护之间均衡发展的重大科学问题，2017年启动实施海北州高寒地生态畜牧业大数据管理平台与关键技术集成示范重大专项，通过建立草地畜牧业智能管理数学模型，解决多源数据的融合分析及其服务于畜牧业生产的利用技术，创建基于草地动态信息获取基础上的畜牧业生产动态管理大数据平台，为政府、生产者和消费者提供相关服务。

四是围绕提升青海省高原特色农作物现代种业发展水平，结合油菜、青稞、马铃薯、蔬菜等青海省四大高原特色优势作物种业发展需求，2017年启动实施青海省高原特色农作物现代种业创新体系建设重大专项，集成特色农作物以制繁种产量提高技术为基础、以种子质量控制及提升技术为标志的规模化高效繁种技术体系，良种良法配套的新品种推广应用体系和种业技术信息服务体系，提升青海特色农作物种业自主创新能力。预计共投资1.2亿元，其中资助经费2000万元，预计实现新增产值5亿元。这些项目的实施对加速青海省农牧业科技成果转化应用和提升高原特色农牧业生产技术进步发挥着支撑引领作用。

三　以科技园区建设示范引领现代农牧业科技发展

（一）扎实推进高原现代科技生态园建设

按照青海省高原现代科技生态园项目建设推进会要求，在2016年先期启动果洛、玉树州两州12个县的基础上，2017年启动了海南州贵南县、兴海县，海北州海晏县（西海镇）、刚察县，海西州天峻县、都兰县，黄南州泽库县、河南县8个高原现代科技生态园（高原之家）建设工程。截至2017年底，天峻、兴海、都兰县工程主体框架已完工并通过验收，贵南县、海晏县（西海镇）、刚察县、河南县、泽库县正在施工中。

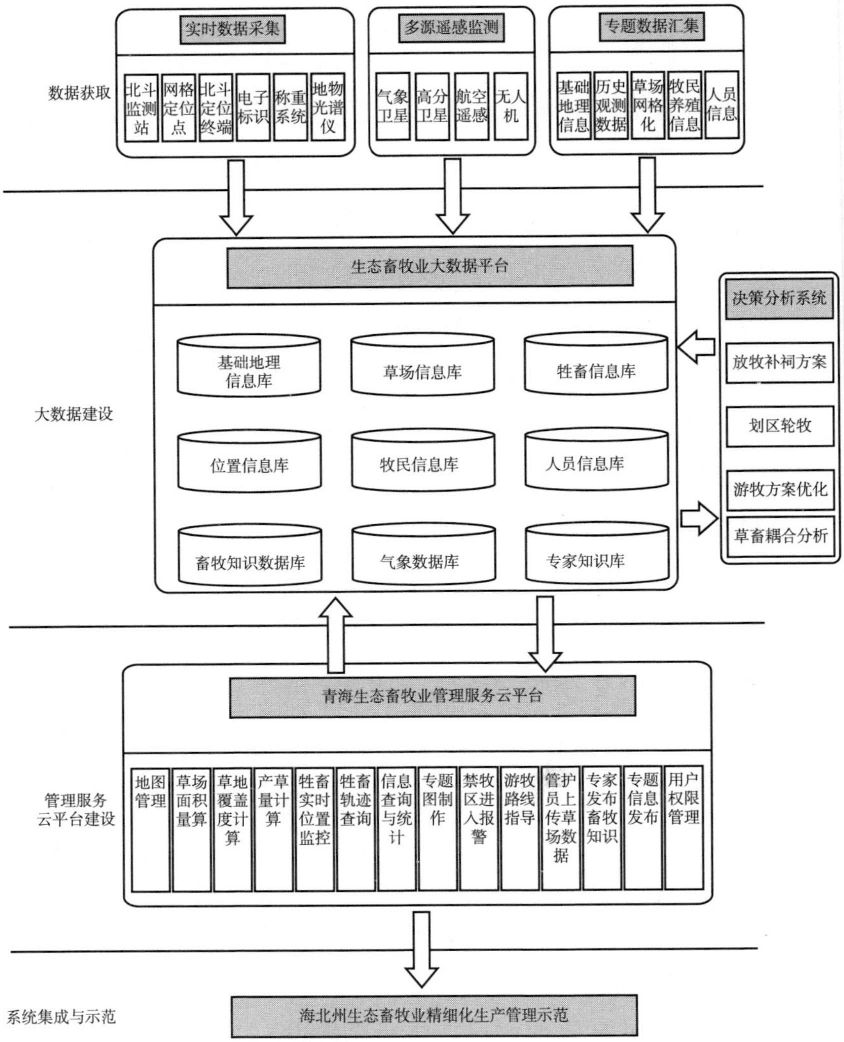

图4　青海省海北州高寒地生态畜牧业大数据管理平台结构

（二）积极推进农业科技园区建设

截至2017年底，青海省共有5个国家级农业科技园区，38个省级农业科技园区，已建成核心区面积24万亩，2017年预计产值达到165亿元。在实施乡村振兴战略的新形势下，农业科技园区建设为推进农业农村科技工作重心下移、推进农业现代化发展提供了新的切入点，也为发展县域经济、增强县域科技创新能力培育了新的增长点。

一是明确发展目标。按照科技部“一城两区百园”的建设目标，围绕青海省委省政府“四区两带一线”战略和实现“四个转变”新思路，结合贯彻落实《青海省贯彻〈国家创新驱动发展战略纲要〉实施方案》，会同相关部门对原有《青海省农业科技园区管理办法》进行了修订，为进一步提升农业科技园区的科技引导与产业集聚水平、更好地发挥示范带动作用、促进区域农村经济社会发展提供了政策保障。

二是加强农业科技园区评估。为全面贯彻全国农业科技工作会议精神，按照“政府引导、社会参与、创新引领、效益惠民”的原则，以农业科技园区为核心，以推动县域农业农村经济发展方式转变为根本出发点，以加快形成以科技创新为引领和支撑的农业农村经济发展新模式为目标，重新制订了《青海省农业科技园区绩效评估办法》，更加突出农业科技园区创新能力、经济效益、示范带动和组织管理四个方面的导向作用，采取量化评分的方式，对青海省省级农业科技园区发展进行科学评估。

（三）促进农业科技园区发展与信息化结合

在大数据时代下，为进一步促进农业科技园区发展与信息化结合，启动了海东国家农业科技园区智慧农业生产管理与服务示范系统项目，旨在以“互联网 + 云平台”为主体，以农业大数据为依托，综合宣传、服务、管理功能于一体的智慧现代农业从生产、经营、管理到服务环节的信息技术支撑，内容涵盖农业信息管理发布、农村土地确权成果应用、农业专家资源调配、农牧业大户管理、农产品供需电子交易、农产品溯源、农产品物联网等，推动农业科技园区信息化发展。同时，围绕园区产业发展及入园企业研发能力提升，启动马铃薯主食化系列营养食品开发、有机牦牛产品全程可追溯体系研究与示范、牦牛藏羊肉分级分割减损标准化技术集成与示范、高原食用菌工厂化标准化生产关键技术研究与示范等项目 13 项，项目总投资 2.92 亿元，其中资助经费 6900 万元。

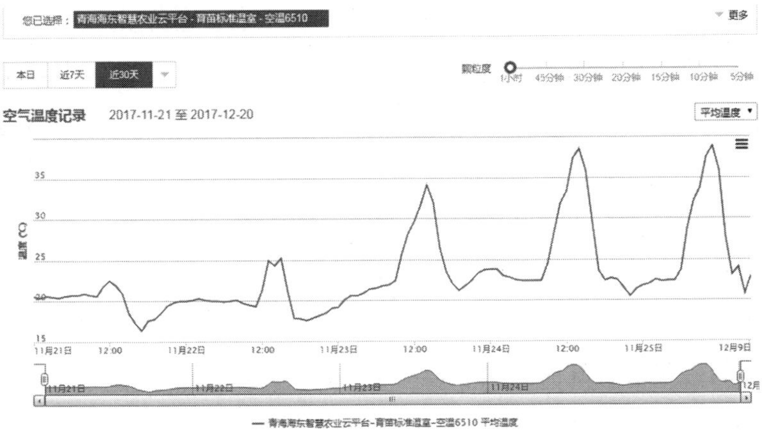

图 5　青海省海东农业科技园区智慧农业云平台

（四）加强星创天地建设

2017 年，科技部批准青海省建设 6 家国家级星创天地，截至 2017 年底，青海省已有 17 家国家星创天地。青海省科技部门立足地方农业主导产业、区域特色产业或国家农业科技园区建设星创天地，围绕东部特色蔬菜基础建设和种苗繁育，依托海东国家农业科技园区，重点打造培育了乐都农业科技园区、七彩农牧、黄河彩篮三个星创天地；在海西州柴达木盆地，围绕枸杞等浆果产业和绿洲农业发展，重点培育了诺木洪、云鑫生态养殖等星创天地；在西宁市围绕都市农业和休闲农业的发展，重点培育了高原绿、葛源、思得、高原逍遥花田、春源畜牧、大美奶业等星创天地；围绕高原生态畜牧业发展和生态环境保护工程的实施，大力促进牛羊健康养殖、现代草业发展、畜产品精深加工等，重点培育三江源草业、金银滩等星创天地。

四　改进工作机制助力精准扶贫

随着精准扶贫信息化服务平台的不断推广应用，青海省各级扶贫部门针对贫困村、贫困户的信息共享和精准扶贫业务进行协作，实现了差异化精准帮扶、动态化科学管理和社会扶贫资源的精准化配置，为精准扶贫各项工作的开展提供事先预警、事中监控、事后评估等监管考核功能。同时，倒逼精准扶贫精准脱贫政策的落实，为各级党委政府决策和开展精准扶贫提供科学依据。

一是组织实施科技扶贫示范行动。重点将民和县打造为精准扶贫科技示范县。围绕民和县精准扶贫工作，结合冬季农业科技培训和春季农业生产，依托青海省农村信息化综合服务平台和青海大学新农村研究院签约专家，通过科技特派员在民和县开展了农村信息化主动推送服务，构建了“专家—科技特派员—农户”三位一体的青海省农村信息化主动服务模式，服务覆盖全县6.8万农户的54万亩耕地。

二是组织实施产业技术支撑行动。根据精准扶贫、精准脱贫的总目标，以各级农业科技园区为重点，结合科技特派员农村创新创业工作，重点围绕油菜、马铃薯、蚕豆、青稞、果蔬、饲草、中藏药、牦牛、藏羊等高原特色十大农牧业产业，加大科技支撑力度，示范推广一批新品种，集成转化一批新技术新成果，加强新品种和新技术推广、病虫害综合防治、农产品加工等先进适用技术成果的应用，2017年新认定了10个科技示范基地，启动实施了13个扶贫产业化项目，共辐射带动20个贫困县，预计投资1.76亿元，科技投入1.31亿元，资助经费3080万元。

三是组织实施科技人才支撑行动。按照基层科技工作需求，将“三区”人才专项同科技特派员工作、科技人才培育、扶贫工作、农村信息服务等结合起来，统筹各高校、科研院所及各方面的科技人才，促进科技、人才、资金等要素向基层及贫困地区聚集，为搭建全省科技服务体系提供智力支撑。2017年中央财政和省财政共资助2000万元，选派“三区”人才825名，深入全省42个贫困县（市、区、行委），围绕贫困村特色产业发展、农牧民能力提升开展各项服务，积极培育科技扶贫示范户、科技示范基地。2017年，“三区”科技人员深入农牧区开展科技服务，累计引进新品种175个，推广新技术160项，建立示范基地90个，培训农牧民10000人次，为受援地培养技术骨干3000人。

四是组织实施科技信息支撑行动。以信息化为手段，搭建了青海省精准扶贫信息化服务平台，建立完善科技服务体系，为开展精准扶贫提供科学依据和科技支撑。根据用户的需求和实际应用中出现的问题，再次对精准扶贫信息化服务平台进行了升级改版。平台分为省、市、县（区）、乡、村5个层级，研究开发了基础数据管理、动态监测、数据分析、监督管理、作战指挥、工作报表汇总6大功能，通过精准识别、精准帮扶、精准管理、精准评价，实现对扶贫对象、扶贫措施、扶贫项目的数据分析和驻村工作队的绩效考核功能。完成了精准扶贫信息化服务平台微信公众号的开发，拓宽了信息录入及管理渠道。为使各扶贫第一书记及扶贫工作队使用更加便捷，扶贫信息更新更加及时，完成了精准扶贫信息化服务平台微信公众号开发，并已上线使用。根据系统统计，2017年新增贫困户信息536条，新增扶贫日志1300多条，新增帮扶措施33565条，新增措施进度26501条，新增扶贫项目信息321条，通过平台向各级扶贫指挥部发送各类工作短信1283条。构筑扶贫开发“防火墙”，完成了海东市扶贫纪检监督信息化平台建设工作。结合海东市“强化监督执纪，护航精准扶贫”专项行动，研发了“互联网+纪检监督+精准扶贫”的纪检监督信息化平台。该平台通过数据采集、比对、核查等方式，强化扶贫领域监督执纪问责，防止扶贫资金流失，让有限的资金用在“刀刃”上，为坚决打赢脱贫攻坚战提供坚强的纪律保障。2017年，海东市扶贫纪检监督信息化平台已正式启动上线运行，并在海东市全面推广应用。

五　加强人才队伍建设，强化科技服务能力

围绕农村科技特派员和“三区”人才队伍建设，不断提升农村牧区科技服务能力和水平。为切实摸清产业和区域发展中科技需求，依托厅市（州）科技会商、对口援助等机制，多次与各地方政府、相关行业管理部门及科研院所、大专院校进行对接，围绕区域优势产业、技术援助等方面内容，促进科技、人才、资金等要素向基层及贫困地区聚集。按照基层科技工

作需求，将“三区”人才专项同科技特派员工作、科技人才培育、扶贫工作、农村信息服务等结合起来，统筹各高校、科研院所及各方面的科技人才，为搭建全省科技服务体系提供智力支撑。2017 年，共选派“三区”人才 825 名，培训 84 名，争取国家资金 1831 万元，同时省级科技专项配套 169 万元，累计达到 2000 万元。

继续加强科技特派员队伍建设。科技特派员是农村信息化建设中的重要内容，为更好地开展农村信息化服务工作，2017 年继续加强对科技特派员的选聘和培训力度。一是开展信息化科技特派员考核，对考核不合格和服务能力弱的科技特派员进行解聘，并从村委干部、大学生村干部、种养殖大户、农技人员中重新选聘了 400 多名具有一定农业生产知识和基本电脑操作水平且热心公益服务的科技特派员。二是为提高科技特派员的创新能力和业务素质，2017 年组织 105 名优秀科技特派员赴北京、杭州和广州等地进行培训和观摩学习，提高了科技特派员综合素质和能力，取得了良好的成效。

六　农村科技发展存在的问题和未来展望

（一）农村科技发展的不足

2017 年，青海省农牧业科技工作虽取得了一定的成绩，仍存在着一些问题，主要表现在以下方面。一是科技支撑能力不足，科技创新的基础还比较薄弱，产业科技含量还不高，科研投入相对较低；二是人才缺乏，基层科技人员不足、素质不高，缺乏战略型、领军式农业专家，以及直接服务于农业生产和农民的实用型专家；三是县域科技创新管理和服务能力整体较弱，区域发展还存在着不平衡。

（二）农村科技发展展望

一是以科技创新引领支撑乡村振兴。加快完善农牧业科技创新体系、现代农牧业产业技术体系和农牧业农牧区科技推广服务体系，依靠科技创新激发农业农村发展新活力。围绕制约乡村振兴的关键问题，加强科技供给，开展科技创新示范，强化科技成果的转移转化，用科技创新寻找乡村规划与建设、清洁能源供给、生态环境有效治理、特色产业发展、高效公共服务的解决方案。

二是不断深化农牧业供给侧结构性改革。围绕《青海省“十三五”科技创新规划》，继续深化农牧业科技供给侧结构性改革，不断提升农牧业科技创新能力，推进农牧业由增产导向转向提质导向。以“四个百亿元”产业为重点，组织实施“1020”科技支撑工程及重大科技专项，以科技创新引领高原特色农牧业发展方式转变，促进农牧区一二三产业融合发展。

三是加强农牧业科技服务体系建设。把各级农业科技园区建设作为推动乡村创新驱动发展的主阵地，吸引和激励各类创新要素向农业科技园区聚集，以农业科技园区发展引领全省农牧业发展转型升级。充分发挥高校、科研院所、农牧业高新技术企业的技术和人才优势，强化青海大学新农村研究院和科技特派员队伍建设，加大“三区”人才科技人员专项计划实施力度，实施智慧乡村科技支撑行动，强化农村信息化科技服务和大数据物联网技术应用，优化科技服务，提升乡村治理水平。

四是强化县域科技创新能力，助力扶贫攻坚。根据不同区域生态环境、产业发展和乡村文化特点，建设一批科技创新示范县和创新型乡镇，为乡村振兴和现代农牧区建设提供强大的科技支撑。坚持精准扶贫精准脱贫基本方略，强化造血机能，深入实施科技信息支撑、科技人才支撑、产业技术支撑和科技扶贫示范四大科技扶贫行动，打好精准脱贫攻坚战。

五是积极对接国家战略。以生态文明建设为核心，依托青海牦牛、藏羊、青稞、油菜、马铃薯等特色农牧业资源，强化顶层设计，积极主动对接国家战略。在组织实施好国家重点研发计划“畜禽重大疫病防控与高效安全养殖综合技术研发”的同时，超前谋划“现代牧场”等未来国家重点专项，努力实现从研究地方发展战略向融入国家战略的转变，从农牧民单一的种植、养殖、生态看护向生态生产生活良性循环的转变。

G.9
青海科技支撑社会发展报告*

摘　要： 2017年青海省社会发展科技工作以资源环境、生物医药、社会管理为重点方向，聚力解决生态、生物医药、民生改善等领域关键科技问题，取得丰硕成果。智慧畜牧业平台建设、三江源国家公园体制试点、梓醇片临床研究等项目取得重要突破，实现青海省生态、经济和社会效益全面提升。

关键词： 社会发展　科技支撑　生态文明　生物医药　青海省

青海社会发展科技各领域取得了一系列突破性成果，在生态文明建设、生物产业创新发展、民生领域发展等方面取得了显著成效。

一　青海社会发展科技支撑工作总体态势

2017年，青海建成三江源智慧生态畜牧业综合信息云平台和草情监测与草畜平衡诊断系统，实现了信息云平台和典型示范区县级平台的联网运行，三江源国家公园体制试点科技支撑稳步推进。优化筛选出适合青海省省情的生态保护红线评价方法，形成了生态保护红线划定范围，完成《青海省生态保护红线划定研究报告》，构建了青海省生态保护红线数据库，开展“青海省天河动力学规律及其利用研究”，利用多源气象数据，得到了青海省天河时空分布图集，初步揭示其时空分布和变化特征；“梓醇片”获得国

* 课题组成员：张超远、马瑞、赵以莲、张燕、赵晓辉、杨广智。

家中药一类新药药物临床试验批件，实现了青海省自主研发一类新药“零的突破”；黑果枸杞通过国家食药局新食品原料审核，被列为终止审查目录，可作为普通食品管理，卫生安全指标按照相关标准执行；建成冬虫夏草菌丝体工程试验场地，研究开发出新药品、营养保健品等新产品8种；通过包虫病早期诊断、免疫机制和预防、临床诊疗、综合防控等系统研究和技术应用示范，培养了一支包虫病防控研究团队，多项技术填补了青海包虫病治疗空白，包虫病综合防控水平得到很大提升，充分整合科技资源，助力全省脱贫攻坚工作。

2017年，获批社会发展领域国家重点研发计划项目、中央引导地方计划项目等国家科研项目6项，累计获得科技经费6523万元。省级科技计划项目立项40项，总投资3.13亿元，专项资助4857万元。

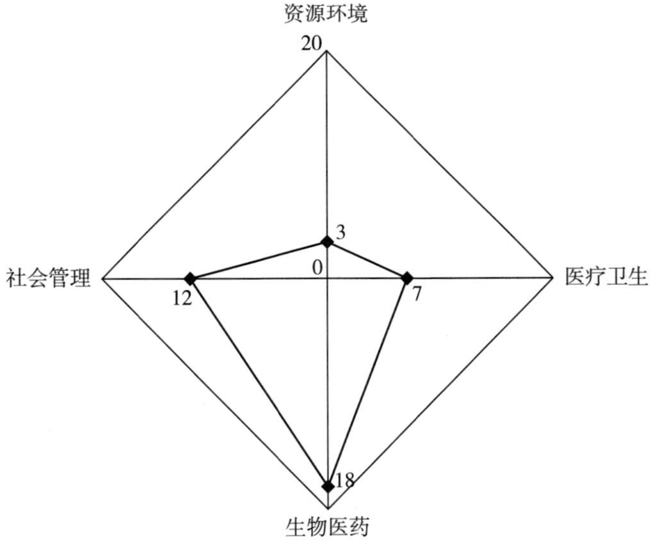

图1　2017年青海省社会发展领域科技计划项目（项）分布

（一）社会发展科技领域各研究方向取得较好发展

2017年，青海社会发展领域在资源环境、医疗卫生、生物医药和社会

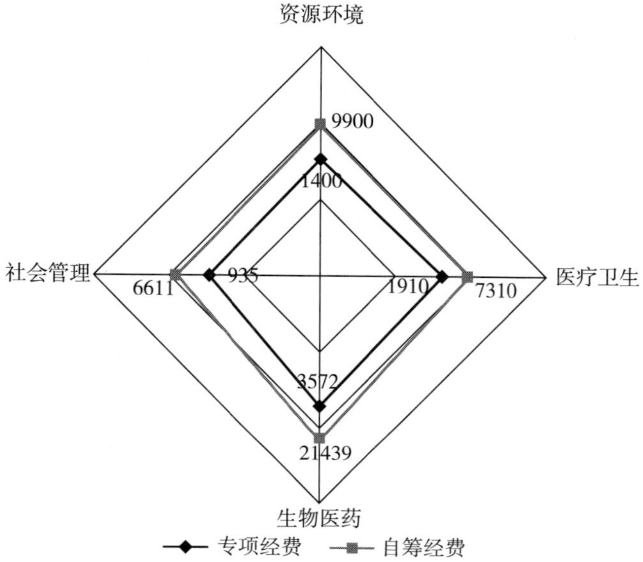

图 2　2017 年青海省社发领域科技计划项目经费（万元）分布示意

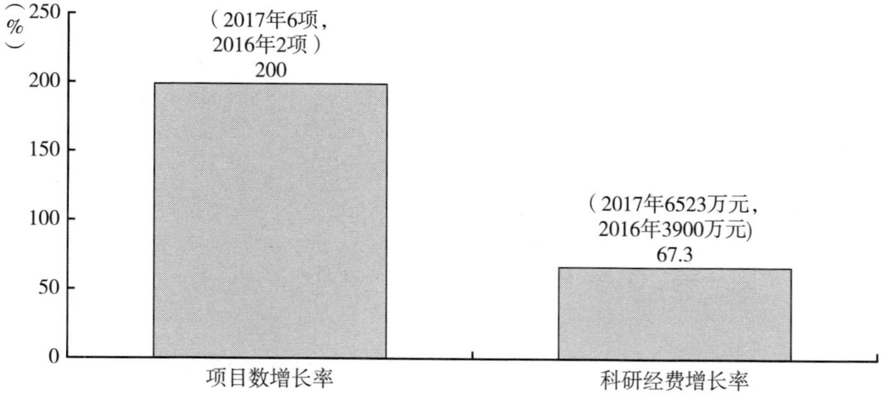

图 3　2017 年青海省社发领域国家科技计划项目情况

管理四个重要方向开展科技创新工作。经济效益较 2016 年略有下降，生态效益与 2016 年持平，在社会效益、企业研发能力和科研成果产出等方面都较 2016 年稳步提升。

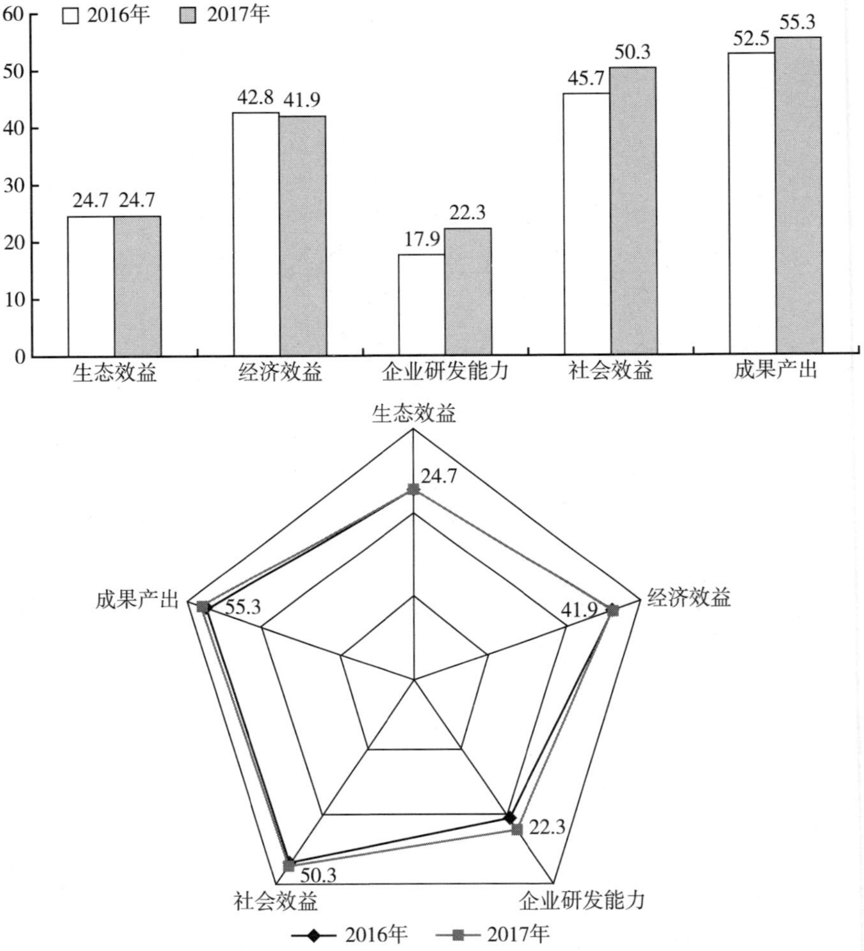

图4　2017 年青海省社发领域主要科技产出对比

一是科研实力逐步增强，研发团队及研发人员紧跟国内科研趋势，部分研究方向研发能力国内领先。2017 年在生态保护、水资源利用及生物安全关键技术研发方向争取国家科研项目支持 6 项，争取国家专项经费 6523 万元，同比增长 67.3%。

二是重点支持一批社会影响力大、知名度高、与社会发展和人民生活息息相关的重点科技项目。三江源智慧生态畜牧业平台建设项目实现了现代生态畜牧业智慧化、现代化，草情草场实时化、信息化，家畜管理自动化、智能化，畜产品信息完整化和可追溯性，使科学技术与科技效能在生态畜牧业中得到充分体现。青海省天河动力学规律及其利用研究项目取得重要成果，对保障青海“生态立省”、解决我国水资源短缺和水资源空间分布不均等问题具有重要的战略意义。

三是生物医药产业取得重大成果。地黄中梓醇单体化合物的一期临床研究实现了青海省一类新药零的突破，标志着青海省生物医药研究从量变到质变。黑果枸杞被列为普通食品，使得青海省黑果枸杞十余年的研究成果在产业发展中获得重要体现。中藏药种植技术集中突破难点，带动中藏药种植产业发展，种植面积、药材产量和质量逐年提高。一系列科研成果及技术体系获得突破，显著提升了青海省社发领域科研及产业化水平。科研成果产出数量和质量同步提升，SCI 论文占比继续提高，2017 年社发领域多项技术获得国际专利，成果水平及成果影响力显著增强。

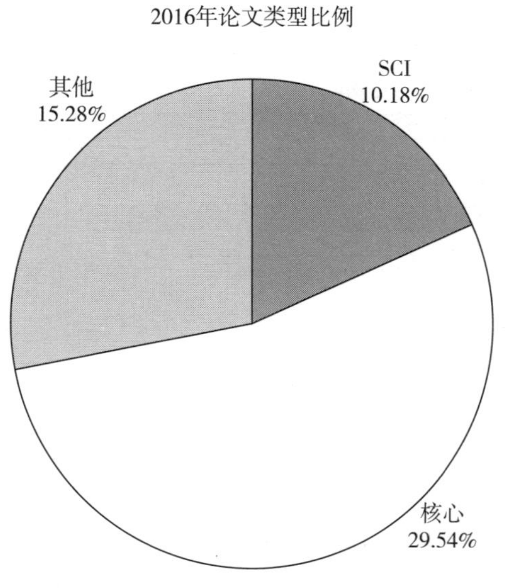

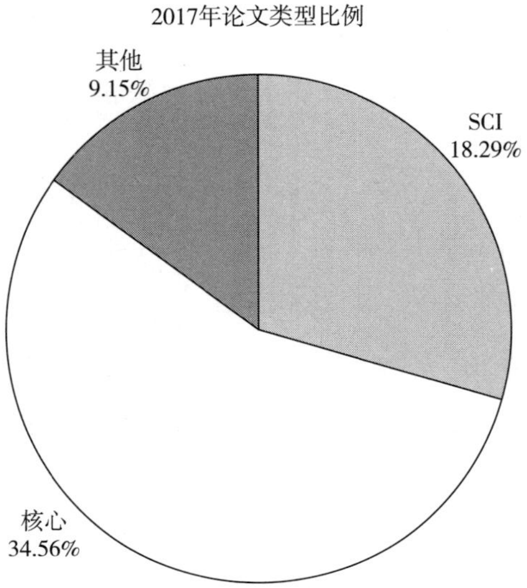

图5　2016～2017年青海省社发领域科技产出——论文类型分析

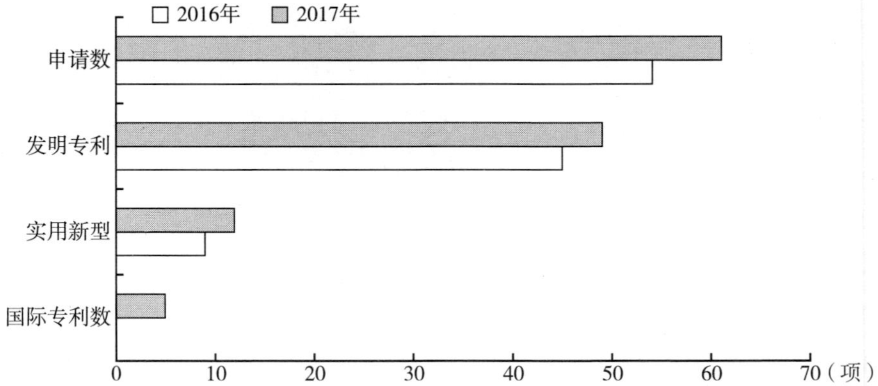

图6　2016～2017年青海省社发领域科技产出——专利申请结构变化

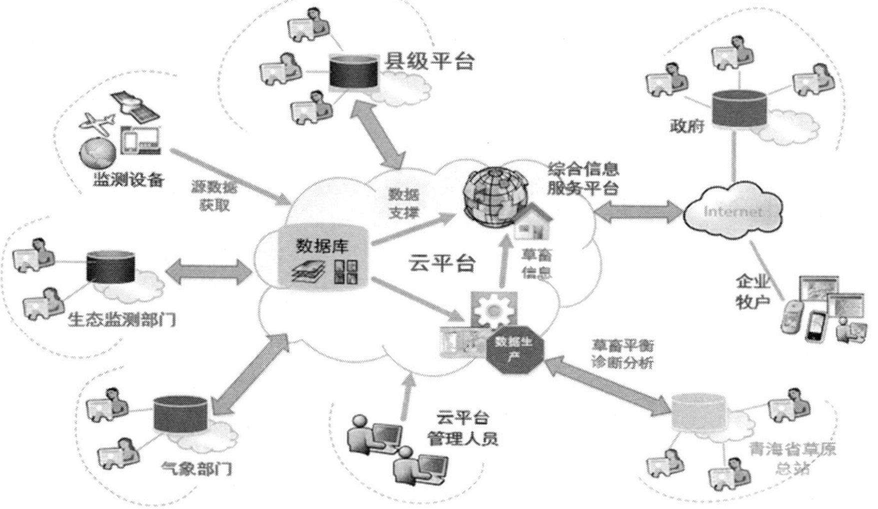

图 7　三江源智慧生态畜牧业平台总体架构

（二）着力推进生态文明建设，为青海绿色发展提供科技支撑

1. 三江源智慧生态畜牧业平台建设取得显著成效

通过联合科技攻关，三江源智慧生态畜牧业平台建设项目研发了具备生态畜牧业信息采集、分析、诊断、决策与指导等功能的智慧生态畜牧业全流程一体化综合管理信息系统，并在贵南和河南两个典型示范区开展试验示范，实现了信息技术支持的天然草地合理放牧利用、优质高产饲草基地建植、饲草资源高效利用、牦牛和藏系绵羊有机养殖与畜产品增值加工营销，并通过信息化管理平台加以管理利用，初步实现了减轻草地放牧压力、提升畜牧业经济效益的目标。

贵南典型区建成集“天然草地合理放牧利用—优质人工草地建植—优良青贮饲料加工—饲草料精准配置—牦牛、藏羊冷季补饲与健康养殖”于一体的智慧生态畜牧业技术体系，研发集成了适用于专业合作社、家庭联营牧场、国有企业、民营企业土地流转和国有保种场等经营主体的可复制的生产组织模式。河南、泽库典型区建立了集“牲畜智能监测—藏羊高效繁殖

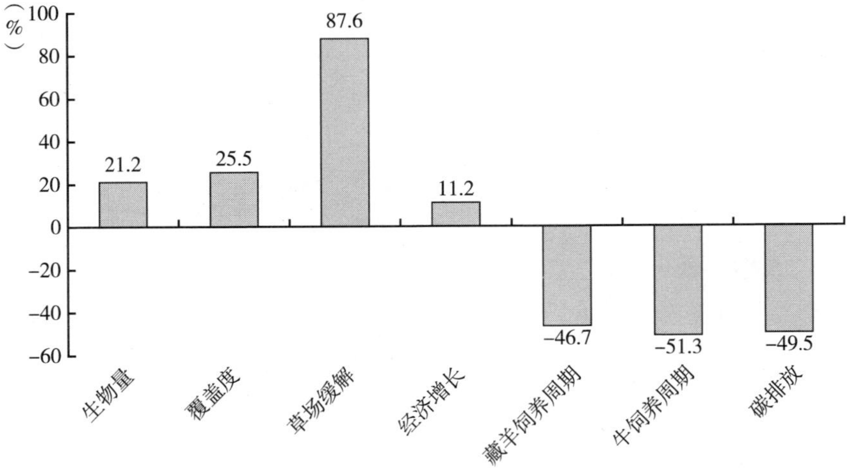

图8　青海智慧畜牧业技术研究效益分析

技术集成—牦牛现代养殖与生态协调—产品溯源电商平台—信息化服务管理平台”于一体的有机畜牧业集成模式。上述技术体系和生产组织模式将为三江源生态保护工程（二期）和全国草地生态畜牧业试验区建设提供可借鉴的技术和模式。

通过对该项目的支持，实现生态效益、经济效益和社会效益的全面提升。累计完成天然草场优化配置放牧及返青期休牧技术示范 10.2 万亩，监测结果表明退化草地生物量提高 21.2%、覆盖度提高 25.3%，生态效益显著。通过资源置换技术显著缓解天然草场压力，仅贵南示范区一年生和多年生牧草种植技术就集成应用 5.62 万亩，可有效缓解 112 万亩天然草场放牧压力。在示范基地创新集成的禾豆混播饲草建植、饲草料加工和牛羊冷季精准补饲等技术应用，使藏羊和牦牛的饲养周期缩短比传统的常年单一放牧方式分别缩短了 1.4 年和 2.5 年。以贵南县 5 个核心示范基地为基础开展牦牛、藏羊营养均衡养殖示范，完成藏羊和牦牛营养均衡养殖示范 5500 个羊单位，技术推广应用 3.1 万个羊单位；按照每个羊单位平均每年需要天然草场 15 亩进行核算，可有效保护 54.75 万亩天然草场。基于藏羊冷季精准补饲技术集成，提高了个体生产性能，缩短饲养周期，提升饲草转化效率，降低单位畜产品碳排放，达到了生态和经济效益双赢的效果。

项目实施推动示范区经济效益显著增加。贵南典型区经济效益分析表明，项目实施期间累计实现产值约3199.99万元，净收益约867.74万元；主要包括人工草地建植技术应用实现产值573.7万元，净收益达291.72万元；草产品加工技术应用实现产值1878.89万元，净收益约365.48万元；藏系绵羊羔羊出栏技术示范应用实现产值274.4万元，净收益约118.96万元；藏羊和牦牛短期舍饲出栏技术示范应用实现产值473.0万元，净收益约91.58万元。河南泽库典型区通过结合青南地区牦牛、藏羊生产的特点，创新集成牦牛、藏羊在高效繁殖方面已有的技术成果，在完成项目区牦牛、藏羊相应任务及考核指标的基础上，经综合统计分析后得出，实现产值1482.93万元，实现利税89.44万元。

项目的实施也取得了重要的社会效益，示范区农牧民受益匪浅，畜牧业技术人员技能水平显著提高，相关研究成果及技术体系得到广泛认可。2017年9月15日《科技日报》头版头条以“青海：科技呵护生态唤来金山银山”为题，就项目实施中的人工草地建植技术、优良牧草青储技术等相关技术体系，以及项目对青海省生态畜牧业专业合作社带来的变化进行了专题报道。

2. 三江源国家公园体制试点科技支撑工作稳步推进

为有效推动国家公园体制机制建设，进一步构建星—空—地一体化生态监测及大数据平台，组织实施重大专项，为三江源国家公园管理与生态保护决策提供定量化、高精度的空间信息支撑与精准化服务。2017年，借助遥感手段，构建星空地一体化的监测方法，对三江源国家公园进行科学考察，对三江源国家公园的植被类型及分布、生产力、野生动物数量、种群等数据进行评估，摸清了三江源地区的自然本底情况，并对生态、环境承载力进行了科学评价。

3. 相关项目的实施为青海省生态保护政策制定提供基础保障与技术支撑

针对青海土地面积大、地貌特征复杂、生态系统类型多样、数据点位不均衡的实际省情，支持开展青海省生态保护红线划定与管控技术研究，优化筛选出了适合青海省省情的生态保护红线评价方法，形成了生态保护红线划定范围，完成《青海省生态保护红线划定研究报告》，构建了青海省生态保护红线数据库，包括基础地理、生态要素、土地覆被、气象、土壤、保护地等基础数据，以及中、高分辨卫星影像数据库。在多方案对比研究的基础上，向省委省政府提交了3个生态保护红线建议方案，优选方案已上报国务院。

4. 青海省天河动力学规律及其利用研究项目取得重要进展

青海作为西部地区、民族地区、高原地区、经济欠发达地区和生态脆弱地区，其主要约束条件是水资源短缺。天河工程是利用天河水汽输送格局，在特定区域内提高空中水资源的降水转化率，增加可利用水资源量的系统性工程。服务于全面开展天河工程的长期目标，开展青海省天河动力学规律及其利用研究，保障青海省天河工程的科学实施，缓解水资源短缺问题，是保障青海“生态立省”的重要举措，对解决我国水资源短缺和水资源空间分布不均等问题具有重要的战略意义。开展青海省天河识别及其规律研究工作，评价各地区的总可调水量；开展天河工程业务所需的通信、计算、决策辅助软硬件平台和监测预测系统研究；采用天河理论优选进行天河工程集中作业的局部试验区，提出实现天河工程的气象条件和临界规模；评价天河工程增加水资源量的时空分布，初步评价其水文生态效应。建立了人工增雨雪实验技术及实践研究，预期对青海省生态、水文产生积极影响。通过项目实施团队向青海省“十三五”规划提出建议，获得省政府采纳，天河工程被列入《青海省国民经济和社会发展第十三个五年规划纲要》的“推进重点领域创新”工作。《国家水安全创新工程实施方案（2012～2020年）》纳入空中水资源高效利用的建议，并在“水资源高效开发利用”重点研发专项申报指南中提出“大气水资源开发新技术”。

（三）生物医药企业创新能力不断提高

2017年，围绕生物医药产业产品研发、工艺技术改进等企业发展关键

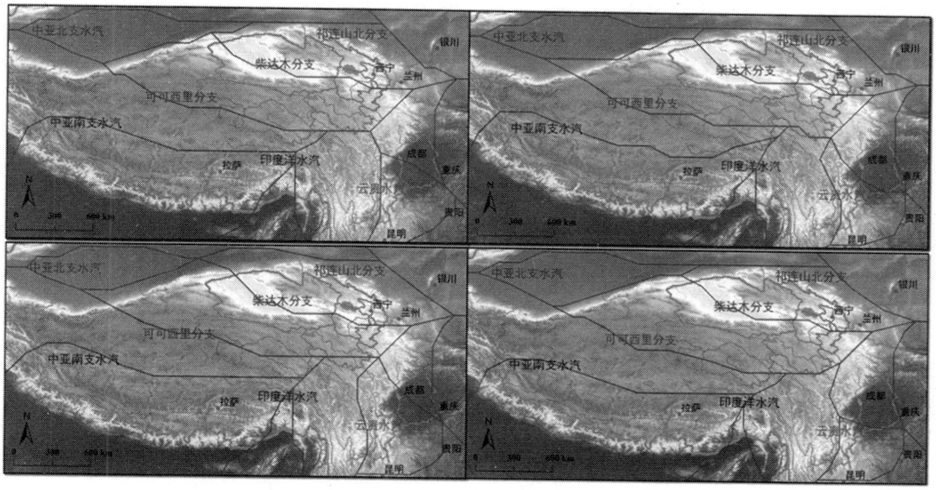

图 9　青海省天河季节分布规律（春、夏、秋、冬）

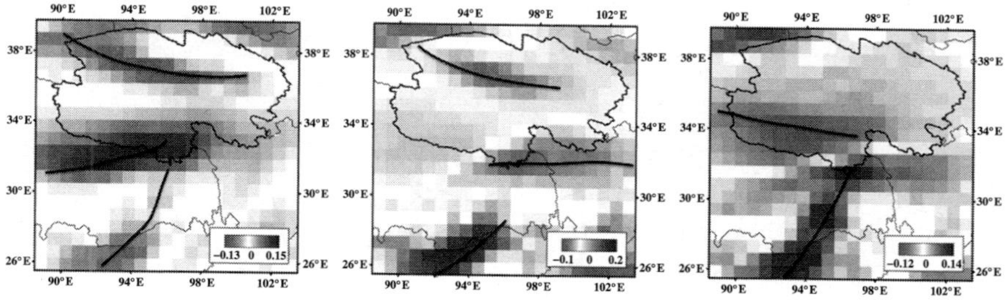

图 10　青海省及周边天河时空分布

环节，继续加大生物医药企业科技支持。生物医药方向支持项目数及项目经费与 2016 年相比均有大幅提升。2017 年，青海科技部门支持社发领域企业研究转化与产业化专项和科技成果转化专项 18 项，总投入 2.14 亿元，科技投入 1.5 亿元，专项资助 3572 万元，重点开展汉藏药材资源规范化栽培研究、藏药二次开发研究、新资源食品申报研究、功能食品开发研究、高活性成分提取研究等。

一是黑果枸杞通过国家食药局新食品原料审核。黑果枸杞通过国家食药局新食品原料审核，列为终止审查目录，可作为普通食品管理，卫生安全指标按照相关标准执行。这对青海省乃至整个黑果枸杞产业发展有重要促进作

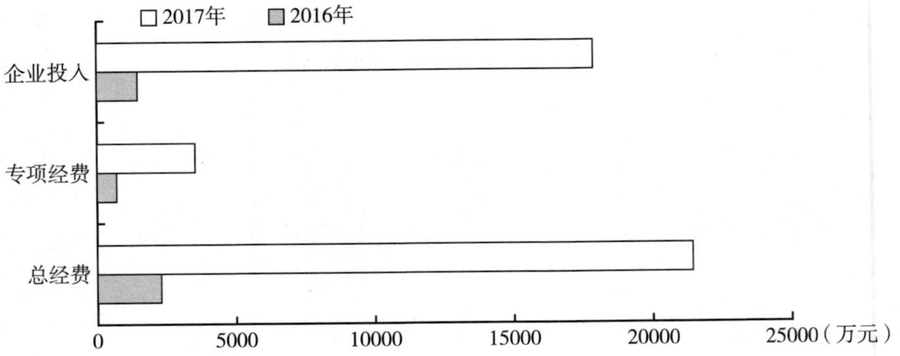

图 11　2017 年青海社发领域生物医药科技经费投入情况

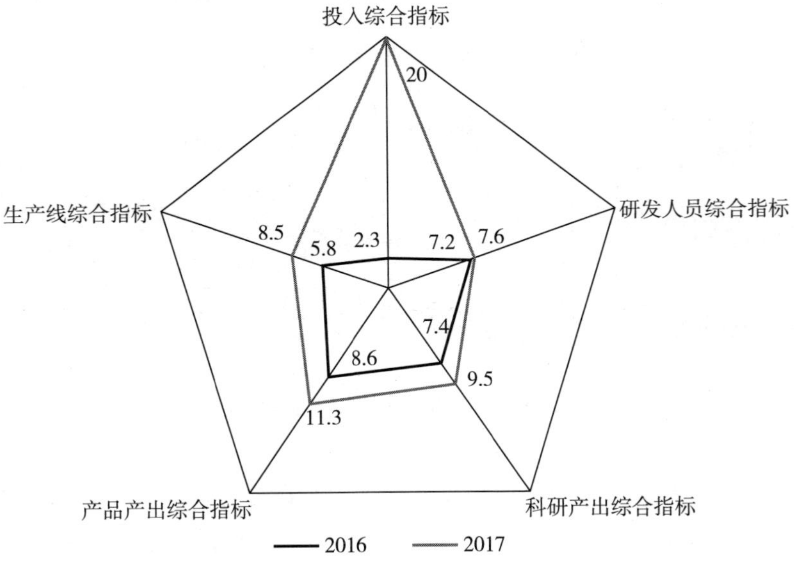

图 12　2017 年青海社发领域生物医药企业研发能力增长示意

用；对青海省进行“东部沙棘、西部枸杞”的产业发展战略，有积极推动作用；也为践行“四个转变”中的“从农牧民单一的种植、养殖、生态看护向生态生产生活良性循环的转变”，提供了强有力的资质支持。

二是“梓醇片”实现了青海省自主研发一类新药“零的突破”。由青海央宗药业有限公司自主研发的降糖新药“梓醇片”于 2017 年 1 月取得国家食品药品监督管理局中药一类药物临床试验批件，取得青海省国家中药一类新药研制的重大突破。其间，共获得国家发明专利3项，美国和欧盟发明专利各1项，建立了一条标准化、规模化梓醇生产线，为临床批件的获批奠定了基础。经三期临床试验、获批上市后，“梓醇片”产值将达10亿元。

三是中藏药材种植技术基本解决。青海省科技部门高度重视青海特色汉藏药材的优质原材料的保障体系建设。适合青海种植的当归、黄芪、党参等大宗药材和唐古特大黄、羌活、秦艽、暗紫贝母、冬虫夏草等道地药材及罗布麻、黄芩等特色药材种子、种苗和规范化栽培种植关键技术基本解决，累计建立种子种苗繁育基地2000亩，规范化种植推广和野生抚育示范面积达到11万亩，建立种植生产技术规程和技术标准30余项，获得发明专利40余项，培训科技特派员和农牧民近5000人次，新增产值近亿元。

四是青藏高原生物科技集成创新平台建设取得积极进展。“青藏高原生物科技集成创新中心”面向社会提供特色生物资源产品研发、活性化合物筛选、制剂等20多项技术研发、咨询、培训等服务，支撑高新区生物产业健康发展。该中心已对蛹虫草、黑果枸杞、黄绿蜜环菌、枸杞叶等天然产物的检测方法和提取工艺进行了研究，对黄绿蜜环菌优良种质资源进行了筛选，完成康定鼠尾草、黑果枸杞、红景天3个中藏药精制提取物的提取及精制技术中试；“高原特色资源冻干中试平台”针对青藏高原多种特色生物资源进行冷冻干燥技术研究和创新冻干产品开发工作，完成了冻干蜂王浆等实验研究内容20项；完成冻干富硒蔬菜等中试放大研究内容12项；开发冷冻干燥创新形态产品4种。

（四）关注民生领域，加强关键技术示范推广

一是省临床研究中心建设起步。为集成青海省优势医疗科研资源，在主要疾病领域和临床专科布局建设省级临床医学研究中心，积极培育建设国家级临床医学研究中心和分中心，发挥好中心引领、集成、带动、普及作用，为全省临床医学科技发展提供科技支撑。根据《国家临床医学研究中心管理办法》，借鉴兄弟省管理经验，结合青海实际，调研起草了《青海省临床

医学研究中心暂行管理办法（草案）》，依据青海省包虫病、高原医学等疾病控制技术在国家层面的重要引领示范作用，通过多次调研，明确建设思路、建设目标和运行机制，设立科技专项，重点支持青海省人民医院和青海大学附属医院积极建设临床医学研究中心，力争早日纳入国家临床医学研究中心序列。

二是包虫病防治技术研究和示范推广取得积极进展。围绕包虫病病原生物学特性、控制与阻断，重点支持“青海省人畜包虫病防控策略与创新技术应用”等项目，完成71例早期包虫病患者的微波射频治疗，基本符合根治性治疗的预期。利用精准肝切除技术完成的178例手术，达到最佳康复效果；完成7例泡型包虫病患者自体肝移植，建立了青海省自体肝移植术治疗团队。同时，积极开展先进技术成果的转化与推广，在青海三江源地区的基层医院进行了354台手术治疗包虫病患者，并对当地的医护人员进行培训。同时，加大基础研究支持，加强包虫病诊断创新、药物筛选和疫苗研制。培养了一支包虫病防控研究团队，多项技术填补了青海省包虫病治疗空白，包虫病的感染率大幅度下降，综合防控水平得到了很大提升。

三是集成信息化技术体系，提升社区健康和智慧交通服务水平。重点加强“互联网+健康管理云工程”“青海省基层社区及农牧区医疗健康保障一体化平台示范建设”，研制适合青藏高原城镇社区居民的慢性病健康检测监控设备和一体化保障工程。组织实施的“西宁市智慧交通关键技术集成与示范”，研究西宁市交通拥堵动态识别与预测、基于大数据客户端应用软件、公共交通线网优化、城市交通指挥智能化关键技术，为有效解决西宁交通拥挤问题提供了技术支持。

四是科技助力扶贫。组织实施“黄芩高原驯化种植技术示范”“高原鱼菜共生技术研究与示范”“青海当归、黄芪优质高效栽培技术集成示范与推广”等重点研发与转化项目，重点支持却藏寺村、民和贫困村的扶贫工作。拟通过项目实施，在却藏寺村建设200亩黄芩高原驯化种植技术示范基地，在民和建立高产优质规范化黄芪、当归基地3000亩；并与贫困农户签订持续性药材包销合同。促进却藏寺村69户贫困户共262人每人每年的纯收入增加至2500元以上，民和县70户农户脱贫，脱贫人口300人；带动项目区域贫困农户于2018年全面脱贫，有效促进农业增效和农民增收。

五是城市生产安全风险防范与控制关键技术研究与示范进展顺利。选取工业厂矿较多、天然气等管道密集的德令哈市作为试点城市，通过无人机航空测量、现代遥感技术等，把所有的城市管线和危险源精确标上地图，录入信息化系统，并进行动态监测，为提前预防安全事故的发生提供技术支撑。

（五）积极推进国家可持续发展议程创新示范区建设

按照国家和省委省政府要求，青海省科技部门积极推动国家可持续发展议程创新示范区建设。2017年10月，海南州已向省政府报送了“关于恳请支持海南州创建国家可持续发展议程创新示范区的请示”。省政府同意以海南州为创建主体，申报国家创新示范区，并按照国家申报要求，致函科技部提出创建申请。

二　2018年青海科技支撑社会发展面临的形势及展望

2018年，根据青海省“十三五”科技创新发展规划和国家、青海省对社会发展科技创新任务的分工要求，围绕生态环境、资源保护开发、生物医药、人口健康、公共安全、文化社会事业发展等领域需求，着力构建生态环保、现代生物、高原医疗卫生与食品安全、“互联网+”等技术体系，构建先进实用、自主可控、适合青海省社会发展科技创新发展的技术体系。

一是将着力于生态环境质量改善。生态环境的保护与建设着眼于协调区域性自然资源开发与生态环境保护之间的矛盾，整体协调提升生态环境质量和生态服务功能。重点研究生态系统动态监测、水土流失防控、脆弱生态修复技术，大气复合污染形成机理、燃煤烟气污染物超低排放、挥发性有机物净化等大气污染防治技术，饮用水健康风险控制、中水回用、污染水体治理等水污染防治技术，污染土壤修复与风险控制、垃圾处理与废弃物资源化、危险废物处理处置，以及有毒有害化学品风险防控、新型污染物防治等技术，构建适合青海省情的区域生态环境质量改善技术系统，继而培育和发展全省的环保产业。

二是将着力于资源高效开发与循环利用。重点研发绿色勘察、高效开发和节约利用技术。在水资源综合利用、矿产资源绿色勘察、金属资源高效开发等方面，集中突破一批基础理论与关键核心技术，构建资源勘探、开发与综合利用理论技术体系；针对青海省内水资源、矿产资源特点，研发具有自主知识产权的资源开发利用核心技术。

三是将着力于全球气候变化应对。完善应对青海高原气候变化的科技支撑体系，开展应对气候变化的基础科学研究，研发不同生态系统碳减排增汇技术，优化筛选未来气候变化影响评估、风险预估、减缓与适应等关键技术；开展应对气候变化的战略研究和气候变化效应评估。为推动经济可持续转型、实现绿色低碳发展和参与碳贸易等提供有力的科技支撑。

四是将着力于重大自然灾害监测预警与防范。针对青海省易发重大地震灾害、地质灾害、极端气象灾害、旱涝灾害综合监测预警与防范中的关键科学问题，通过内引外联二次创新，突破重大自然灾害发生演化及成灾机理、监测预测预警及应急处置、综合防治区划等核心技术，服务区域重大自然灾害防、抗、救科学决策。研制具有自主知识产权的重大自然灾害监测预警装备，提升重大自然灾害仪器装备产业化和信息服务产品化的能力，基本形成单灾种和多灾种相结合的多尺度分层次重大自然灾害风险综合防控科技支撑能力，服务于青海省雪灾、干旱、地震等重大自然灾害的防、抗、救科学决策。

五是将着力于生物科学与技术。重点部署特色生物资源原材料保障体系建设、特色生物资源开发利用、新药创制及特色医疗器械研发、高原医疗卫生健康支撑、科技创新平台建设等技术的创新突破和应用发展，提高生物技术原创水平，力争在若干领域取得重大突破，推动技术转化应用并服务于经济社会发展，大幅提高生物经济国内竞争力。到2020年，实现生物技术整体并跑、部分领跑。

六是将着力于医疗健康。围绕健康中国建设需求，以提升全民健康水平为目标，系统的加强生物数据、临床信息、样本资源的整合，开展创新性和集成性研究，加快推动医学科技发展。重点部署创新药物开发、特色医疗器械研发、中藏药研究等任务，加强疾病防治技术普及推广和临床新技术新产品转化应用，发展精准医学。争取到2020年，提高青海省的医疗服务供给质量、加快健康产业发展，同时为健康中国建设提供坚实的科技支撑。

G.10

青海科技合作与交流报告*

摘　要： 2017年，青海科技与交流重点通过省院合作、国际合作、科技援青和招商引资等合作形式，与国内外开展深入合作，发挥各自优势，集智聚力，实现互利共赢，助推青海的创新发展，在支撑和引领全省科技创新、社会发展中发挥了重要作用。

关键词： 国际合作　省院合作　科技援青　招商引资　青海省

2017年，青海科技合作与交流紧密围绕青海科技创新、经济和社会发展需求，在更大范围、更广领域、更高层次上积极参与对内对外的科技合作与交流，取得了显著成效：一是完成青海科技2017年“青洽会”任务，并成功举办创新驱动发展高峰论坛；二是积极开展招商引资工作，签约招商引资项目6项，签约金额12.72亿元，到位资金3.24亿元；三是协助完成青海省人民政府与中国科学院签署《青海省人民政府中国科学院科技合作协议》，积极落实协议有关内容，组织实施10项“西部之光”人才培养计划，在中科院大学成功举办“青海省‘三区’人才现代农牧业经营与科技管理”培训班，加强青海省“三区”人才队伍建设，提升全省科技管理人员能力水平；四是落实“十三五”科技援青规划，努力把对口支援与科技援青有效结合，分别与浙江、江苏、天津等省市签署合作协议，建立良好科技合作机制，推进科技援青工作，全年组织实施科技援青项目17项，资助经费

---

* 课题组成员：孙传范、李广强、焦士元、颜有奎、阿克瑛。

765 万元；五是积极争取国家资金资助 370 万元，举办了 2017 年度发展中国家技术培训班项目“两型包虫病临床规范化诊疗国际培训班”；六是加强国际合作与交流，申请到“2017 年度中日青年科技交流计划项目”，全省青年科技管理及科研人员共 16 人访问日本。同时推荐青海大学农牧学院“中国新西兰高原生态修复国际科技合作基地”为青海省 2017 年度国家国际科技合作基地。

一　深化省院合作，提升创新能力

2017 年，省院科技合作持续推进，通过强化顶层设计、推进人才交流、推动科技成果转化，省院合作迈向了新的台阶。签署了新一轮省院合作协议；“西部之光”计划实施取得丰硕成果，在数量和层次上实现新突破；人才交流培养和高端智力资源集聚，助力青海实现创新驱动发展。

一是省院合作取得阶段性成果。青海省与中国科学院自 1995 年首次签署合作协议以来，分别于 2001 年、2007 年、2012 年续签了协议，省院双方围绕青海省经济社会发展中的重大需求开展合作交流。为青海的发展注入了活力，取得了实效。2017 年，青海省人民政府与中国科学院签署了第 5 轮《青海省人民政府中国科学院科技合作协议》，双方本着“需求牵引、优势互补、务求实效、共同发展”的原则，面向青海省创新驱动发展需求，以循环经济、生态经济和新能源经济服务青海省绿色发展及生态文明建设为核心，以支持特色优势产业、战略性新兴产业和传统产业升级改造为重点，不断加强机制创新，探索有效合作和交流模式。从青海省生态文明建设、三江源国家公园建设、青海省特色产业发展、青海省重大科技创新平台建设、项目申请及联合培养人才、中科院在青研究所发展、交流对接活动 7 个方面，扎实推进院省科技合作。

二是实施“西部之光”计划破解区域发展难题。为落实省院合作协议，进一步扩大“西部之光”人才培养引进计划在青海的辐射面和受众面，发挥其人才成长“助推器”和科研成果转化“催化剂”作用，青海省委组织部和中国科学院兰州分院签订了新一轮《“西部之光”人才培养引进计划合作协议》。青海省共征集2017年“西部之光”项目35项。

三是招才引智促进发展。联合中科院大学共同举办“青海省‘三区’人才现代农牧业经营与科技管理”培训班。培训班以现代农牧业的产业发展特点及科技与经济结合理论为主要内容，通过专题讲座、案例研讨、考察交流等形式，深入讲解了现代农牧业的发展方向与经营模式的转变，探讨了促进青海农牧业产业创新驱动发展的思路和方法，有效提升了全省科技管理人员的能力水平，为进一步加大青海省“三区”人才培训力度，全面促进省政府与中科院大学科技战略合作走向深入，发挥国家高端科技智库作用推动青海社会经济发展打下了良好基础。2017年，青海省科技部门成功举办“青洽会”创新驱动发展论坛，院士专家参与论坛为青海创新发展提供智力支撑，为青海绿色发展引智把脉。

二 持续推进国际科技合作新领域

2017年，国际科技合作工作立足青海特色资源，紧盯重点发展领域和社会发展需求，围绕国家“一带一路”创新发展新机遇，积极开展国际科技合作与交流。

第一，凝练合作需求推动国际合作。2017年，共组织实施省级国际合作项目9项，总投资557.82万元，青海省财政支持340万元，分别与新西兰、美国、英国、澳大利亚、加拿大、韩国等国家开展合作。研究领域涉及生态保护、特色生物资源开发、新材料新工艺，预期发表论文38篇（其中SCI论文12篇），申请发明专利7项，培养研究生22名，申请成果9项，制定标准2个，形成新产品2个。一是沙棘资源高值化利用实现新突破。由青海清华博众生物技术有限公司、中国科学院西北高原生物研究所、美国现代医药公司共同完成的科技部国际科技合作专项“高纯度高活性沙棘Vp粉生产技术合作开发”取得显著成绩。解决了青海沙棘资源高值化利用的瓶颈问题，重点突破高纯度和高活性作用的沙棘Vp的分离纯化生产工艺，提高了产品的竞争力，提升了中方团队的科研能力。培养硕士、博士、博士后10人，为企业培养技术骨干7人。申请发明专利5件，发表科技论文6篇，相关成果已在企业得到应用，取得了良好的经济社会和生态效益。实现销售收入2348万元，产品出口欧美及澳大利亚，收入260万元。带动3000亩沙棘原料基地建设和5万亩沙棘林资源的利用，帮助农牧民增收100多万元，新增就业1300余人。二是人畜共患羊种布鲁杆菌疫苗研制取得新依据。青海大学和美国西北大学费因伯格医学院合作的“人畜共患羊种布鲁杆菌感染牦牛及其细胞免疫抗原的筛选”项目，从绵羊中分离、鉴定出了羊种3型布鲁氏菌，应用固相pH梯度双向凝胶电泳对其和M5疫苗株的菌体全蛋白质进行分离，并就其蛋白点的特性、功能进行了分析和解析。同时，利用生物信息学软件对布鲁氏菌羊种3型的Omp22、Omp15、Omp2b和Omp31的理化性质、分子结构、抗原指数、B细胞抗原表位等进行了分析。筛选Omp31蛋白在COS－7细胞中得到表达，并对其免疫性、反应性进行了研究，为布鲁氏菌疫苗研制提供了依据。

第二，聚焦中日医药合作，开拓国际合作新领域。一是成功举办“2017中日藏医药·汉方医药学术研讨会”。2017年，日本庆应义熟大学、金泽大学、金泽大学附属医院、东邦大学等机构的14位专家教授与青海省金诃集团、藏医学会、青海大学藏医学院、青海藏医院、青海省藏医研究院等单位相关专家学者就“藏医药国际化经验分享”“藏医辩证分析疾病症状”、简介《曼唐详解》和日文版翻译，以及“介绍日本汉方医药研究学术前沿”“日本汉方应用与结核治疗经验分享”“日本医疗诊断技术研究及应用最新进展”“日本汉方医学实际临床应用及前景”等进行研讨交流，促进了中日双方在藏医药方面的合作与交流。二是组织青海省科技工作者赴日交流。应日本科技振兴机构（JST）邀请，青海省科技部门组团赴日本执行2017年中日青少年科技交流计划（日本为“樱花计划”）项目任务。通过与日本科技振兴机构、相关高校与科研机构对接，巩固已有合作成果，推动了日本与青海省高校、科研机构和相关地方在特色领域特别是藏医药和日本汉方医药下一步的深入合作。

第三，举办发展中国家培训班，有力支撑“一带一路”建设。2017 年，科技部“两型包虫病临床规范化诊疗国际培训班”在西宁举办，培训涵盖包虫病的动物疫源防控、早期预防及诊断、免疫机制研究、药物开发与评估、临床治疗转化医学等内容。蒙古、尼日利亚、苏丹、斯里兰卡、巴基斯坦 5 国的 17 名学员参与培训。本次培训采取专家授课、实地考察、实习实践、现场演示指导、文化交流等形式，全面展示了我国包虫病防治的成功经验，增进了国际对中国包虫病危害情况及防治工作的了解，培养了发展中国家包虫病防治领域的专业技术人才。

三　大力实施科技援青战略

按照科学技术部、中国科学院、中国工程院、国家自然科学基金委员会、青海省人民政府联合发布的《“十三五”科技援青规划》，2017 年，青海省科技部门大力实施科技援青战略，与江苏农科院、南京农大、浙江农科院、浙江工业大学等单位签订了 4 项战略合作协议，促进了科技援青工作的开展。全年共争取安徽、山西、江苏、浙江、天津等科技援青项目 10 项，争取资助经费 395 万元。青海省科技部门科技援青专项支持 7 项，总经费 983 万元，资助经费 370 万元。

第一，积聚力量，多方位推进科技援青。一是浙江省的科技援青。青海省科技部门与浙江工业大学和浙江省农科院签订科技援青战略合作框架协议，为后续引入浙江省优质科研资源解决青海产业发展的科技难题开拓了道路。二是山西省的科技援青。2017 年，山西省立项支持科技援青项目 2 项，总经费 50 万元。由青海省农科院和山西省农科院合作的“青海果树病虫害绿色防控关键技术研究”项目，山西省科技厅立项支持 20 万元；“青海高原露地蔬菜高效生产技术引进集成与示范”项目，山西省科技厅立项支持 30 万元。三是安徽省的科技援青。2017 年，合肥通用机械研究院与青海中科捷鑫公司承担的“青海盐湖卤水萃取法提取万吨级高纯碳酸锂关键设备研制”项目获得安徽省科技部门立项，支持 35 万元。四是天津市的科技援青。天津市设施农业研究所承担的“黄南州设施果蔬生产技术的提升与示范”项目，由天津市科委立项，资助经费60万元。

第二，聚焦民生，多领域实施科技援青项目。一是山东援青项目推动藏羊多胎新品系选育。2013年，山东省科技厅立项支持科技援青项目“良种肉羊高效繁育体系技术集成与示范”，由山东省农业科学院畜牧兽医研究所、海北州农牧局和海北科技示范园承担。该项目在青海省科技厅、山东省科技厅的支持下，2017年完成各项指标并通过验收。通过研究藏寒杂交羊生产性能和生殖规律，为选育适合高原高寒放牧地区饲养，生长发育快、繁殖率高、肉质优良、适应性强的藏羊多胎新品系建立了新思路。二是江苏省科技成果落地青海。2017年，由寰龙特种糖业有限公司承担，与南京林业大学和南京工业大学合作的“高原特色菊苣精深加工及产业化”项目通过验收。该项目以高原特色生物资源菊苣为原料，研究了发酵、膜分离等生产工艺，优化了技术参数，解决了生产中的关键技术问题，提高了生产效率。项目建成100吨/年规模酶法生产低聚果糖中试生产线1条、1000吨/年规模膜法生产高聚果糖工业生产线1条，申请发明专利3件，发表论文2篇，培养技术人才21人，协助培养研究生2名。项目不仅为青海企业解决了产业化的关键技术问题，也促成了江苏省的优秀科研成果在青海落地。

第三，促进交流，多渠道开展科技援青工作。2017年，首届“甘肃—青海食品研发与检测联合实验室”研讨会在甘肃省举办。此次研讨会是青海大学、青海食品检测院、甘肃商业科技研究所有限公司在联合成立青海（甘肃）—甘肃（青海）食品研发与检测联合实验室以来的首次研讨会。研讨会的目的是进一步落实“三方”协议，主题是“强化联合实验室建设，促进校企合作，提高本科生实践技能的培养”。会议就实验室建设的工作，青海大学食品科学与工程专业本科生培养，食品专业学位研究生联合培养，联合开展科研工作及项目申报，实验室联合建设及合作机制等方面达成了共识，为联合实验室建设工作奠定了基础。2016年，甘肃省商业科技研究所有限公司联合合作单位以提高联合实验室能力建设为目标的项目“甘肃—青海食品研发与检测联合实验室建设”获甘肃省科技部门立项支持。2017

年，青海大学农牧学院联合甘肃省合作单位的科研项目“柴达木黑枸杞质量标准及新型加工技术研究”获得青海省科技部门支持。

四　招商引资取得新进展

青海省科技部门在2017年“青洽会”期间共签约招商引资项目6项（新能源4项、新材料2项），合计签约金额12.72亿元，完成招商引资10亿元的签约目标任务。截至2017年11月底，6项“青洽会”签约招商引资项目进展顺利，已到位资金3.2亿元，资金到位率为25.16%，项目履约率、开工率均为100%。

一是光热发电储能装备项目。新建光热发电储能装备园，含原材料仓库、设备加工厂房、设备仓库及配套公用工程、生活设施、安全消防设施等。项目总投资3亿元，实施地点为德令哈。二是10万吨熔盐生产线及硝酸钾产业化提升项目。建设10万吨熔盐生产线，并对硝酸钾、硝酸钠和亚硝酸钠生产工艺进行优化升级。项目总投资1.2亿元，实施地点为格尔木市昆仑经济开发区。三是高性能氮化铝产业化项目。引进连续式氮化铝粉体合成装置，规模化生产高性能氮化铝陶瓷粉及基板。项目总投资1.76亿元，实施地点为西宁市城南工业园区。四是德令哈50兆瓦太阳能热发电示范（二期）项目。建设50兆瓦塔式光热国家示范项目。项目总投资4亿元，建设地点为德令哈市西出口太阳能产业园区。五是冷氢化节能技术研究及应用项目。在现有年产11万吨TCS氢化装置基础上，新增先进的ATH加热器、导热油锅炉、第三代旋风器等设备，使冷氢化系统产能提升50%，TCS单耗（电）降低40%。项目计划投资1亿元，建设地点为西宁市城南工业园区。六是100万片蓝宝石手机屏二期项目。投入EFG导模法设备80台，建设切、磨、抛生产线1条及配套相应的水电辅助设施。项目总投资1.76亿元，实施地点位于西宁市南川工业园区。

为完成项目任务采取的主要举措如下。一是以科技项目为载体，谋划招商项目。围绕青海科技与经济发展优势项目，积极拓展思路，以科技计划项目特别是产业化项目为基础，通过组织征集筛选项目，建立科技招商引资项目库，以科技项目为载体，引导和支持科研机构、高等学校和企业通过各种渠道争取国内外资金的投入。二是挖掘优势科技资源，创新科技招商途径。充分挖掘优势科技资源，促进科技成果与产业有效对接，推动科技成果和专利落地转化；围绕发展优势产业，延伸产业链条，打造产业集群，重点在新能源、新材料、信息化等领域谋划并对接项目，形成了一套科技项目与招商项目互为补充、促进的机制；充分运用科技援青机制，通过对口援青渠道，积极推进双方产业、技术、人才等方面的合作与交流，带动省外最新的科技成果在青海转移转化。三是多措并举，圆满完成招商任务。组织召开2017年度高新技术领域招商引资座谈会，征集解决企业新增投资中面临的问题，积极主动做好科技服务，实现重点企业的精准招商；有针对性地筛选科技含量高、示范性强、成熟度好的项目进行签约。在项目实施期间，做好跟踪服务工作，对加快资金落地起到积极的促进作用。

科技合作与交流是科技工作的重要组成部分，积极开展“互利双赢”的科技合作交流工作，加大省院合作力度，扩大科技援青影响力，创造性推进科技招商引资新格局，对科技资源的优化整合和对内对外科技合作的统筹协调，是解决青海发展中面临的重大问题、推进创新体系建设的重要举措。要继续充分利用好科技合作与交流的平台和国内外资源，使科技合作工作呈现宽领域、多方位的发展态势，奋力开创青海科技合作的新局面，助力创新型青海建设。

G.11

青海大众创业、万众创新发展报告*

摘　要： 2017年，青海省深入推进“大众创业、万众创新”，通过持续构建创新创业生态环境、优化创新创业服务、营造创新创业文化氛围、积极构建人才治理体系，不断推进全省“大众创业、万众创新”向更大范围、更高层次发展。全省创新创业制度建设不断完善，创新创业孵化体系不断健全，形成了覆盖不同创业层次和不同创业领域的链条式创新创业服务平台，财政投入、社会资本和税收优惠政策持续发力，通过举办各类创新创业大赛和“双创”活动周，进一步激发“大众创业、万众创新”的热情。

关键词： 大众创业　万众创新　孵化体系　青海省

2017年，青海省由科技部门牵头，统筹各类资源，完善创业服务体系，大力营造良好的创新创业生态环境，激发全社会创业热情，不断推进全省“大众创业、万众创新”向更大范围、更高层次深入发展，取得了良好成效。

一　2017年青海“大众创业、万众创新”总体态势

（一）构建创新创业生态环境

1. 推动“放管服”改革

青海省政府办公厅印发了《2017年省政府简政放权放管结合优化服务

* 课题组成员：许淳、张海满、刘永庆、田耘、王杏芳、米杰、李冰、李鑫林。

工作要点的通知》（青政办〔2017〕60号），对全省简政放权、放管结合、优化服务做出部署，从继续取消下放一批政府部门行政审批事项，提高基层行政审批事项承接工作水平，推动西宁市、格尔木市相对集中行政审批权改革试点，全面清理各种行业准入证、生产许可证、经营许可证和职业资格证等37项具体工作入手，着力降低制度性交易成本，优化营商环境，激发市场活力和社会创造力。截至2017年底，青海省累计取消省级行政审批事项463项、下放163项、调整184项，精简幅度达64%，省级各部门保留行政审批事项263项，是全国较少、西北最少省份。先后通过颁布省政府令和决定、省人力资源和社会保障厅发文等，取消或调整了职业资格许可和认定事项279项，保留实施267项。

2. 深化商事制度改革

为持续释放改革红利，确保经济主体生机和活力，青海省政府办公厅印发了《青海省加快推进“多证合一”改革实施方案的通知》（青政办〔2017〕172号），建立了一窗受理、一套材料、一次采集、以往交换、全省统一的“多证合一”模式。省、市（州）、县（区）三级同步完成“多证合一”、全程电子化和电子营业执照及企业名称登记管理等改革事项，稳妥推进企业简易注销登记改革。截至2017年底，全省发放企业“多证合一”营业执照6875份，444户企业通过简易注销登记程序办理了注销登记。

3. 推进工商注册便利化

继续实施注册资本登记制度改革，取消最低注册资本限额，放宽注册资本登记条件，改革住所登记制度，建立了“一照多址”和“一址多照”等促进集群发展的登记制度，有效推动了创业园、孵化器、众创空间等快速发展。截至2017年11月底，全省累计登记注册市场主体37.33万户，同比增长13.7%。其中，企业8.3万户，同比增长13.3%；个体工商户27.4万户，同比增长14%；农民专业合作社1.66万户，同比增长10.1%。

4. 加快推进科技成果转化

为进一步完善科技成果转移转化机制，建立科技成果转移转化收益分配激励制度，青海省政府办公厅印发了《青海省促进科技成果转移转化行动方案的通知》（青政办〔2016〕218 号），将技术转让所得中的奖励比例和对于主要贡献人员的奖励比例均由国家规定的不低于 50% 提高至不低于 70%，极大地促进了科技成果转移转化，提高了科研人员参与创新创业的积极性。同时，制定出台《青海省技术交易补助实施细则》（青科发高新〔2017〕85 号），进一步规范和活跃技术市场，推进科技成果转移转化。青海省科技部门利用科易网打造技术成果线上线下互动交易平台，解决技术转移痛点问题，为建立有效果、可持续的区域技术转移协同创新体系提供支撑。截至 2017 年 10 月底，青海科易网发布科技成果 42990 项，专利微店中专利数达 642 项，技术专家 2783 名，全国高校院所 236 家，促成专利交易 5 项；全省技术合同成交额 10 亿元，同比增长 17% 以上。

5. 激励科技人员创新创业

完善高校、科研院所和机关事业单位科技人员离岗创业政策，允许和鼓励其保留基本待遇到省内企业开展创新工作或离岗在青创办企业，3 年内返回原单位的保留人事关系，工龄连续计算，与在岗人员同等享受职称评聘、岗位晋升、社会保险等待遇，创业所得归个人所有。根据《人力资源和社会保障部关于支持和鼓励事业单位专业技术人员创新创业的指导意见》（人社部规〔2017〕4 号），青海省人力资源和社会保障部门起草了《关于支持和鼓励事业单位专业技术人员创新创业的实施意见》，制定支持和鼓励事业单位选派专业技术人员到企业挂职或者参与项目合作、支持兼职创新或在职创办企业、支持离岗创业等相关措施。

（二）优化创新创业服务

1. 完善创新创业制度建设

一是按照《国务院办公厅关于加快众创空间发展服务实体经济转型升级的指导意见》（国办发〔2016〕7 号），青海省政府办公厅印发了《关于加快大众创业万众创新支撑平台建设服务实体经济转型升级的实施意见》（青政办〔2017〕2 号）。立足青海实际，重点营造适合全省“四众”发展的良好环境，系统部署以龙头企业、高校和科研院所等为主体的专业化众创空间建设，积极构建创新创业支撑平台和专业化众创空间。二是青海省科技部门制定出台《青海省众创空间认定管理办法（试行）》（青科发高新〔2017〕44号），为“双创”支撑平台建设提供了保障。同时制定出台专利补助、技术交易补助、企业研发费用加计扣除奖励等一系列配套措施，全力打造有利于创新创业的政策环境。三是为贯彻国务院《关于强化实施创新驱动发展战略进一步推进大众创业万众创新深入发展的意见》（国发〔2017〕37号）和《国家技术转移体系建设方案》（国发〔2017〕44号），由青海省科技部门牵头，起草完成了《青海省关于强化实施创新驱动发展战略进一步推进大众创业万众创新深入发展的实施意见》，进一步优化创新创业生态环境，激发创新主体活力，拓展创新创业的覆盖广度，通过加强技术供需对接，提升创新创业的科技内涵，推动科技成果加快转化为经济社会发展的现实动力，增强创新创业的发展实效。

2. 推动创新创业孵化体系建设

围绕实体经济转型升级需求，青海省加强专业化高水平的创新创业综合载体建设，完善创业服务功能，形成了高效便捷、覆盖全领域、服务全链条的创新创业孵化体系。

（1）众创空间。按照青海省政府办公厅《关于发展众创空间推进大众创新创业的实施意见》（青政办〔2015〕144号）在全省建设50家众创空间的目标任务，重点加强众创空间建设指导和认定工作，根据《青海省众创空间认定管理办法（试行）》（青科发高新〔2017〕44号），全省共认定众创空间26家，其中科技部备案11家。截至2017年12月，众创空间总面积超过5.8万平方米，入住创业企业735家，带动近5300人就业，拥有专兼职创业导师超过700人。

（2）星创天地。“星创天地”是发展现代农业的众创空间，是农村“双创”的有效载体，是新型农业创新创业一站式开放性综合服务平台。近年来青海省依托地方农业主导产业、区域特色产业或国家农业科技园区，重点围绕东部特色蔬菜基础建设和种苗繁育、枸杞等浆果产业和绿洲农业发展、都市农业和休闲农业发展、高原生态畜牧业发展和生态环境保护工程实施，加大星创天地建设力度，2017 年申报并获批国家级星创天地 6 家，累计建成国家级星创天地 17 家。

（3）科技企业孵化器。青海省科技企业孵化器起步于 2009 年，经过多年发展已成为促进科技成果产业化、培育和扶植高新技术中小企业的重要载体。孵化器通过为新创办的科技型中小企业提供物理空间和基础设施，提供一系列服务支持，降低创业者的创业风险和创业成本，提高创业成功率，促进科技成果转化，帮助和支持科技型中小企业成长与发展，培养成功的企业和企业家，为推动青海省高新技术产业发展、完善区域创新体系等发挥了重要的作用。2017 年，新认定科技企业孵化器 3 家，全省共建成科技企业孵化器 11 家，其中国家级 5 家。截至 2017 年 12 月底，孵化器总面积近 86 万平方米，在孵企业 1455 家，累计毕业企业 329 家，孵化器从业人员 200 人，拥有超过 1000 人的专兼职创业导师团队，吸纳创新创业人员超 8000 人。

（4）创业示范基地。为规范创业孵化基地运营管理、提高创业层次、发挥创业扶持的辐射作用，2017 年开展了青海省省级创业孵化基地认定和优秀创业孵化基地评定工作，新认定创业孵化基地 9 家、评定优秀孵化基地 9 家，发放奖励资金 682. 5 万元。截至 2017 年底，全省拥有创业孵化基地 39 家，入驻创业企业 1713 户，带动就业 1. 52 万人。

（5）小型微型企业创业创新示范基地。小微企业双创示范基地建设以来，极大地推动了双创工作发展，优化了城市创新创业环境，扶持了一大批小微企业成长。2017 年培育建设 1 个国家级和 3 个省级小微企业双创示范基地，全省共拥有国家级示范基地达到 7 个，省级示范基地 11 个。

（6）“双创”示范基地建设。2017 年，根据国家发改委相关要求，青海省组织西宁市、海东市开展第二批“大众创业、万众创新”示范基地申报工作。青海（国家）高新技术产业开发区被列为国家第二批“大众创业、万众创新”区域示范基地。根据国家要求，制定并发布了《青海高新技术产业开发区大众创业万众创新示范基地建设工作方案（2016 ~ 2019）》，明确了示范基地建设总体思路、空间布局、主要任务、政策举措、重点工程和保障措施，加快推进以“高原特色生物产业、中藏药产业、现代服务业”

为核心的区域示范基地建设。

3. 加大财政资金支持力度

充分发挥各级、各部门财政资金引导作用，不断加大财政资金支持力度，2017 年新增大学生创新创业投资引导资金 5000 万元，累计支持额度达到 1.5 亿元，专项支持青海大学科技园能力建设和青海省内大学生创新创业工作。安排中小企业发展专项资金 5180 万元，用于支持中小企业服务体系建设，通过贷款贴息、房租补贴、业务奖励等方式，对青海省内中小企业、服务机构及融资担保机构进行支持，改善企业融资环境。设立 1 亿元的非公经济发展专项资金，加大对青海省非公经济的支持力度。新增 5000 万元投资，扩大青海省科技创新投资引导基金规模，财政投入引导基金规模扩大到 3.9 亿元，通过阶段参股、无息贷款等方式引导和鼓励社会资本投向省内的新能源、新材料等重点领域的科技成果转化、高新技术产业化项目和创新型科技企业。

4. 完善金融服务体系

青海省注重创新创业与金融发展的深入结合，通过激发银行业金融机构活力，优化金融服务模式和产品创新，发挥资本市场作用，有力拓宽了创新创业融资渠道。一是加大信贷支持力度。青海银监局制定印发了《关于 2017 年小微企业金融服务工作的指导意见》《关于推动青海银行业支持科技企业发展的指导意见》等文件，引导银行业将资金向战略性新兴产业和科技创新创业企业倾斜，大力支持创新发展，持续改善和强化科技型中小微企业金融服务。引导金融机构设立小微专营机构，开展批量化小微信贷模式，推出了“青创中银帮”“科技金融贷”等契合青海省中小微企业发展的信贷产品。截至 2017 年 10 月，青海省小微企业贷款余额 1638.66 亿元，同比增长 40.59%，小微企业贷款增速高于各项贷款增速 14.3 个百分点，占各项贷款余额的 25.99%。二是拓宽直接融资渠道。联合多部门开展重点企业直接融资座谈和上市重点后备企业推进工作，强化企业实地调研和跟踪服务，积极引导省内各重点企业加强运用债券等直接融资工具，拓宽融资渠道，帮助企业解决上市挂牌中遇到的困难。截至 2017 年 11 月，青海省 130 家重点企业累计完成直接融资 563.52 亿元，全省主板、中小板上市企业合计 12 家，新增新三板挂牌企业 3 家（创鑫咨询、香巴林卡、北控绿产），累计挂牌 7 家。三是带动社会资本投入。持续扩大青海省科技创新引导基金规模，建立了为青海省境内从事创业投资企业、创新创业中小企业、开展科技金融业务的银行及金融、保险机构提供投资服务的科技创新型基金平台。截至 2017 年 12 月，基金总规模达到 20.44 亿元，有效带动社会资本投入，先后设立了科技创业孵化基金、成果转化基金等 8 个子产品，累计投资项目 262 个，实现投资 5.26 亿元。

5. 落实税收优惠政策

坚持存量政策落实和新增政策落地两手抓，切实减轻企业负担，紧紧围绕简并增值税税率、小型微利企业所得税优惠扩大范围、新一轮促进重点群体创业就业、企业研发费用加计扣除等政策落实关键环节，全方位帮助企业减负增效，确保减税政策全面落实，最大程度释放政策红利。2017 年 1 ~ 11 月，落实简并增值税税率、小型微利企业所得税优惠扩范等税收政策，兑现税收优惠 0.79 亿元，惠及企业 2.3 万余户；落实西部大开发、高新技术企业、研发费用加计扣除、固定资产加速折旧等税收优惠政策预减税 4.47 亿元，有效减轻了创新创业企业负担。

（三）营造创新创业文化氛围

1. 举办各类创新创业大赛

2017 年，举办了第三届“交行杯”青海省大学生创新创业大赛、“盐商杯”第四届“创青春”中国青年创新创业大赛、青海省第三届“互联网 +”大学生创新创业大赛、“创客中国”创新创业大赛、中国创新创业赛“青海赛区”、“中国银行杯”青海省第三届创业大赛初赛等各类项目竞赛，引进各金融机构、风险投资机构和孵化机构与大赛优胜项目进行对接，为创业者保驾护航，促进创新创业项目及企业发展壮大。2015 ~ 2016 年，以“交行杯”青海省大学生创新创业大赛为平台，优选创新性强、市场前景广、实施途径好的项目，通过阶段参股、无息贷款等方式持续支持创新创业企业

83家，累计支持金额6187万元。2017年，通过大赛展示、实地走访、财务审计、征信调查等程序，有26家创新创业企业将通过阶段参股、无息贷款等方式获得支持资金4413万元。

2. 组织开展“双创”活动周

按照国家发改委《关于做好2017年全国大众创业万众创新活动周筹备工作的通知》（发改高技〔2017〕1275号）要求，2017年9月，青海省与全国同步举行了2017年全国大众创业万众创新活动周青海省分会场系列活动。活动周期间，青海省各市州共举办各类活动51场，同比增长13%，直接参与人数累计13000余人次，营造了浓厚的“双创”宣传舆论氛围，提高了民众对创新创业的关注度和参与度，推动青海省“双创”工作向纵深发展。

（四）积极构建人才治理体系

青海省人才工作坚持从“供给侧”发力，牢牢把握工作目标、始终确保创新“力度”，牢牢把握工作规律、始终确保创新“精度”，牢牢把握工作实际、始终确保创新“效度”，大力推动人才发展体制机制改革，强力组织实施重大人才工程，改善人才发展总体环境，持续推进全省人才工作创新发展，引得凤凰展翅来。

1. 强化人才制度保障

整合集成优势资源，强化人才制度供给，构建“1+2+3+x”升级版青海人才政策框架体系，即以《青海省深化人才发展体制机制改革的实施意见》统领人才制度建设，以《青海省“高端创新人才千人计划”实施方案》和《青海省中端和初级人才培养实施方案》承载人才队伍建设，以《青海省柔性引才引智实施办法》、《青海省人才工作目标责任制考核办法（试行）》和《青海省人才工作“伯乐奖”评选奖励办法》保障人才发展环境。

2. 强力实施青海省“高端人才千人计划”

为适应青海省经济社会发展需求，推动产业转型升级和创新发展，打造高端创新人才聚集地，青海省实施了规模最大、涵盖范围最广、支持力度最大的“高端创新人才千人计划”。围绕科技创新、产业发展、社会民生等重点领域，精准引进急需高端人才，深度培养本土优秀人才。引进人才项目的杰出、领军和拔尖入选者可分别获得150万元、100万元和40万元经费支持；培养项目的杰出、领军和拔尖入选者可分别获得100万元、60万元和20万元经费支持。引进团队可获得20万元经费支持，培养团队可获得10万元经费支持。引进人才和团队同时享受薪酬、落户、住房、社会保险、医疗保障、子女教育、配偶安置、职称评审、人员编制、奖励激励等方面的特殊支持政策。

3. 实施青海省“终端和初级人才培养计划”

在做好“高端创新人才千人计划”实施工作的同时，拟依托青海省“终端和初级人才培养计划”，进一步拓展人才工作内涵。旨在通过研修访学、项目支持、定向深造、实践锻炼、合作交流、继续教育等多种方式，每年培养2000名左右的终端和初级人才，到2020年计划培养10000名左右终端和初级人才。

二 青海创新创业面临的挑战及2018年展望

（一）面临的挑战

由于青海省地处西部欠发达地区，技术和人才短缺，创新水平和创业层次普遍较低，创新创业服务能力弱，知识产权、科技成果流通转化速度较慢，创新创业的总量比较小，创新创业成果和效率不足。一是鼓励和支持创新创业的政策措施相对分散，缺乏系统性，没有形成合力。二是政策难以落地，尤其是推动高校、科研院所和机关事业单位在职创业或离岗创业，由于缺乏系统的执行措施，所在单位对支持创新创业有顾虑，制约条件较多，政策未能得到完全落实。三是创新人才不足，创新创业基础较薄弱。以大学毕业生为主的创新创业群体，缺乏创业经验，抵御市场风险能力弱，创业项目很难被投资机构看中，创业融资困难较大。四是创新创业公共服务水平有限，专业化服务平台较少。专业的服务人才和团队不足致使青海省创新创业公共服务平台和服务机构相对缺乏，为创新创业活动提供法律、知识产权、金融、咨询、检验检测和技术转移等一站式服务的水平和能力尚待进一步提高。

（二）2018年展望

2018 年，青海省要将创新创业作为推进供给侧结构性改革、实施创新驱动发展战略的重要抓手，推动创新创业制度更完善、理念更深入、资源更丰富、生态更优化、主体更多元、成就更显著，将创新创业工作全面有效推向纵深。

1. 优化创新创业制度供给

进一步推动创新创业深入发展的实施意见，针对创新创业发展中出现的新困难和新问题，疏通阻碍创新创业的难点和堵点，促进创新创业健康快速发展。进一步完善公平竞争市场环境，优化制度设计，探索制定和实施创新创业制度，优化营商环境，深化商事制度改革，建立技术转移体系，加速科技成果转移转化。

2. 加强创新创业平台建设

加强创新能力建设，围绕优势产业开展创新中心建设，集聚创新人才、技术、知识、投资等创新创业要素，建设全省统一的科技资源开放共享网络管理服务平台，整合符合条件的大型科研设施与仪器及科技文献、科技数据、生物（种质）资源等科技基础条件资源并纳入平台，面向社会开展科技创新服务。支持大中型企业开放供应链资源和市场渠道，搭建全员创新创业平台，推动开展内部创新创业，带动产业链上下游发展，促进大中小微企业融通发展。

3. 激发金融支撑活力

深化银政企合作机制，充分调动银行业金融机构围绕细分领域服务创新创业、开发“双创”金融产品的积极性和主动性，提高融资便捷性，降低创业企业融资成本。规范用活各类创业投资引导基金，为创新创业注入金融活血。

4. 培育多层次创新创业人才

加快推进高校创新创业教育改革，继续增加大学生创新创业投资引导资金投入，持续开展大学生创新创业大赛；支持农民工返乡创业，培育农村农业领域创新创业带头人，树立农村创新创业典型；推动机关事业单位科技人员离岗创业政策落地，释放高校、科研院所和机关事业单位科技人员创新创业活力；引进创新创业培训机构，培育本地创新创业人才，深入开展“高端创新人才千人计划”等人才工程，树立创新创业人才典型。

G.12

青海科研机构创新绩效评价报告*

摘　要： 科研机构具有明确的研究方向、科研任务和研究目标，是区域科学研究、成果产出、人才聚集与培养的重要阵地，是科技创新体系的重要组成部分。开展科研机构创新绩效评价将为科学客观评价青海科研机构创新活动中的科技产出和经济效益、促进全省科研机构快速发展、提高青海省科技创新能力提供依据。

关键词： 科研机构　创新绩效　评价指标体系　青海省

为推进青海省科研机构科学发展，提高科技创新能力，依据《青海省科研机构创新绩效评价办法》和《青海科研机构创新绩效评价指标体系》，青海省科技部门组织开展了2017年全省科研机构创新绩效评价。

一　评价方法及评价结果

科研机构自评价工作从2017年12月底开始，共有38家科研机构对2017年1月1日至2017年12月31日的评估数据进行梳理，自查自评，完成自评报告。根据科研机构创新绩效评价指标，对各单位提交的自评估材料进行审核，根据评价指标界定范围和评价标准，进行汇总整理。按照开发类和基础类不同的评价体系，对科研机构创新绩效进行评价排名。根据科研机

---

* 课题组成员：苏海红、瞿文蓉、赵长建、赵艳平、吴浩、李雪琳。

构近年来创新绩效产出，进行对比分析，提出科研机构发展建议。

2017 年参加青海省科研机构创新绩效评价的 38 家单位中，有 17 家开发类科研机构，21 家基础类科研机构。

表 1　2017 年青海省科研机构创新绩效评价排名

开发类		基础类	
排名	单位名称	排名	单位名称
1	青海省水利水电科技发展有限公司	1	中科院西北高原生物研究所
2	青海省科学技术信息研究所	2	青海省农林科学院
3	青海省化工设计研究院有限公司		青海省畜牧兽医科学院
4	青海省建筑建材科学研究院	4	青海省地质调查院
5	青海省气象灾害防御技术中心	5	中科院青海盐湖研究所
6	青海新能源(集团)有限公司		青海省测试计算中心
7	青海省生产力促进中心	7	青海省交通科学研究院
8	青海省轻工业研究所有限责任公司	8	青海出入境检验检疫局检验检疫综合技术中心
9	海北州农业科学研究所	9	青海省体育科学研究所
10	青海省环境科学研究设计院	10	青海省气象科学研究所
11	西宁市蔬菜研究所	11	青海省地质矿产测试应用中心
12	青海省核工业地质局检测试验中心	12	西宁市林业科学研究所
13	青海省公路科研勘测设计院	13	青海省规划设计研究院
14	青海省高原科技发展有限公司	14	青海省藏医药研究院
15	西宁市生产力促进中心	15	青海省地方病预防控制中心
16	青海省农业资源区划研究所	16	青海省文物考古研究院
17	青海省机械科学研究所	17	海南州农林科学研究所
		18	黄南州畜牧兽医科学研究所
		19	青海省心脑血管病专科医院(青海省高原医学科学研究院)
		20	海西州农业科学研究所
		21	青海省标准化研究所

二　2017年度青海省科研机构创新绩效评价主要指标分析

（一）科研人员情况

2017 年度参加创新绩效评价的科研机构科技人员总数达 3951 人，其中大学以上学历 2739 人，初级以上职称 3096 人。

1. 从学历构成来看

2017 年青海省科研机构科研活动人员主要以大学本科及以上学历组成。博士、硕士、大学学历共 2739 人，其中博士 206 人，占 7. 5%；硕士 455 人，占 16. 6%；大学生 2078 人，占 75. 9%。

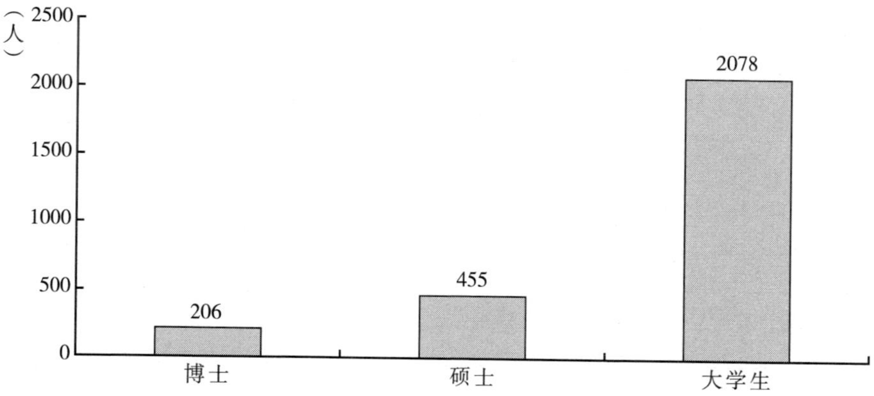

图 1　2017 年科研机构科技活动人员学历构成

2. 从技术职称来看

2017 年科研机构具有职称的人数为 3096 人，其中高级职称 891 人，占 28. 8%；中级职称 1030 人，占 33. 3%；初级职称 1175 人，占 37. 9%。

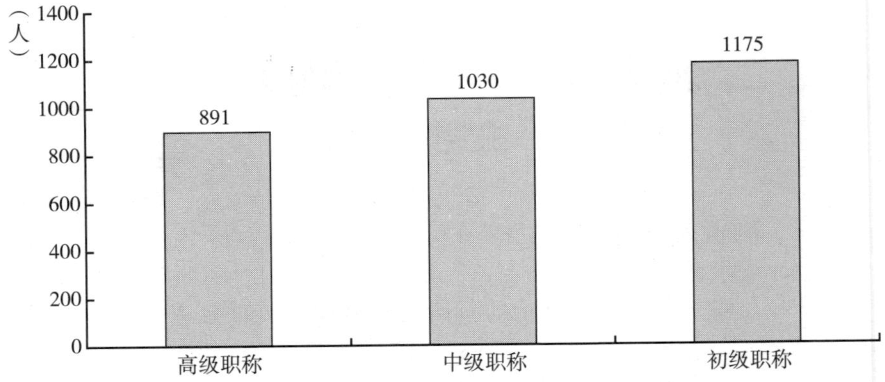

图 2　2017 年青海省科研机构科研人员职称分布

（二）科研项目

共争取科研项目 274 项，获资助经费 2. 90 亿元。其中国家项目 43 项，省部级项目 131 项，其他项目 100 项。

表 2　2017 年青海省科研机构获资助科研项目

科研项目	项目数(项)		资助经费(万元)
	主持	参与	
国家项目	27	16	28964. 5
省部级项目	115	16	
其他项目	97	3	
合计	239	35	

国家科研项目分布在 9 个单位，前 5 位分别是中科院西北高原生物研究所、青海省农林科学院、中科院青海盐湖研究所、青海省畜牧兽医科学院、青海省气象科学研究所。省部级项目主要分布在中科院西北高原生物研究所、青海省农林科学院、青海省畜牧兽医科学院、中科院青海盐湖研究所。

其他项目主要分布在青海省环境科学研究设计院、中科院西北高原生物研究所、青海省地质调查院、中科院青海盐湖研究所、青海省农林科学院、青海省气象灾害防御技术中心、西宁市林业科学研究所。

科研项目数列前5位的单位：中科院西北高原生物研究所、青海省农林科学院、中科院青海盐湖研究所、青海省畜牧兽医科学院、青海省环境科学研究设计院。

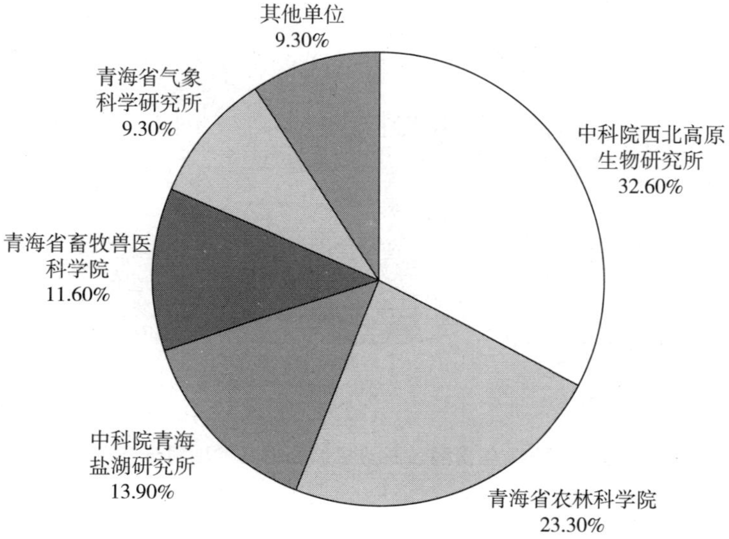

图3　2017年青海省科研机构获资助国家项目分布

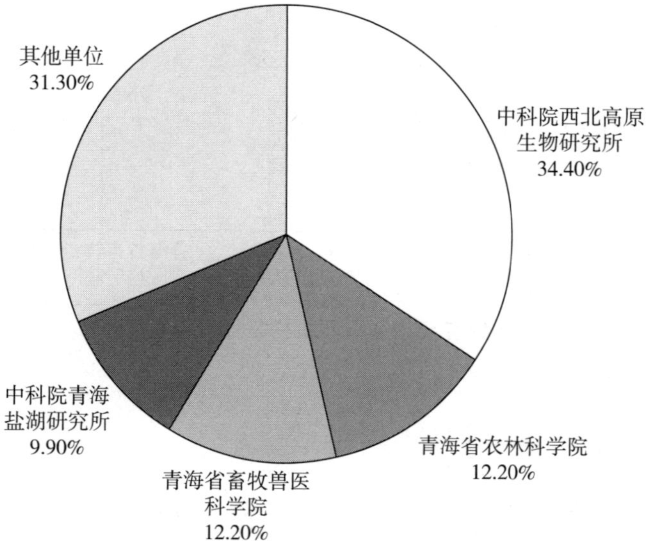

图4　2017年青海省科研机构获资助省部级项目分布

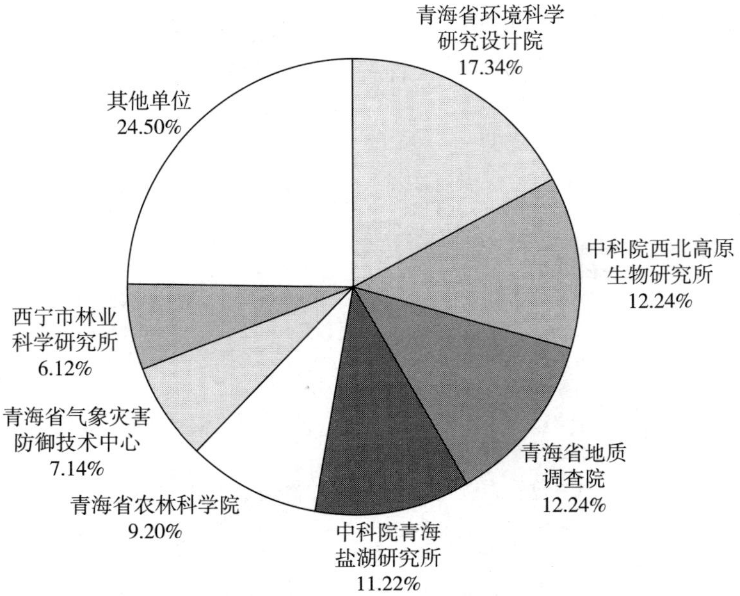

图 5　2017 年青海省科研机构获得其他项目分布

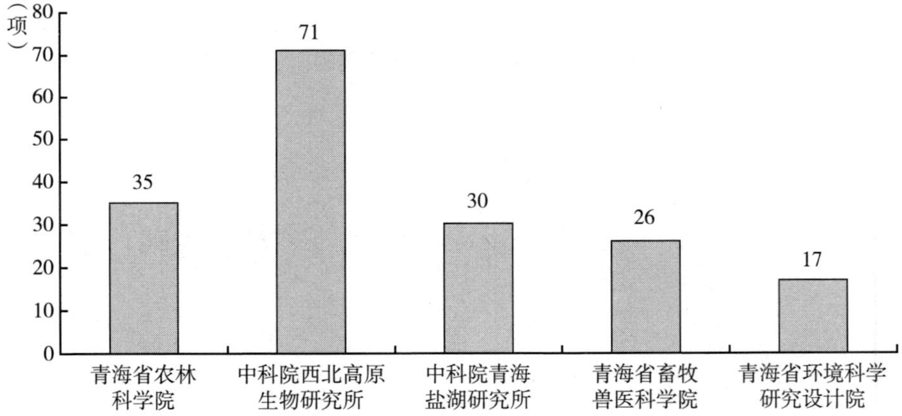

图 6　2017 年青海省科研机构获得科研项目分布

（三）科研产出

科研产出包括申请或授权专利、软件著作权和审定品种，国家、地方和行业标准，科技论文，出版专著，科技成果及奖励等指标。

表 3　科研机构科研产出明细

科研产出		数量(件、项、篇、部)
专利与标准	授权专利、软件著作权和审定品种	128
	申请专利	201
	国家标准	1
	地方标准	32
	行业标准	1
科技论文	SCI、EI	250
	核心期刊论文	224
	其他发表论文	165
出版专著		13
科技成果	国际领先	4
	国际先进、国内领先	56
	国内先进、成果登记	58
科技奖励	国家级奖励	0
	省部级奖励	9
	相关行业部门奖励	13

1. 知识产权

科研机构授权专利、软件著作权和审定品种 128 项，申请专利 201 项。主要分布在中科院西北高原生物研究所、中科院青海盐湖研究所和青海省畜牧兽医科学院，占到总授权项的 69.5%，申请专利占到总申请量的 84.1%。

2. 技术标准

2017 年科研机构取得技术标准 34 件，其中国家标准 1 项，地方标准 32 项，行业标准 1 项。分布在 8 家科研机构中，其中青海省农林科学院拥有技术标准共计 16 项，占总标准数的 47%。

3. 科技论文及专著

2017 年科研机构共发表科技论文 639 篇，主要分布在中科院西北高原生物研究所、中科院青海盐湖研究所、青海省农林科学院、青海省交通科学研究院、青海省地质调查院、青海省规划设计研究院、青海省畜牧兽医科学

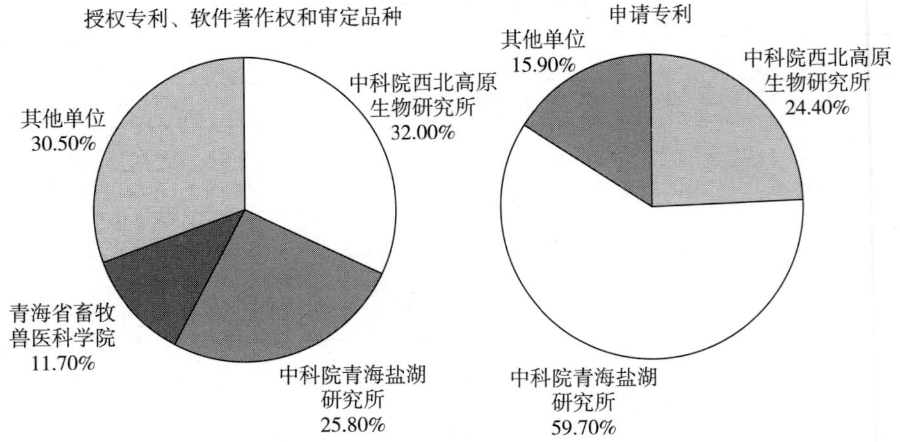

图7　2017 年青海省科研机构取得知识产权分布

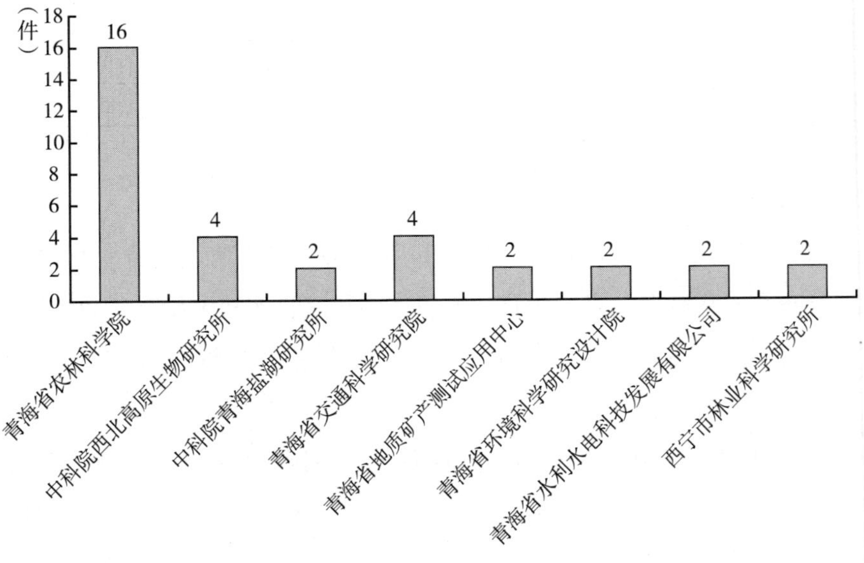

图8　2017 年青海省科研机构制定技术标准分布

院，占到全部科研机构发表论文总数的 79%。科研机构共出版专著 13 部，分布在 4 家科研机构中。

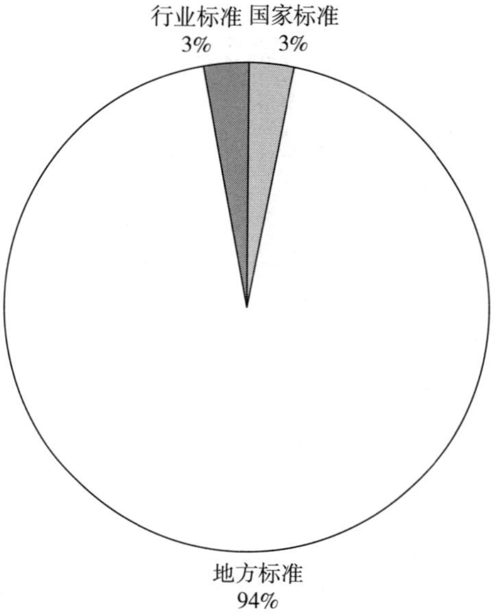

图 9　2017 年青海省科研机构制定国家、地方、行业标准占比

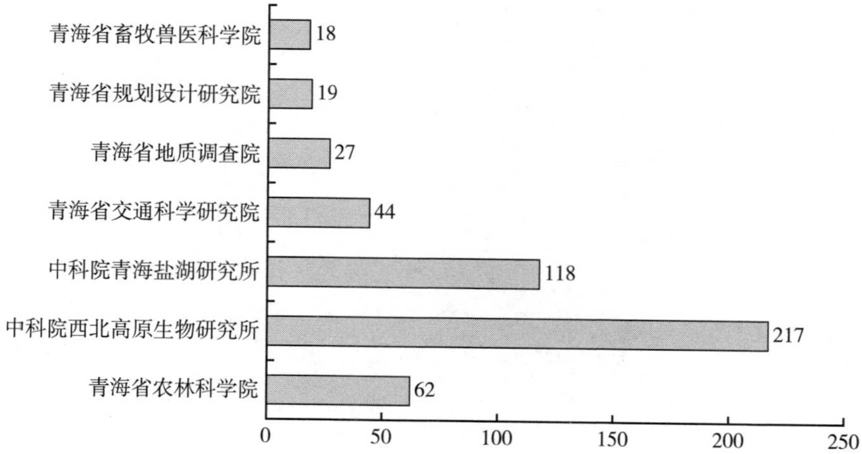

图 10　2017 年青海省科研机构发表科技论文分布

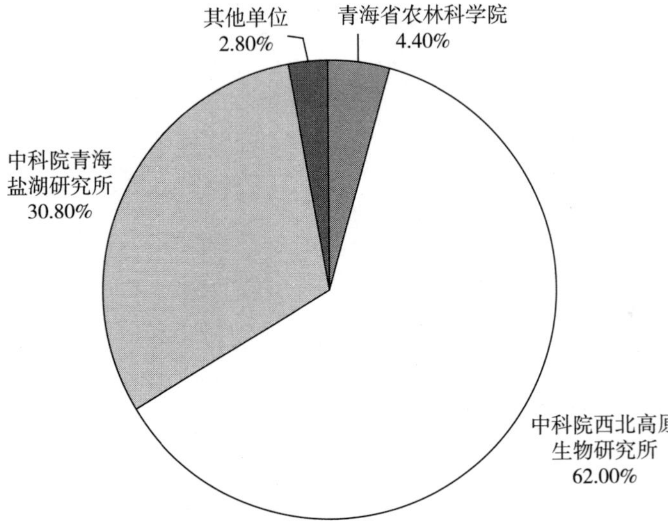

图 11　2017 年青海省科研机构发表 SCI、EI 论文分布

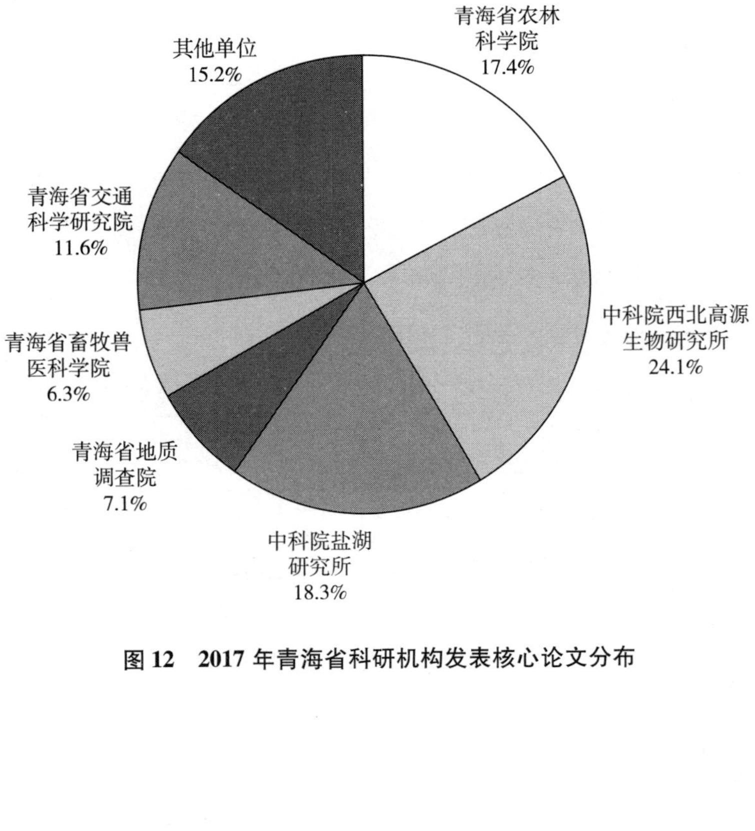

图 12　2017 年青海省科研机构发表核心论文分布

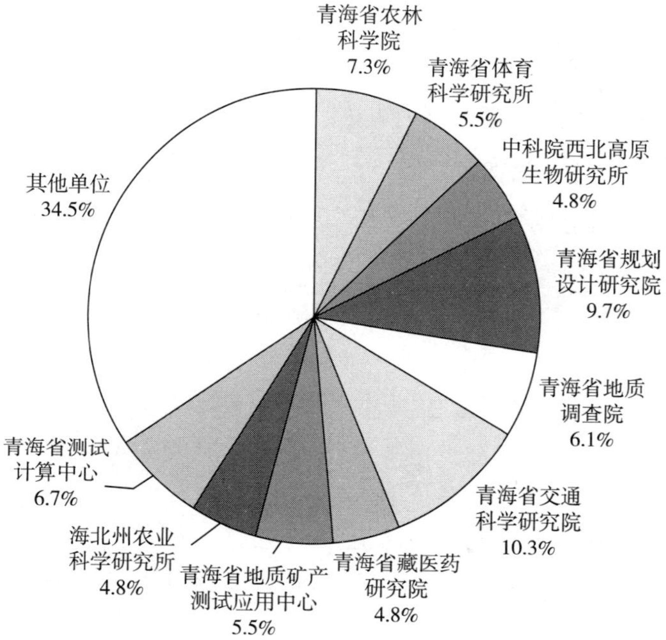

图 13　2017 年青海省科研机构发表一般论文分布

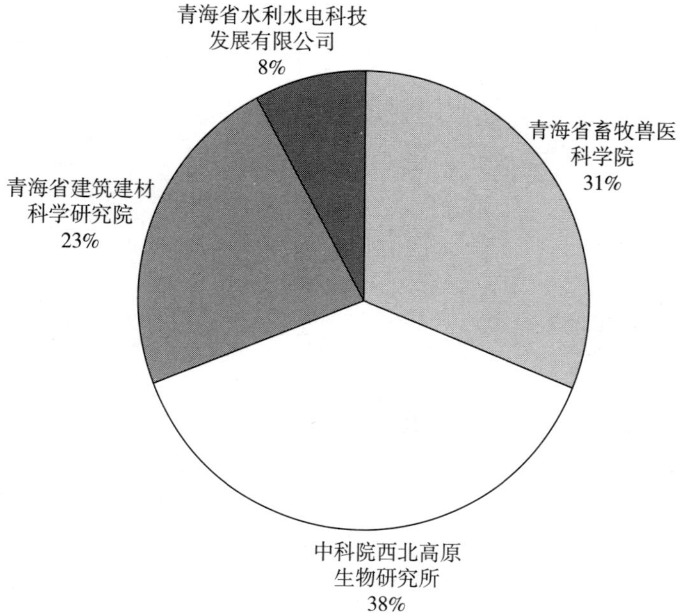

图 14　2017 年青海省科研机构出版专著分布

4. 科技成果

2017 年青海省科研机构共形成科技成果 118 项，其中国际领先 4 项，国际先进、国内领先 56 项，国内先进、成果登记 58 项。中科院西北高原生物研究所取得科技成果数排名第一，共 35 项，占科技成果总数的 29.7%，其次是青海省农林科学院，科技成果 25 项，占科技成果总数的 21%。

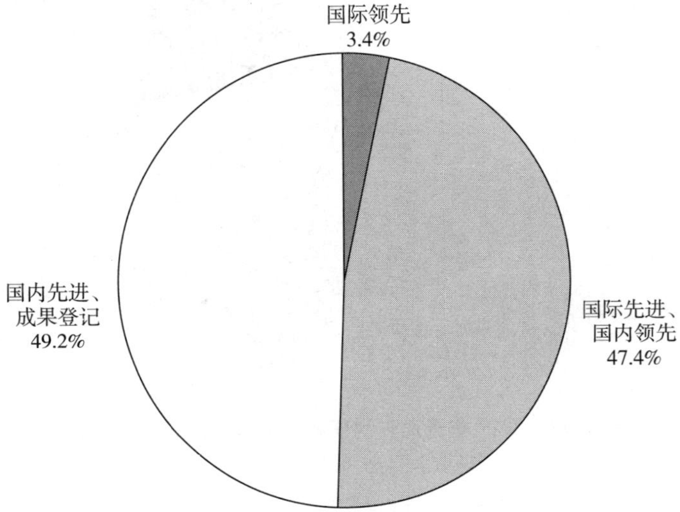

图 15　2017 年青海省科研机构科技成果分类占比

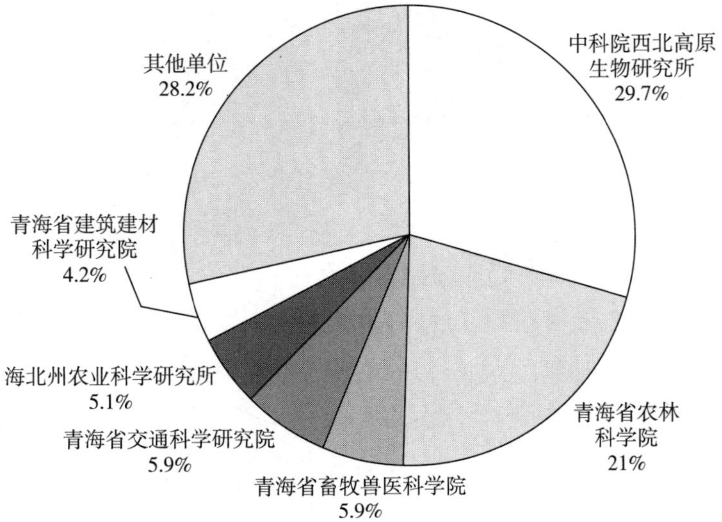

图 16　2017 年青海省科研机构科技成果分布

5. 科技奖励

2017 年青海省科研机构共获得国家科技奖励、省级科技奖励及相关行业部门科技奖 22 项。其中，省级科技进步奖 9 项，相关行业部门科技奖 13 项。

（四）经济和社会效益

2017 年，青海省科研机构总收入共计 16. 89 亿元，其中技术性收入 3. 47 亿元。总收入列前 5 名的科研机构是青海省心脑血管专科医院、中科院西北高原生物研究所、中科院盐湖研究所、青海省地质调查院、青海省农林科学院，5 家科研机构的收入占全部总收入的 60% 以上。

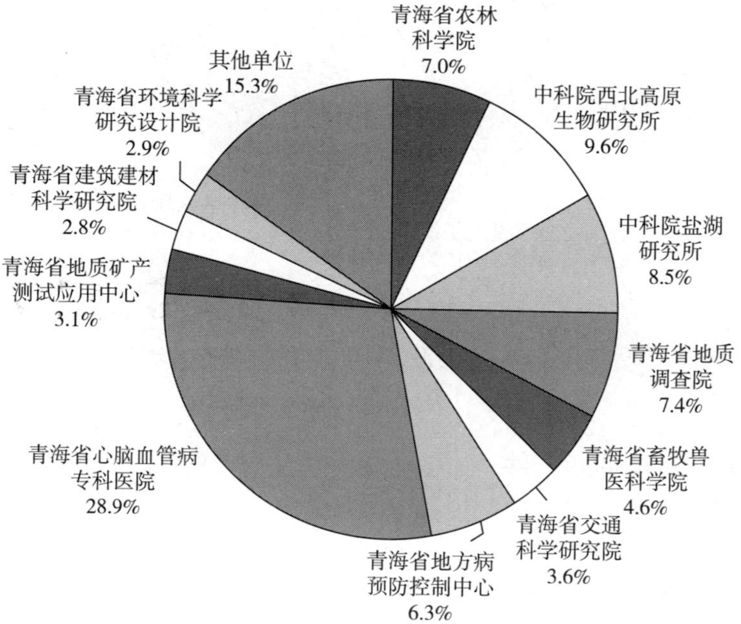

图 17　2017 年青海省科研机构总收入分布

技术性收入主要分布在青海省建筑建材科学研究院、青海省畜牧兽医科学院、青海省化工设计研究院有限公司、青海省水利水电科技发展有限公司、青海省交通科学研究院、青海省地质矿产测试应用中心、青海省环境科学研究设计院、青海省规划设计研究院，占全部技术性收入的82%。技术成果转化数共计4件，其中中科院西北高原生物研究所2件，青海省气象灾害防御技术中心2件。

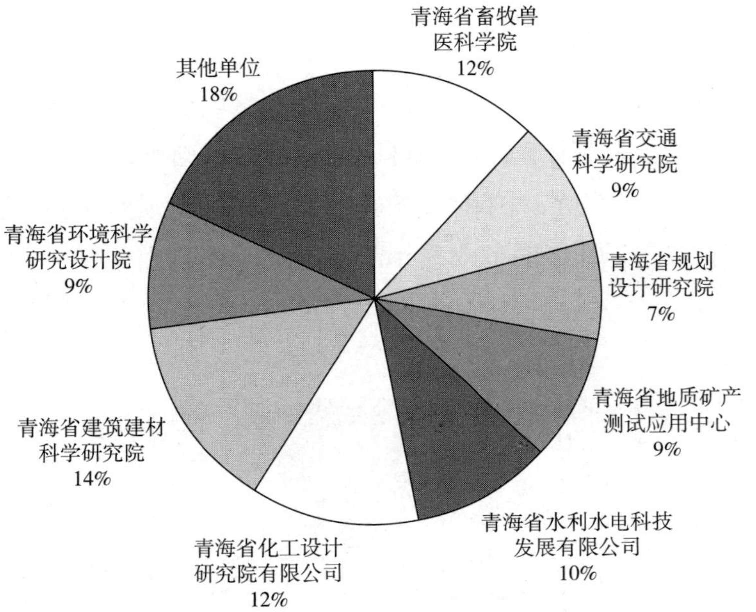

图18　2017年青海省科研机构技术性收入分布

（五）科技创新条件

1. 科研平台

2017年科研机构有科研平台40个，其中国家级科研平台2个，省部级科研平台38个。青海省农林科学院拥有科研平台数量位列第1，有12个，其次是中科院西北高原生物研究所，有9个。

大型仪器开放共享：科研机构大型仪器入网共享113台，分布在5家单位。

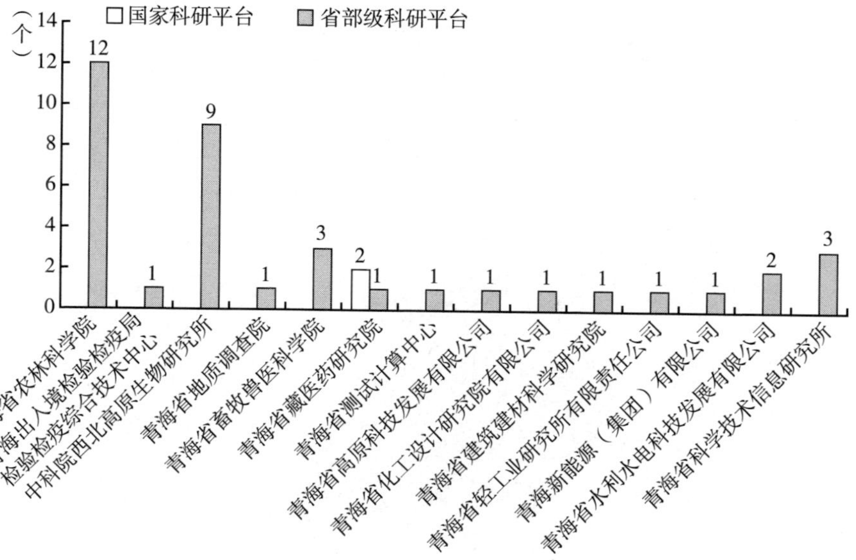

图 19　2017 年青海省科研机构科研平台分布

表 4　2017 年青海省科研机构大型仪器开放共享分布明细

单位	大型仪器入网共享(台/套)
青海省农林科学院	20
中科院西北高原生物研究所	28
青海省地质调查院	23
青海省畜牧兽医科学院	22
青海省建筑建材科学研究院	20
合计	113

2. R&D 经费占总收入的比例

2017 年青海省科研机构 R&D 经费总计 4.52 亿元，分布如图 20。科研机构 R&D 经费占总收入的比例超过 70% 的科研单位有 5 家，分别是青海省核工业地质局检测试验中心、青海省文物考古研究院、中科院西北高原生物研究所、青海省科学技术信息研究所、中科院青海盐湖研究所。

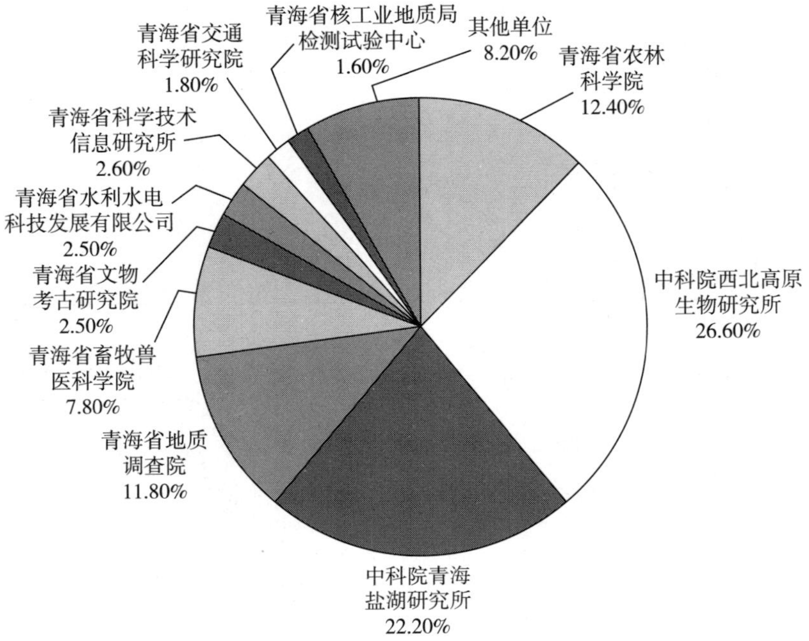

图 20　2017 年青海省科研机构 R&D 经费分布

表 5　2017 年青海省科研机构 R&D 经费占总收入的比例分布

单位	占比(%)
青海省核工业地质局检测试验中心	99.6
青海省文物考古研究院	79.8
中科院西北高原生物研究所	74.0
青海省科学技术信息研究所	71.0
中科院青海盐湖研究所	70.0
青海省农林科学院	46.8
青海省畜牧兽医科学院	45.7
青海省地质调查院	42.7
青海省藏医药研究院	40.0

3. 高层次人才及创新团队

2017 年青海省科研机构新增 34 名高层次人才，其中国家级人才 3 人，分别为董全民（国家千百万人才工程）、樊蓉芸（国家千百万人才工程）、周国英（国家万人计划）；省级人才（高端创新人才千人计划、学科带头人）31人，分布在10个单位，其中中科院西北高原生物研究所入选10人，青海省畜牧兽医科学院入选6人，青海省农林科学院和中科院青海盐湖研究所各入选4人。2017年，新增高级以上职称、博士学位以上学历人才共33名；新增省级创新团队1个。

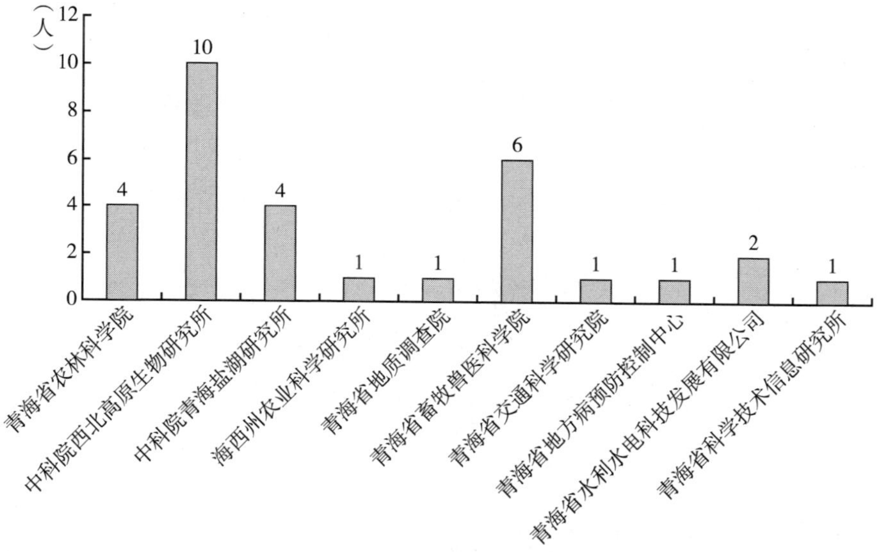

图21　2017年青海省科研机构省级人才分布

（六）科技创新环境

近年来，科研机构提升创新意识，注重科技创新和管理创新，制定激励科技成果产出和转移转化等管理制度，鼓励人才引进培养，积极开展科普宣传活动，在优化科技创新环境方面成效显著。2017年，青海省科研机构制定相关规章、制度等共计97个，开展科普活动82次。

三　基本科研业务费使用情况

2017年，根据《青海省科研机构基本科研业务费管理办法（试行）》，结合年度科研机构创新绩效评价结果，青海对创新绩效评价优秀的24家科研机构（根据管理办法的相关规定，中科院所属院所不参与基本科研业务费分配）首次给予基本科研业务费支持，基本科研业务费总额为1000万元，主要用于科研机构自主开展基础性科研工作、创新人才队伍建设、科技合作与交流、科技成果转化等。24家科研机构按要求结合实际，制定了本单位基本科研业务费管理细则，总体上均能按照青海省及本单位基本科研业务费管理规定开展相关科研工作，设立专户，专款专用。

2017年度总支出647.124万元，占基本科研业务费总额的64.7%。主要用于设置自主选题项目、科研仪器设备购置、人才培养、交流合作等。其中支持40岁以下青年科研人员经费387.1万元，占总支出的59.8%。

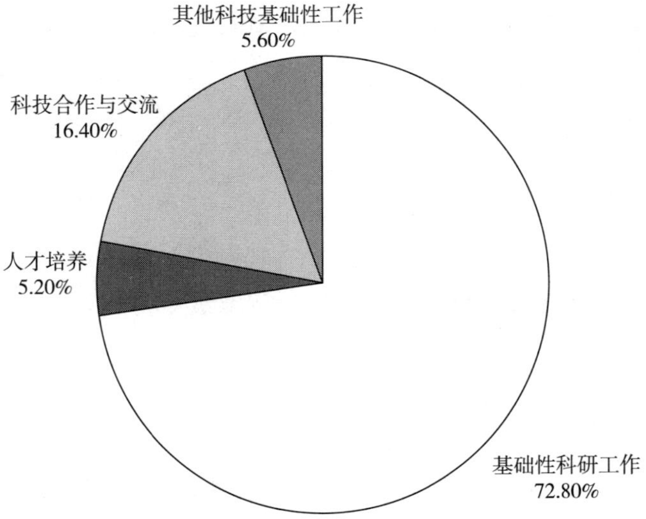

图22　2017年青海省科研机构基本科研业务费使用情况

（一）基础性科研工作

2017年基本科研业务费中基础性科研工作主要包括开展自主选题项目，购买科研设备、仪器，开展横向课题等，共支出经费470.83万元，占总支出经费的72.8%。

表6　2017年青海省科研机构基础性科研工作开展情况

项目	基础性科研工作			
	自主选题项目数(项)	科研设备、仪器(台、套)	横向课题(个)	总经费(万元)
合计	73	22	10	470.83

（二）人才培养专项

2017年14家科研机构通过基本科研业务费设立人才培养专项，培养人才86人，支出专项经费33.76万元，占基本科研业务费总支出的5.2%。

表7　2017年青海省基本科研业务费开展人才培养情况

项目	人才培养	
	人数(人)	经费(万元)
合计	86	33.76

（三）科技合作与交流

2017年基本科研业务费用于开展科技合作与交流，包括国际交流合作、国内交流合作和其他交流合作，共支出经费106.464万元，占基本科研业务费总支出的16.4%。其中，国际交流合作4次，国内交流合作共64次，位列前三的科研机构分别为海北州农业科学研究所23次，青海省水利水电科技发展有限公司7次，青海省地质调查院和青海省建筑建材科学研究院有限公司等均为5次。

表8　2017年依托青海省基本科研业务费开展科技合作与交流情况

项目	科技合作与交流						
	国际交流合作(次数)	经费(万元)	国内交流合作(次数)	经费(万元)	其他	经费(万元)	总经费(万元)
合计	4	13.53	64	78.234	10	14.7	106.464

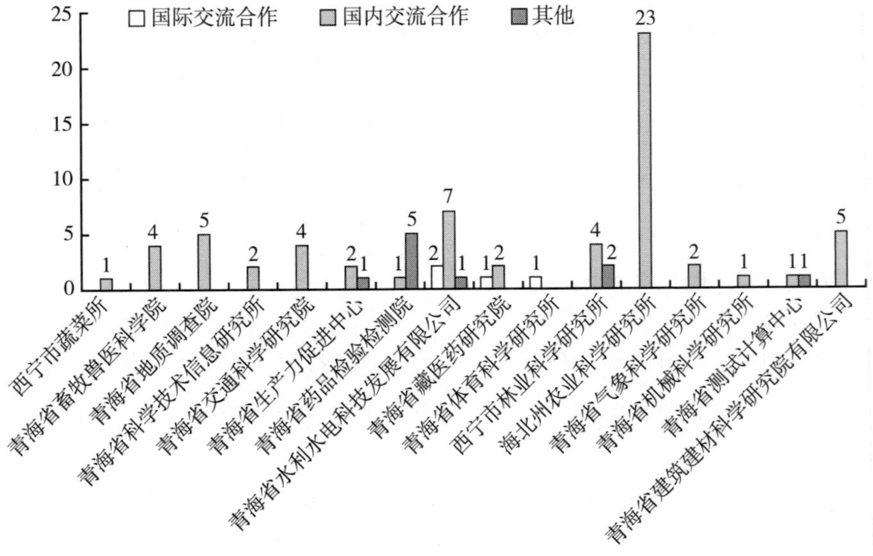

图 23　2017 年依托基本科研业务费开展科技合作与交流情况

（四）其他科技基础性工作

2017 年基本科研业务费用于引进、培养创新创业团队，创新平台、基地建设，项目调研、咨询、前端研发推广应用，科研人员培训等，共支出经费 36. 07 万元，占总支出的 5. 6%。

四　近几年科研机构创新绩效评价主要指标数据对比分析

自 2013 年起，青海省科技部门开展科研机构创新绩效评价工作，2013 年、2014 年、2015 年参与评价的科研机构均为 29 家。2016 年、2017 年参与评价科研机构均为 38 家单位。

（一）科研项目

2017 年，青海省科研机构争取科研项目 274 项，同比减少 20. 8%。科研资助经费 2. 90 亿元，比上一年减少了 6. 8%。

表 9　2014～2017 年青海省科研机构科研项目及经费比较

科研项目	2017 年		2016 年		2015 年		2014 年	
	项目数（项）	资助经费（万元）	项目数（项）	资助经费（万元）	项目数（项）	资助经费（万元）	项目数（项）	资助经费（万元）
合计	274	28964.5	346	31078.35	279	41801.04	201	21280.9

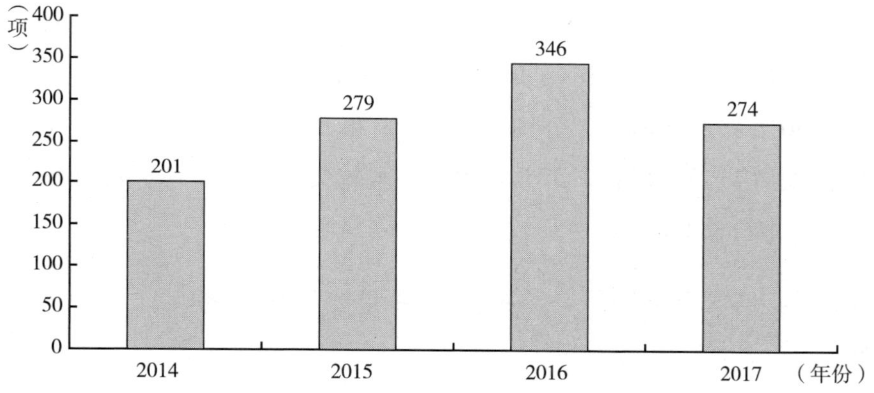

图 24　2014～2017 年青海省科研机构科研项目情况

2017 年，在承担科研项目数及争取科研项目经费上，各科研院所差距较大，特别是基础类科研院所，差距尤为明显。基础类科研院所中，承担科研项目数位列前三的是中科院西北高原生物研究所、青海省农林科学院、中科院青海盐湖研究所，这三家单位承担的科研项目占基础类科研机构承担科研项目总数的 65%；争取科研项目经费位列前三的是中科院西北高原生物研究所、青海省农林科学院、青海省畜牧兽医科学院，这三家单位争取的科研项目经费占基础类科研机构争取科研项目总经费的 79.9%。开发类科研院所中，承担科研项目数位列前三的是青海省环境科学研究设计院、青海省气象灾害防御技术中心、青海省科学技术信息研究所，这三家单位承担的科研项目占开发类科研机构承担科研项目总数的 44.6%；争取科研项目经费位列前三的是青海省环境科学研究设计院、青海省科学技术信息研究所、青海省水利水电科技发展有限公司，这三家单位争取科研项目经费占开发类科研机构争取科研项目总经费的53.3%。

（二）科研产出

2017年，科研机构获得知识产权、科技成果、科技奖励比上年有所增加，获得技术标准、发表科技论文和著作比上年有所减少。2017年共获得知识产权（授权或申请）329件，比2016年增加26件，增长了8.6%。获得技术标准34件，比2016减少27件，降低44.3%。2017年科技论文和著作数比2016年有所减少，分别降低6.7%和50%。2017年科技成果数比2016年增加43项，增长了57%。2017年科技奖励数为22项，比2016年增加3项，增长了15.8%。

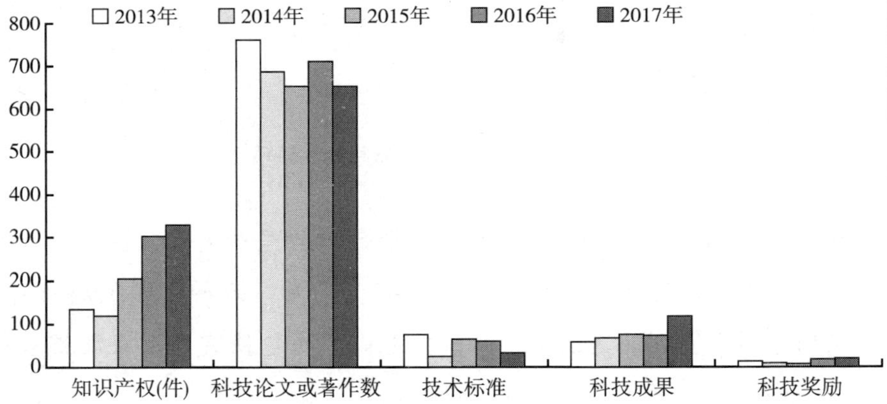

图25　2013年～2017年青海省科研机构科研产出对比

注：2013年数据为2011～2013年汇总数据。

（三）经济和社会效益

自2013年以来，科研机构经济效益呈现逐年增长的趋势，2017年科研机构全年总收入16.89亿元，较2016年增长36.2%，增幅明显。2017年技术性收入3.47亿元，较2016年增长3%。

表 10　青海省科研机构经济效益对比一览

经济效益	2013 年(亿元)	2014 年(亿元)	2015 年(亿元)	2016 年(亿元)	2017 年(亿元)
技术性收入	0. 99	3. 06	1. 27	3. 37	3. 47
总收入	6. 16	8. 12	8. 48	12. 40	16. 89

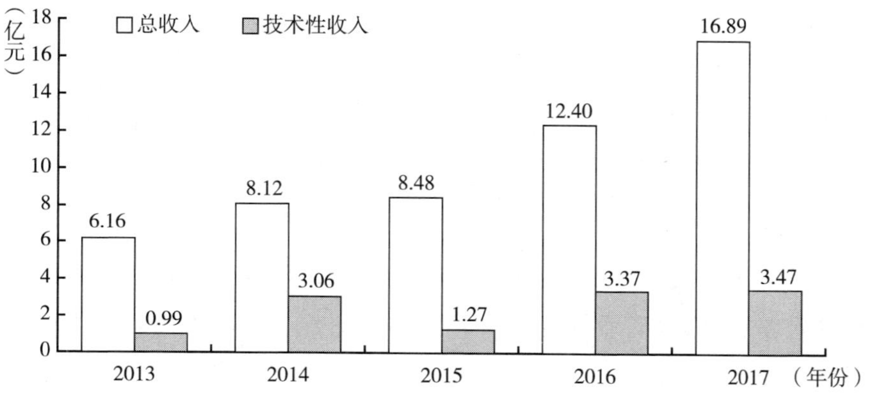

图 26　2013 ~ 2017 年青海省科研机构经济效益对比

近两年，科研机构提升了知识产权保护意识，积极开展专利质押融资工作。2017 年技术成果转化数 4 件，其中，中科院西北高原生物研究所 2 件，青海省气象灾害防御技术中心 2 件，而在技术成果转化收益方面还有待加强。

（四）科技创新条件

近年来，青海省科研机构在重点实验室建设、工程技术研究中心、科研基础条件平台等科研平台建设方面提升显著。2013 年，科研机构拥有科研平台 25 个（其中省级科研平台 17 个）；2014 年新增省级科研平台 2 个；2015 年新增科研平台 6 个，其中国家级科研平台 1 个，省部级科研平台 5 个（其中省级科研平台 4 个）；2016 年新增科研平台 6 个，其中国家级科研平台 1 个，省级科研平台 5 个；2017 年新增省级科研平台 1 个，截至 2017 年底，科研机构共拥有各类科研平台 40 个。

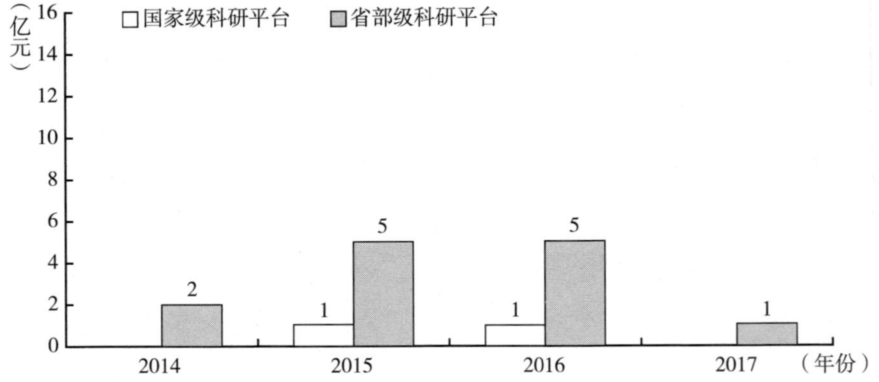

图 27　2014～2017 年青海省科研机构新增科研平台

为了落实《青海省关于国家重大科研基础设施和大型科研仪器向社会开放的实施意见》（青政〔2015〕45 号）文件精神，扎实做好重大科研基础设施和大型科研仪器开放工作，青海省制定《青海省大型科学仪器设备共享服务管理办法》，逐步完善科学仪器共享服务补贴管理机制。2016 年科研机构新增入网共享大型仪器 47 台，2017 年科研机构拥有入网共享大型仪器 113 台。

科研机构人才队伍的建设稳步提升。2014 年科研机构新增 4 名高层次人才，2015 年新增 8 名高层次人才，2016 年新增 47 名高层次人才，2017 年新增 34 名高层次人才，其中国家级人才 3 人。2017 年，科研机构新增高级以上职称、博士学位以上学历人才 33 名，新增省级创新团队 1 个。2017 年参与创新绩效评价的科研机构科技人员总数达 3951 人，比上年增长 25.1%。

（五）科技创新环境

近几年来，青海省委省政府相继出台了《关于深化体制机制改革加快创新驱动发展的实施意见》《青海省贯彻〈国家创新驱动发展战略纲要〉实施方案》《关于加强知识产权工作的实施意见》《关于印发青海省促进科技成果转移转化行动方案的通知》《关于推动大众创业万众创新服务实体经济转型升级的实施意见》《关于改革省级财政科技计划和资金管理的实施意见》等一系列政策，进一步优化科技创新环境，大力引进培育科技人才，构建创新平台，营造全社会创新环境。青海省科研机构围绕实施创新驱动战略，着力营造创新创业氛围，形成吸引人才、培育人才、人尽其才的人才发展环境，激发科技人才的创新精神和创业潜能，充分发挥创新人才在科技发展中的核心作用，努力建设一支富有创新和创业能力的高素质人才队伍；充分利用高校、科研院所等科技资源，积极构筑产学研创新服务平台，推进大型科研仪器开放共享；支持发展科技中介机构，探索建设科技信息咨询、评估等中介服务体系，推进科技服务业发展；建立健全科技资源公共服务平台，提高服务水平，实现科技资源共享。

综上，从评估结果对比分析看，2017 年中科院西北高原生物研究所基础类排名第 1，青海省农林科学院和青海省畜牧兽医科学院并列第 2，主要是承担的科研项目及经费、科研产出、拥有的科研平台、新增高层次人才成效突出，在科研项目、科研产出、科技创新条件和科技创新环境等方面均衡发展。青海省水利水电科技发展有限公司在开发类排名中位居第 1，比上年上升 1 位，青海省科技信息研究所位列第 2，主要是在科技成果转化、经济社会效益、科研经费等方面成绩突出。从整体排名结果来看，与 2016 年相比，各单位排名变动幅度不大，基本保持平稳发展。

区　域　篇

Region

G.13
西宁创新型城市发展报告*

摘　要： 西宁市的国家创新型城市创建，在各区县、各部门的协作推进、共同努力下，紧紧围绕创建任务和要求，以创新驱动发展战略为导向，积极构建以企业为主体、产学研合作不断深化的区域科技创新体系，科技创新能力显著提升，科技创新环境持续优化，创新氛围日益浓厚，为西宁市经济社会快速健康发展提供了强有力的支撑。

关键词： 创新型城市　科技创新　西宁市

西宁市作为青海省的省会城市，是青海省和青藏高原唯一创新型试点城市。青海省全力推进创新型城市创建，对照创建方案确定的目标和任务，逐

---

* 课题组成员：苏海红、张艳、李红彦、魏德静、马艳萍、迟昊、马冠奎、马海玲、蒋汉元、何如喜。

步推进高效完成。西宁市创新驱动发展政策体系基本形成，科技协同创新发展机制日趋完善，科技创新平台建设水平逐步提升，技术创新支撑产业发展作用日益明显。

一 西宁市创新型城市创建目标与完成成效

（一）创建基本目标及完成情况

1. 基本目标

至2015年，基本建立起与现代化城市发展相适应，符合“四个发展”要求，以企业为主体、市场为导向、产学研相结合的开放型区域科技创新体系。推动发展方式、体制机制、科技、产业、社会文化等领域的全面创新，初步建成创新体系健全、创新要素集聚、创新效率高、经济社会效益好、辐射引领作用强的国家创新型城市和青藏高原区域创新中心。使西宁市科技对经济社会发展的支撑和引领作用显著增强，科技综合实力在全国有较快的提升，科技发展支撑条件明显改善，企业技术创新能力显著提高，高新技术产业的比重进一步提高，人力资源进一步发挥，创新能力大幅度提高。

通过6年创建工作的持续推进，西宁市把创新驱动发展作为优先战略，以科技创新为核心带动全面创新，以体制机制改革激发创新活力，以高效率的创新体系支撑西宁创新型试点城市建设，全力打造全省科技创新中心，全面推动产业和城市转型升级，完成了创新型试点城市建设的各项目标任务。一是开放型区域科技创新体系建立完善。“十二五”以来，西宁市稳步推进创新型试点城市建设，以企业为主体、市场为导向、产学研紧密结合的开放型协同创新发展机制日趋完善，园区、区县协同创新取得新进展。积极开展与大中专院校、科研院所的合作交流，共建研发中心、实验室，集聚创新资源，培育壮大研发团队，推进创新资源优化配置和高效利用。二是创新型城市和青藏高原区域创新中心初步建成。充分利用丰富的水能、盐湖、矿产、石油、天然气、特色生物等资源禀赋，依靠科技创新，大力培育战略性新兴产业，提升特色优势产业，区域创新中心建设初见成效。先后扎实打造了国家级高新区和国家级农业科技园区，在青海省最早申请打造建设省级高新区和千亿元高新带。成功布局了千亿元锂电基地和光伏基地，全面形成了产业链。培育了青藏高原最大的地毯加工基地，“藏毯之都”形成规模。打造了青藏高原最大的生物医药研发生产加工基地，攻克了中藏药、冬虫夏草、枸杞等高原特色生物资源开发利用技术。为青海省和青藏高原改革发展稳定提供了科技支撑和研发基地。三是科技支撑引领作用显著增强。围绕西宁市优势特色产业链部署创新链，培育国家创新型高原特色生物资源与中藏药产业集群、光伏产业集群、锂电产业集群等创新型产业集群。推进重点产业科技支撑工程，“十二五”期间，共实施国家、省级各类科技项目657项，争取资金支持6.79亿元，引导社会投入564.53亿元。全市高新技术企业从36家增长到92家，增长156%，年均增长31.2%。2015年，规上高新技术工业企业产值达到285.21亿元，规上高新技术工业企业增加值达到85.56亿元，规上高新技术工业企业增加值占GDP的比重达到7.56%。

2. 创新人才目标

至2015年末，西宁地区进入国家人才培养计划的高层次创新型科技人才和省级自然科学与工程技术学科带头人达到300名左右，自然科学与工程技术骨干人才达到3000名左右，全市专业技术人员总量达到40000人左右。

西宁市大力实施人才强市战略，完善多元化人才引进培养体系，突出柔性引智，大力推广“人才+项目+基地”培养模式，人才工作和人才队伍建设力度不断加强。2015年，西宁地区拥有高层次创新型人才和学科带头人501名，其中，学科带头人304名，占全省的95.80%。自然科学与工程技术骨干人才5912名，专业技术人才总量达到50315人。1450名专家进入省级专家库，占专家库总量的90%，两院院士3人，千人计划2人。

3. 科技产出目标

至“十二五”期末，全市组织实施牵动力强、辐射面广的重大科技项目 50 项，建成以企业为主体、产学研联合的技术创新研究开发中心 30 个，与省内外 30 所知名大学和科研院所建立科技合作关系，科技成果登记量每年增加 10%，年技术合同成交额达到 5 亿元，高新技术企业数比“十一五”期末提高 30%，高新技术产业增加值年均增长 20%，全市高新技术产业增加值占工业增加值的比重达 10%。

西宁市围绕新能源、新材料、装备制造、现代农业与特色生物、藏毯与纺织、民生科技等重点领域共组织实施了 351 项重大科技项目，强化了重点关键技术攻关，解决了制约产业发展的瓶颈。先后建立了院士工作站、大学科技园、企业国家重点实验室等国家创新平台，实现了西宁地区国家创新平台数量的零突破。建成省级工程技术研究中心 37 个，省级重点实验室 63 家，国家企业重点实验室 1 个（藏药新药开发重点实验室），省部共建实验室和培育基地 2 个，产学研创新基地 42 家，市级科技研发中心 32 家，与北京大学、中国农业大学、大连工业大学、中国医学科学院、中科院上海硅酸盐研究所、中科院电工研究所等 35 所知名大学和科研院所建立科技合作关系。“十二五”期间，西宁地区取得科技成果 1599 项，占青海省科技成果总数的 88.1%，2015 年取得 381 项，较“十一五”期末年均增长 12.2%；西宁地区技术合同总成交额从 2011 年的 16.84 亿元增长到 2015 年的 46.86 亿元，增长率为 178.2%，较“十一五”期末增长 393%，占全省总量的 99.8%；全市高新技术企业从 36 家增长到 92 家，较“十一五”期末增长了 156%，年均增长 31.2%；高技术产业增加值年均增长 18%，全市高技术产业增加值占工业增加值的比重达 4.93%。

4. 产业竞争力目标

至 2015 年末，打造一批具有自主知识产权和核心竞争力的创新型产品。建成 8 个左右具有显著聚集效应和较强辐射能力的产学研创新基地，形成 3~4 个以光伏太阳能产业、新材料产业和特色生物资源精深加工产业为核心的创新型企业集群。

西宁市打造了一批具有自主知识产权和核心竞争力的创新型产品。建成 42 个具有显著聚集效应和较强辐射能力的产学研创新基地，形成了太阳能光伏、锂电、生物资源与中藏药、藏毯绒纺4个创新型产业集群。

5. 科技投入目标

“十二五”时期西宁市本级财政用于科学技术经费每年保持较快增长。至2015年，全社会研究与开发经费（R&D）占当年生产总值的比例达到1.5%；规模以上工业企业研发经费占销售收入的比例达到1.0%。

西宁市R&D经费支出由2011年的6.88亿元增长到2014年的10.2亿元，全社会R&D经费支出、占地区GDP比重由2011年的0.89%提高到2014年的0.94%，2015年受经济下行形势影响，企业研发投入下降，2015年R&D经费支出8.11亿元，占全社会R&D经费支出、占地区GDP比重较前两年有所下降，虽与创新型试点城市建设方案中要求达到1.5%的目标尚有差距，但较大幅度高于青海省0.48%的科技投入水平，规模以上工业企业研发经费占主营业务收入的比例达到0.32%。

（二）创建主要指标完成情况

对照试点建设方案提出的4大类15项指标，整体完成率超过86%。其中，组织实施重大科技项目、科技成果登记量、年技术合同成交额等11项指标完成或较大幅度超额完成目标任务；高新技术产业增加值及其占工业增加值的比重2项指标，因在指标含义、分类标准方面存在不统一、未衔接等问题，未纳入统计部门统计范围，存在统计空白，故替换为高技术产业增加值及其占工业增加值的比重数值，2015年完成情况较2010年基础值增长较快、发展势头良好；全社会研究与开发经费（R&D）占当年生产总值的比例和规模以上工业企业研发经费占主营业务收入的比例2项指标，因受经济下行压力持续加大的严峻形势影响，未达到预期目标。但较2010年基础值前者纵向比较有较大提高，在省内占据绝对优势，成为青藏高原科技创新的“领头羊”，形成了支撑全省和青藏高原科技创新发展的良好态势。

表 1　西宁创建新型城市试点建设方案各项指标完成情况

	指　　标	2010 年基础值	2015 年目标值	完成值	目标完成率(%)
创新人才	高层次创新型人才和学科带头人	206 人	300 人	501 人	167
	自然科学与工程技术骨干人才	1297 人	3000 人	5912 人	197.07
	专业技术人员总量	25540 人	40000 人	50315 人	125.79
科技产出	组织实施牵动力强、辐射面广的重大科技项目	24 项	50 项	351 项	702
	建成企业为主体,产学研联合的科技研发中心	0	30 个	32 个	106.67
	与大中专院校及科研机构开展产学研合作的数量	0	30 家	35 家	116.67
	科技成果登记量	220 项	每年增加 10%	381 项 年均增加 14.63%	146.3
	年技术合同成交额	9.5 亿元	5 亿元	46.86 亿元	937.2
	高新技术企业数量	36 家	较"十一五"末提高 30%	92 家 较"十一五"末提高 156%	520
	高技术产业增加值	116218 万元		218341 万元 年均增长 17.57%	
	高技术产业增加值占工业增加值的比重	4.22%		4.93	
产业竞争力	建设产学研创新基地	0	8 个	42 个	525
	建设创新型企业集群	0	3~4 个	4 个	100
科技投入	全社会研究与开发经费(R&D)占当年生产总值的比例	0.86%	1.50%	0.76%	50.67
	规模以上工业企业研发经费占主营业务收入的比例	0.41%	1.00%	0.32%	32

（三）"十二五"以来西宁创新型城市试点取得的成效

1. 集聚要素，区域创新体系不断完善

以企业为主体、市场为导向、产学研紧密结合的协同创新发展机制日趋完善，建成省级工程技术研究中心 37 个，省级重点实验室 61 家，国家企业

重点实验室 1 个，省部共建实验室和培育基地 2 个，产学研创新基地 42 家。创新主体不断发展壮大，培育认定 92 家高新技术企业，181 家省级科技型企业，18 家省级创新型企业，112 家市级科技型企业，市级科技研发中心 32 家，国家级企业孵化器 3 个，省级企业孵化器 4 个，培养和聚集了一批科技和产业领军人才，专业技术人才总量达到 5.03 万人。

2. 突出特色，创新型产业集群发展壮大

充分利用丰富的水能、盐湖、矿产、石油、天然气等资源禀赋，依靠科技创新，大力培育战略性新兴产业，提升特色优势产业，推动产业结构优化升级。东川园区被确定为国家级光伏产业基地和新材料产业基地；生物园区青藏高原特色生物资源和中藏药产业集群被列入国家创新型产业集群试点；甘河园区被确定为国家循环化改造示范试点园区和低碳试点工业园区；南川园区"藏毯之都"形成规模，锂资源精深加工基地初具雏形，被评为国家外贸转型升级专业型示范基地和农牧业产业化示范基地，形成了较强的核心竞争力。已形成以园区为核心的新能源、新材料、生物医药等特色创新产业集群，培育和集聚了一批高新技术企业，企业技术创新水平处于全省乃至全国前列。北川省级高新技术产业开发区，发挥优势，重点打造铝镁合金产业基地。

3. 夯实基础，创新载体建设实现新突破

依托生物科技产业园建设国家唯一的高新技术产业开发区，"青藏高原特色生物资源与中藏药产业集群"被国家科技部列入国家创新型产业集群试点，"藏药新药开发国家重点实验室"实现了青海省国家重点实验室零的突破，园区已成为西宁乃至青海创新要素最为密集、创新创业最为活跃、创新能力最为凸显的区域。与清华大学科技园合作共建青海国家大学科技园，填补了青海省没有国家大学科技园的空白，建立青藏高原大数据中心及科技成果转化、高新技术企业孵化、创新创业人才培训和战略新兴产业培育基地。建设西宁国家农业科技园区，形成具有技术集成创新、成果转化扩散、人才培养、企业培育与集聚功能的农业科技园区核心区。在全国 106 个国家农业科技园区中创新能力位列第 6。依托西宁北川工业园区，建设首个省级高新技术产业开发区，打造全省科技创新引领示范区。

4. 开放合作，探索发展科技创新“飞地”

强化与北京中关村管委会的战略合作，共建西宁中关村科技成果产业化基地，带动北川工业园区产业转型升级、提质增效。在北京建立西宁科技创新中心，构建科技创新“飞地”。深化与上海浦东的长期战略合作，分别在两地挂牌设立了“浦东·西宁科技合作交流中心”，依托浦东具有全球影响力的科创中心核心区优势和科技、人才、金融等资源优势以及西宁市产业发展格局需求，共同实现两地社会经济创新发展，共筑创新发展新格局。与青岛、昆明、西安、成都、深圳、南宁、贵阳、兰州等地就开展科技成果转化、科技孵化器建设、创新创业服务、科技人员培训、知识产权保护等方面达成了协议，开展了深层次合作，借力先进地区科技资源，促进西宁市创新发展。

5. 创新驱动，科技产出大幅提升

通过西宁市常设技术市场，发挥“政府—中介服务机构—中小企业”的桥梁和纽带作用，促进科技成果转化。举办“西宁地区产学研技术交易会”，推动了西宁地区全方位多途径开展技术交易。西宁地区技术合同总成交额从 2011 年的 16.844 亿元增长到 2015 年的 46.858 亿元，增长率为 178.2%，较“十一五”期末增长 393%。专利申请量达到 5614 件，年均增长 26.76%，高于全国平均增长幅度；万人有效发明专利达到 2.47 件，是全省每万人有效发明专利拥有量的 2.18 倍，初步形成了“全省专利在西宁”的工作格局。“十二五”期间，西宁地区取得科技成果 1599 项，占全省科技成果总数的 88.1%。

二　西宁市创新型城市评价与创新体系建设

（一）西宁市创新型城市评价

为确保西宁市创建工作稳步推进，圆满完成目标任务，西宁市创新办按照国家城市创新监测指标体系及西宁市创建总体要求，从组织领导、科技投入、政策落实、重点项目、创新绩效、环境营造等方面，对各责任单位创建任务进行细化分解。分别签订了目标责任书，并将创新型城市建设任务纳入了市政府目标考核体系，每季度通过基础台账统计和专项督查等方式对各责任单位创建工作的进展情况进行季度考核，对滞后单位进行全市预警批评。通过强化考核，有效推进西宁市创新型城市建设。

西宁市自创建工作启动以来，突出顶层设计，勇于创新，攻坚克难，突破经济基础、环境条件和社会发展滞后等制约因素，绝大多数试点创建指标顺利完成，各项重大试点任务全面落实，众多领域科技创新取得历史性成效，支柱产业和特色产业关键技术实现重大突破，科技综合实力显著提高，科技发展支撑条件明显改善。“5568”创新工程顺利推进，以企业为主体、市场为导向、产学研相结合的开放型区域科技创新体系基本形成。初步建成了创新效率高、经济社会效益好、辐射引领作用强的国家创新型城市和青藏高原科技创新中心。创新型试点城市建设已成为推动经济社会发展的活力源泉和强大动力，为西宁地区乃至全省的繁荣发展和稳定发挥了重要的支撑和引领作用。

2017 年上半年，按照科技部、国家发改委《关于印发建设创新型城市工作指引的通知》和《关于开展创新型试点城市第三方评估工作有关事项的通知》要求，利用近半年时间对西宁市“十二五”期间创建工作进行了全面性的自评估总结。并在前期充分准备各类评估验收材料的基础上，编写完成《青海西宁市国家创新型城市试点建设自总结评估报告（上下册）》。6 月中旬，顺利完成国家创新型试点城市第三方评估验收、专家评审和答辩工作，取得较好的成绩，圆满完成国家考核。

（二）西宁市创新体系建设日益完善

1. 优化创新环境

一是指导企业开展研发费用加计扣除、科技型企业税费减免等相关工作，提高企业自主创新能力，加快企业转型升级的步伐。二是继续落实一系列鼓励创新的政策措施，为改进科技项目管理方式，加快经济结构调整、转变经济发展方式提供政策保障。三是坚持把“放管服”改革作为有效应对经济下行压力的关键，深入推进行政审批制度等重点领域和关键环节改革。2017 年，西宁市将审批办理流程全部纳入电子监察系统，实现办事流程、环节、效率等全方位在线监察。直接划转的 64 项审批事件中，一、二、三级网上审批事项达 63 项，市本级审批事项网上审批率达 85%。四是大力贯彻落实国家和省市关于科技进步奖励、专利补贴、高新技术企业发展等政策措施，加大对研发人员的奖励激励，激发科研人员自主创新热情和科研创新能力。五是引导企业加强知识产权保护，增强企业自主创新的活力，加大政策宣传力度，培养企业注重保护创新成果，增强企业在市场发展中的竞争力。

2. 加大科技投入

一是积极采取有效措施，增加本级科技投入。二是积极争取国家、省专项资金，保持年度同比增长。2017 年，争取省级科技专项资金 22060 万元，用于支持科学研究和技术引进项目。其中，省级直拨项目资金 19110 万元，占全部已争取资金的 86. 63%；经市财政拨转项目资金 2950 万元，占全部已争取资金的 13. 37%。三是积极引导社会资金投入，完成招商引资 1. 4 亿元，吸引外地投资商应用青海科技成果，并在本地实现成果转化。

3. 加大创新主体培育力度

一是继续落实《关于印发进一步稳定工业经济增长的若干措施通知》《关于印发西宁市进一步减轻企业负担促进实体经济发展若干意见的通知》《关于进一步稳定经济增长的若干政策措施》等一系列推动企业快速成长的政策措施。二是加快市场主体培育，进一步加大对小微企业、创业群体的扶持和服务，特别是工商登记制度的改革和注册资本认缴制度的实施，降低了创业门槛，激发了各类创业者的投资创业热情，市场主体呈快速递增趋势。截至 2017 年 10 月底，西宁市新登记注册各类市场主体 3. 13 万户，其中，新增中小微企业 6849 户（不含各园区），全市各类市场主体累计达 16. 5 万户。三是不断加大高新技术企业和科技型企业培育力度，重点实施高新技术企业和科技型企业“双倍增”计划，强化高新技术产业对全市经济转型和产业升级的带动和支撑作用。市科技部门积极与各县区、园区开展合作，举办高新技术企业申报培训班，专题培训高新技术企业申报程序、条件及财务规范要求等。2017 年，西宁市新培育 29 家高新技术企业，支持引导企业加大研发投入，提升创新能力，加大科技型企业培育力度，新培育认定 57 家省级科技型企业，培育认定 29 家市级科技型企业。

4. 完善创新服务平台建设

一是不断加快科技创新平台建设工作，继续建立完善“西宁市大型仪器设备共享服务平台”“西宁市科技成果转化平台”“西宁市农村信息化服务平台”“西宁市科技专家库信息管理系统”等一批公共技术服务平台，为实现产学研资源充分对接与共享创造了良好的条件。二是 2017 年，根据《西宁市企业研发中心认定管理办法》有关规定，经广泛组织企业申报，区县（园区）初审、科技局审查、专家评审、实地考察、综合评审、公示等程序，新认定了青海聚能钛业股份有限公司钛及钛合金技术研发中心、青海珠峰冬虫夏草工程技术研究有限公司发酵冬虫夏草综合利用研发中心、青海晶煜晶体科技有限公司蓝宝石晶体技术研发中心等西宁市企业研发中心 11 家。同时对 2016 年、2017 年认定的 16 个企业研发中心分别给予 20 万元奖励性后补助资金。

5. 强化科技合作交流

一是大力实施创新驱动发展战略，积极开展全方位、多层次、高水平的国内外科技合作交流，引导企业与科研院所开展产学研合作。二是加强与浦东科委的合作交流，召开了上海浦东新区外溢科技成果发布会，对从上海浦东新区征集到的 50 项外溢科技成果进行了发布推介，促进上海浦东新区外溢科技成果在西宁落地实施。三是组织西宁地区 22 家企业赴上海浦东召开西宁—浦东技术需求对接会和浦东外溢科技成果对接会，考察浦东新区科研机构和企业，协调两地企业和科研机构深入对接合作交流事宜。浦宁两地 50 余家企事业单位参加对接，2 家企业达成技术开发协议，3 家企业签订了合作意向，5 家企业有初步合作意向。四是不断深化北京—西宁合作交流，进一步推进西宁中关村科技成果产业化基地建设，邀请北京能源协会能源领域相关专家和企业家共赴基地举办“西宁能源企业—北京能源协会合作交流会”，双方围绕新能源产业领域的合作、支持园区发展等进行了考察对接，并在太阳能制氢、制氧等领域达成了技术合作意向。经过两年多的发展，基地建设已初具规模，园区入驻科技型企业 28 家，90% 的厂房已投入使用。

6. 强化知识产权保护

西宁市不断加快知识产权创新体系建设和科技成果转化工作，大力推进知识产权人才工程，积极做好知识产权创造、应用、保护等工作，强化知识产权制度在经济和社会发展中的政策导向作用。积极引导企业与高等院校、科研院所深入开展产学研合作，推进成果转化，提升企业科技创新能力。截至 2017 年 11 月底，组织评价科技成果 71 项，其中达到国内领先水平的 12 项，国内先进水平的 36 项。全市专利申请量达 1953 件，占全省专利申请量 77.29%。专利授权量 829 件，占全省专利授权量的 74.02%。其中，发明专利授权 155 件，占全市专利授权总量的 18.69%，占全省发明专利授权量的 84.24%。万人有效发明专利 4.05 件，相比 2016 年 12 月底增长 23.85%。

7. 推进科技服务民生

西宁市以提升基层科技服务能力为重点，积极开展星火培训、科技特派员创业等工作，提升服务基层、服务农村水平。一是实施精准扶贫项目，改变以往实施种植养殖项目的传统方式，在科技扶贫项目中采取更加有效的“造血式”扶贫措施，保证农户长期收益。二是结合科技活动周、科普活动日等，邀请相关专家深入大通县，为群众传授科技知识和实用技术。三是聘请科技特派员和科研院所专家举办星火培训。四是选派科技特派员和“三区”人才，进村入户开展科技扶贫服务。示范推广农牧业新品种、新技术，培养农村致富带头人，建立科技扶贫示范点。五是扎实开展新型职业农民培育。启动全国农业科教平台，为各级农业专家、农技推广人员和广大农民搭建在线学习、互动交流、成果快递和服务的对接平台。

8. 加大科技惠民项目建设

重点实施生态环境保护、医疗卫生与人口健康、大气污染治理、智慧交通等方面的科技项目，加快科技在社会民生领域的推广应用，让科技进步成果惠及大众。一是组织实施《早期综合护理干预对减轻类风湿关节炎病痛的临床研究》等15项卫生科技项目，用于疾病筛查与早期诊断技术，提高西宁市医疗水平。二是推动智能公交系统项目建设，实现城市公交行业监管的规范化与决策支持的科学化。构建城市公交出行综合信息服务体系，为推进智能交通提供科技支撑。三是全面实施信息惠民工程，积极打造国家信息消费试点城市和电信普遍服务试点城市，大力提升互联网宽带接入用户覆盖率。推进公共场所 Wi-Fi 免费覆盖，让市民全程免费享受4G网络极速体验。四是推动制造业与互联网融合发展，积极贯彻《关于推动制造业与互联网融合发展的实施意见，全市46户重点企业、44个重点项目纳入青海省制造业与互联网融合发展重点企业库和重点项目库。2017年1～10月全市信息传输、软件和信息技术服务业企业新增340户，重点电子信息制造和软件产业收入达40.1亿元。

9. 加强科技创新人才培训

西宁市采用挂职兼职、阶段性聘任、“候鸟式”专家服务、项目招标、联合攻关、设立人才“飞地”等多种模式，突出政府引导、产业引才的特点，大力引进多层次、多学科的紧缺人才和急需人才，缓解重点研究领域缺乏人才等短板问题。一是进一步完善柔性引智机制，实施引智项目，涉及医疗卫生、文化教育、农业技术等多个领域，以项目推进人才培养。二是有效发挥西宁人才金港的人才培养和人力资源配置作用。三是紧密结合企业产业发展和技术需求，积极组织申报青海省“高端创新人才千人计划”，其中获得“高端创新人才千人计划”杰出人才2名、领军人才5名、拔尖人才7名，省级创新创业团队1个。四是积极落实专项经费，以培训、讲座等形式加强卫生、教育等专业技术人员培训工作力度，各项培训工作得到扎实推进。

三　西宁市科技创新带动重点产业快速发展

西宁市以提升战略新兴产业、传统优势产业、现代农业等领域科技创新能力为重点，积极开展企业自主创新、集成创新、引进消化吸收再创新，突破关键技术环节，提升企业创新能力，优化和延长产业链条，努力促进西宁市产业转型和经济结构调整。

（一）科技创新推动重点产业快速发展

一是推进新能源、新材料、高端装备制造等战略性新兴产业及循环经济项目建设，积极推进东川工业园区国家循环化改造示范试点建设及21项循环化改造等重点项目建设，推动产业转型升级。二是围绕产业链条延伸、关键技术突破，提升化工、装备制造、轻工等传统产业整体水平，加快发展节能环保、信息应用等新兴产业，带动工业经济提质增效。2017年组织实施“百项创新攻坚工程”项目137项，“百项改造提升工程”项目113项。三是加快节能技改工作步伐，大力实施节能技改项目，引导和鼓励企业加大节能技术投入力度，组织实施工业节能改造、节水、资源综合利用、绿色制造等项目76项，项目总投资87.4亿元。四是全面推进科技项目投入机制改革，实施科技项目分类投入和管理，全面推进市场导向类项目后补助机制。2017年在农业科技成果推广、科技扶贫、星火培训、科技特派员创业链、医疗卫生与健康等领域下达直接补助项目38项，安排财政资助535.9万元，带动社会投入694.1万元。在新能源、新材料、装备制造、藏毯绒纺、中藏药和生物资源精深加工、信息技术及平台建设、生物医药、创新平台建设、环境保护与生态建设、农林新技术新品种新材料、农产品加工及农业新机械等领域安排后补助项目122项。实施完成后补助项目41项，经专家评审、第三方研发投入审计和绩效评估后，安排后补助资金800万元。

（二）科技创新支撑现代农业快速发展

一是以项目为主导全面加强西宁国家农业科技园区建设。积极组织全市涉农企事业单位申报农业科技项目。深入园区各企业积极开展调查研究，动态掌握园区发展进展。从园区企业技术需求出发，为各涉农科技企业提供项目申报、科技型企业认定、成果评价等技术服务，促进园区发展。二是加强农牧业设施建设，夯实产业发展基础。突出抓好特色产业扩规模、增产值，优势产业提质量、促融合。全市种植各类农作物182万亩，特色农作物比重保持在75%以上。三是加快农牧业科技成果转化，实施全膜覆盖栽培技术推广24万亩、配方施肥91万亩、农机深松整地和保护性耕作41万亩，建设脱毒马铃薯、蔬菜等优势特色作物育种制（繁）种基地8.26万亩。引进良种乳肉兼用牛2000头，完成奶牛、肉牛改良3.4万头，提高了良种牛覆盖率。

四 西宁市创新型城市创建面临的主要问题与前景展望

（一）主要问题

1. 科技研发投入力度不够

近年来，西宁市社会经济取得了较快的发展，GDP指数不断提高，但由于财政科技资金投入基数低，绝对额小，对企业研发活动经费支持力度不够，从而用于市级科技研发费用的比例相对较低，增长幅度较为缓慢，与全国其他省会城市相比还有较大差距。全市财政科技投入逐年呈上升趋势，但与科技改革发展的形势还不相匹配。同时，西宁市尚未形成多层次多渠道的投融资方式，金融、投资机构、社会资金、资本市场共同参与和支持科技创新的体制机制有待加强，全社会R&D投入意识有待提高。

2. 人才紧缺是最大瓶颈

西宁市积极探索建立引才用才体制机制，加大政策扶持和引导，强化引进培养创新创业型人才力度，缓解缺乏科技创新人才等短板问题。但由于受地理位置约束和基础环境较为落后等原因，与中、东部发达城市相比，吸引、培养、留住省内外高层次创新创业人才在宁发展的难度较大，特别是近年来，在科技创新为主推力的大环境下，全市严重缺少高层次科技人才和创业领军人才，尤其是受全市财力、待遇保障等条件制约，实行的人才政策和激励措施力度还不够强，吸引力还不够高，科技人才总量不足与分布不合理的结构性矛盾越发突出，现有的科技人员 90% 以上集中在科研院所和医院、学校等事业单位，作为技术创新主体的企业不到 10%。企业自身普遍缺乏核心创新人才和创新团队，自主研发能力不高，与科技创新依靠企业的大方向不相适应，难以达到消化吸收再创新的目的。

3. 企业自主创新能力有待加强

西宁市创新型企业、科技型企业、高新技术企业数量总体不足，原始创新能力和产品附加值较低，具有自主知识产权的核心技术和取得重大突破的科研成果相对不足。同时，缺乏国家层面对加强欠发达地区科技成果转化应用等方面的倾斜政策和扶持措施，企业创新主体地位还不突出，科技成果转移转化能力较弱，科技服务业发展相对滞后。

（二）前景目标展望

以推动科技创新为目标，全面推动新一轮的创新型城市建设工作。把创新驱动发展作为今后城市发展的优先战略，以科技创新为核心带动全面创新，以体制机制改革激发创新活力，以高效率的创新体系支撑西宁创新型城市建设，全面推动产业转型升级和城市转型升级，建设引领全省科技创新示范区，全力打造辐射带动作用强的青藏高原科技创新中心，加快推进高原“绿色发展样板城市”建设。

一是突出创新主体培育。实施科技型企业和高新技术企业“两个倍增”工程和科技“小巨人”计划，到“十三五”期末，全市培育高新技术企业总量达到 180 家，市级科技型企业总量达到 200 家。二是加快建设高水平创新平台。规划创新发展重大区域布局，发挥国家级高新技术开发区的集聚、孵化、扩散和示范作用，整合西宁地区创新资源，大力支持国家、省、市重大创新载体建设。三是着力构建创新创业载体。结合各县区、各园区实际，围绕本地区主导产业和经济发展特色，构建一定数量的众创空间，并落实相关奖励性补助政策。四是推进科技体制机制改革。大幅提升各级政府财政科技投入，逐年增加市、县区、园区财政科技计划经费，大幅提升全社会研究与开发经费（R&D）支出占国内生产总值（GDP）比重，改革市科技计划项目资金管理，实行“后补助”改革，集中资金重点支持重大专项。加快人才评价制度改革，改变全市科技人才评价过于单一和偏于理论研究的倾向，加快建立以创新质量、创新贡献、创新效率为导向的分类评价体系和管理机制。

G.14

海东市农村信息化与农业科技园区发展报告*

摘　要： 海东市地处青海气候条件相对较好的河湟谷地，是青海主要的农业区，依托青海省农村信息化综合服务平台，推广“专家—科技特派员—农户”三位一体的青海省农村信息化主动服务模式，通过科技信息化主动服务，打通了科技与农业生产“最后1公里”，同时将科技信息化服务与精准扶贫相结合，实现了精准扶贫信息化管理。农业科技园区发展稳步推进，形成了一批特色鲜明的生产基地。

关键词： 农村信息化　科技特派员　农业科技园区　海东市

2017年，青海省充分发挥科技创新在全省农业领域的支撑引领作用，不断完善农村信息化主动服务模式、机制、内容和功能，加快农村信息化主动服务模式的推广应用，特别是推动海东市农村信息化工作以点带面，取得了事半功倍的效果。同时，支持海东市紧紧围绕经济社会发展战略和园区工作重点，以农业供给侧结构性改革为契机，突出科技试验示范，发挥高原冷凉气候特点和主导产业优势，努力打造面向全国、服务青海、带动海东的农业高新技术展示区，为全省高原现代农业发展树立了样板。

---

* 课题组成员：孙传范、胡永强、刘宁元、牛青松、邓西金、桂鹂娟、李积雲、康宁、冯丽荣。

一　海东市农村信息化服务现状

依托青海省农村信息化综合服务平台，海东市农村信息化服务搭上信息化“快车道”，面向农牧民的农牧业生产、就业劳务、政策培训、村级事务管理等综合信息通过信息化主动推送服务，直达农牧民手中。同时，结合精准扶贫，搭建倒逼精准扶贫精准脱贫政策落实的信息化服务平台。

（一）升级农牧业生产信息化主动服务平台

根据农村信息化主动服务过程中遇到的问题，青海省科技部门对青海省农牧区信息化主动服务平台进行了改版升级，升级后的平台功能更加完善、操作更加便捷、界面更加友好。同时，根据科技特派员和农户的实际需求，开发青海省农村信息化主动服务手机微信端和“青海省农牧区信息化综合服务平台”手机 App，农户在手机上即可随时查询“青海省农牧区信息化综合服务平台”的所有服务信息内容，并可发布供求信息、问题咨询等，2017 年已经在海东和西宁等地区推广使用。面向牧区的农牧业汉藏双语信息化主动服务平台，研发完成了基于藏语的农业信息服务系统和藏区农业信息资源数据库建设，相关翻译等工作也已经完成，即将上线运营。

完善和推广青海省农村信息化综合服务平台以及“专家—科技特派员—农户”三位一体的青海省农村信息化主动服务模式。结合海拔、温度、湿度、无霜期生态地理信息数据库及主要疫病流行规律等信息，预先、主动地将种植养殖技术、疫病防控技术、饲草料种植与加工技术及畜产品加工等信息精准推送给农牧民、示范园区、生产基地和种养殖大户，开展农牧业生产全程个性化、智能化、精准化的主动推送服务。面向农牧民指导农牧业生产，解决农牧业生产实际中的技术问题，达到主动采集处理信息、主动发布

图 1 青海省农村信息化主动服务手机微信公众号

信息、主动预测需求、主动为畜牧业生产服务的目的。依托青海省畜牧兽医科学院、青海省农林科学院，组建了一支能适应农牧区多方面信息需求的省级农牧业信息化科技服务专家咨询队伍，初步建成农牧业信息资源开发及咨询专家库，编写和完善农牧业主要品种生产技术方案、病虫害防治方案，解答农牧民咨询、远程诊断、现场指导。

（二）开展青海省农牧区就业信息服务

在农牧区就业信息服务工作中，与省人力资源和社会保障部门联合，布置落实依托“青海省农牧区信息化综合服务平台”和青海省农村信息化主动服务模式的农牧民就业信息服务工作，选聘就业服务信息员积极开展就业信息服务工作。

图 2　青海省农牧区信息化综合服务平台远程视频培训课程

（三）不断提高科技特派员服务水平

加强对科技信息员的选聘和培训力度。年初，对全省已有的信息化科技特派员进行工作考核，对考核不合格和服务能力弱的科技特派员进行解聘，并从村干部、大学生村干部、种养殖大户、农技人员中重新选聘了多名具有一定农业生产知识和基本电脑操作水平且热心公益服务的科技特派员。

先后对民和、乐都、平安等地的 800 多名科技特派员进行信息化服务技能培训。同时，为提升青海省农村信息化技术开发与应用能力，提高专业技术人员、科技特派员的创新能力和业务素质，举办了科技特派员专题培训，组织了优秀科技特派员赴杭州和广州两地培训和观摩学习。学习当今国内外关于现代农村农业发展的诸多新兴科学技术，借鉴先进省份现代信息技术和装备在农业信息化平台的应用情况，提高科技特派员综合素质和服务能力。

（四）信息化服务助推精准扶贫

随着青海省精准扶贫信息化服务平台的推广应用，各级扶贫部门针对贫困村、贫困户可进行信息共享和业务协作，实现了差异化精准帮扶、动态化科学管理和社会扶贫资源的精准化配置，为精准扶贫工作提供事先预警、事中监控、事后评估等监管考核功能。平台分为省、市、县（区）、乡、村5个层级，具有基础数据管理、动态监测、数据分析、监督管理、作战指挥、工作报表汇总六大功能。通过精准识别、精准帮扶、精准管理、精准评价，实现对扶贫对象、扶贫措施、扶贫项目的数据分析和驻村工作队的绩效考核。在新开发的作战指挥模块中，通过对县、乡镇、村各级扶贫负责人的详细信息及联系方式等进行管理，上级领导及扶贫管理部门可对负责人进行在线呼叫，通过实时面对面视频在线指挥扶贫工作。2017年，通过系统完成了海东市各级扶贫部门自下而上的产业资金拨付、涉农资金整合、金融贷款发放等工作报表报送，实现各项数据的自动汇总统计功能。为了使各扶贫第一书记及扶贫工作队使用更加便捷，扶贫信息更新更加及时，完成了精准扶贫信息化服务平台微信公众号开发，现已上线使用。研发了海东“互联网+纪检监督+精准扶贫”的纪检监督信息化平台，涉及数据统计、扶贫政策、扶贫监督、问题汇总、整改落实、后台管理六大模块。该平台充分应用现代信息技术，运用大数据来拓展监督执纪问责方式，通过信息比对、问题统计、监督执纪、信访举报等功能，保证扶贫政策落地到位。通过数据采集、比对、核查等方式，强化扶贫领域监督执纪问责，防止扶贫资金流失，目前，该平台已正式启动上线运营并在海东市全面推广。

依托省农村科技信息化服务平台，重点面向海东市平安区、乐都区、民和县和互助县开展信息化主动服务，打通了科技与农业生产“最后1公

图3　海东市精准扶贫信息化服务平台

里”。依照海东地区气候、土壤及作物品种特性，结合市场价格信息，发挥科技特派员及专家指导作用，通过信息化平台向海东地区农户推荐适种作物。优选出以京冬8号、高原338号为代表的小麦良种，以青薯2号、9号为代表的马铃薯良种，以纪元8号、金穗3号为代表的玉米良种，以青杂7号、张亚2号为代表的油料良种等已成为海东地区种植业主栽品种。高效率地推送优良品种和有效开展主动、精准、及时的农业生产服务，使海东市农业生产水平和效益大大提升。通过科技特派员在基层开展农村信息化主动推送服务，构建了“专家—科技特派员—农户”三位一体的农村信息化主动服务模式。

2017年，已经建成了一个覆盖民和、乐都、平安、互助4个区县的农村信息化网络，接受农村信息化主动服务的农户已达20万户。通过信息化主动服务平台和科技特派员队伍，相关部门可及时掌握各类农资补贴的规模，根据农时季节和农民所需，提前配置资金、农资、人员等相关资源，并与农业病虫害统防统治、农机作业、农村电商等涉农服务业结合，实现贯穿农业生产经营全过程的信息化服务，为政府农业生产提供更科学、更精准的决策支撑。在海东地区，已基本实现了农业科技成果从科研院所到农户的扁平化主动推送服务。同时还可在此平台上实现农资补贴、

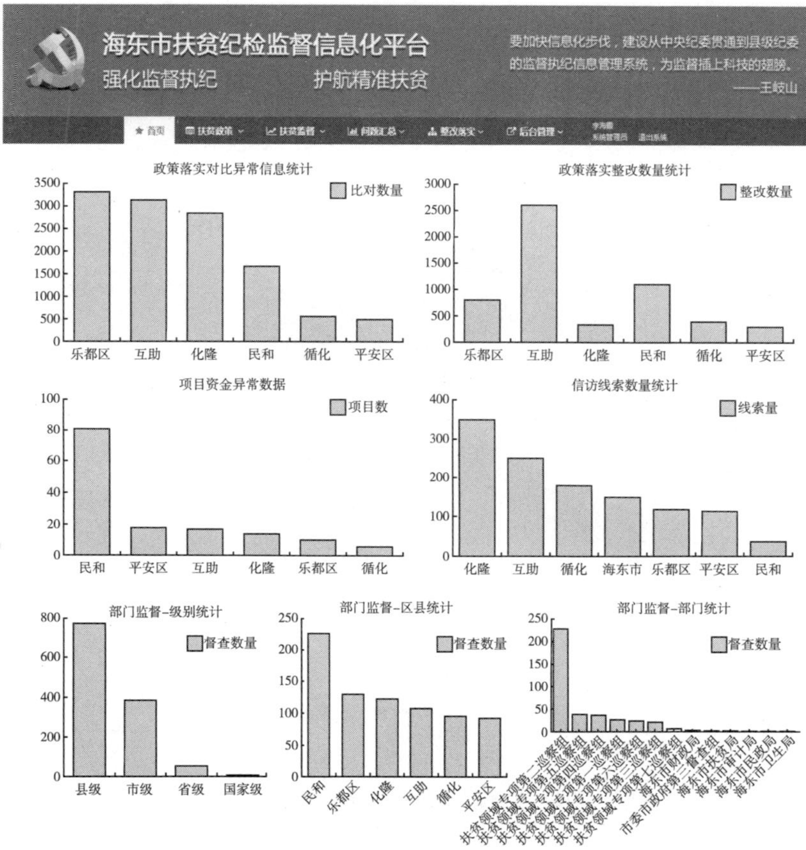

图 4　海东市扶贫纪检监督信息化平台

低保管理、贫困救助、村务公开等各项政府服务，提高政府公共服务的公开透明度。

二　海东市农业科技园区稳步推进

2017 年海东市科技园区总投入资金 232267 万元，实现产值 261845.89 万元，同比增长 10.77%。其中乐都农业科技园区完成产值 41687.18 万元，同比增长 11.2%；民和农业科技园区完成产值 59166.90 万元，同比增长 12.4%；互助农业科技园区完成产值 74790 万元，同比增长 11%；平安农业科技园区完成产值 34891 万元，同比增长 9%；化隆农业示范园区完成产值 30317.31 万元，同比增长 9%；循化农业科技园区完成产值 20993.5 万元，同比增长 10%。

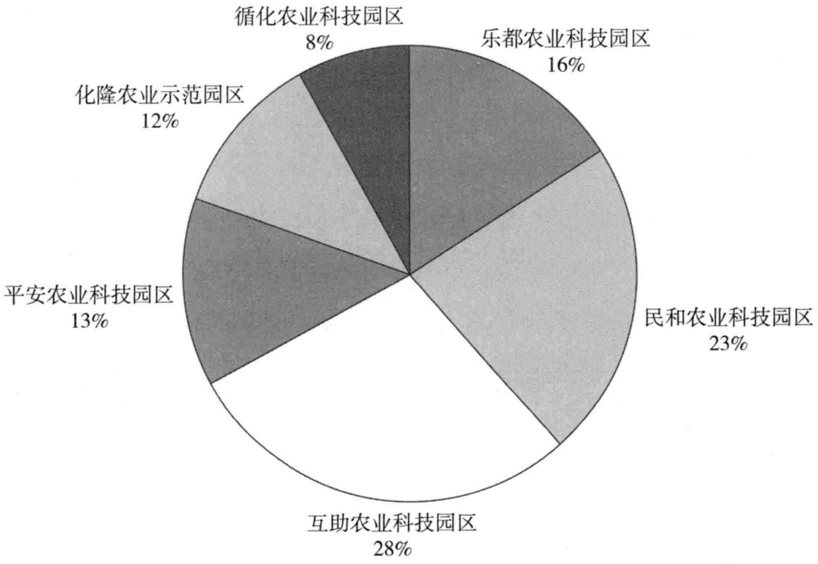

图 5　2017 年海东各县农业园区产值分布

（一）推进标准化建设打造高原生态特色农业示范园区

截至 2017 年底，海东市已建成国家级农业产业化示范园 2 个，省级 4 个，累计完成投资 110.2 亿元。入园企业达到 129 家，累计完成产值 93.5 亿元，增加值达到 43.61 亿元，辐射带动农户 25.8 万户。园区农民人均收入达 7800 元，同比增长 8.3%；特色产业收入占到农民人均纯收入的 33%，农产品加工转化率达到 50%，农业产业化辐射带动农户占到总农户的 62.8%；科技对农业增加值的贡献份额达 63%。同时，重点培育农产品地理标志产品 12 个，即乐都紫皮大蒜、乐都长辣椒、乐都大樱桃、乐都绿萝卜、互助八眉猪、互助葱花土鸡、互助蚕豆、互助白牦牛、民和羊肉、民和旱砂西瓜、民和马铃薯、民和肉牛；特色农产品 13 种，即纯天然无污染优质菜籽油、精选核桃、核桃仁、核桃油、核桃粉、核桃乳(露)、青稞全粉、辣面、辣酱、辣油、花椒、海东蚕豆、乐都大樱桃等。通过创办示范基地，引导加工企业投入资金建基地，形成了一批标准化农业生产基地。

（二）全力打造“黄河彩篮”高原现代菜篮子产业园

海东“黄河彩篮”高原现代菜篮子产业园从2014年5月开工建设，到2014年11月开始种植，实现了当年建设，当年生产。试验示范性种植各类蔬菜新品种12种，累计生产蔬菜350万公斤，丰富了海东市及周边地区群众的“菜篮子”。产业园共流转土地3840亩，建成高标准日光节能温室折标准栋735栋，智能玻璃温室2万平方米，新型双膜拱棚60栋，同时配套完成了水肥一体化，育苗系统和保温设施，水、电、暖、保鲜以及防护等辅助工程建设项目。目前完成总投资近4.2亿元，其中以政府购买公共服务方式解决资金1.3亿元。其建设成效主要体现在五个方面。一是打造青海省现代农业发展新平台。建设了设施装备精良、技术模式先进、产品优质安全、效益显著提高的现代农业生产示范基地，成为全省最大的“菜篮子工程”科技研发、示范推广的平台和全省现代农业发展的先行区。二是引领青海省高原现代农业发展的新高度。“黄河彩篮”高原现代菜篮子产业园，按照刘延东副总理批示和农业部关于现代农业发展和创建国家现代农业产业园的要求和目标发展，起点高，站位高，成为全省现代农牧业发展要素的聚集区，先进技术的示范区，一、二、三产业融合发展的样板区。三是引导青海省高原现代农业发展的新方向。产业园以果蔬种植、畜牧养殖、冷水渔业以及观光农业为主要内容，集成国内外最新的农业生产新理念、新技术、新品种，融合新材料、新装备，提出和实践了以科技研发、示范推广和“互联网+”为一体的现代农业发展方向。四是开辟创业及实用人才培训新天地。充分发挥“海东市农业技术人才实训基地”的作用，聘请大学、科研院所的专家教授为导师，创新新型农业培训创业平台，成为培育新型职业农民和农业实用人才的摇篮，大学生、返乡农民创业的孵化基地。五是拓展农业产业脱贫攻坚新方法。产业园在农业增效、农民增收等方面作用明显。

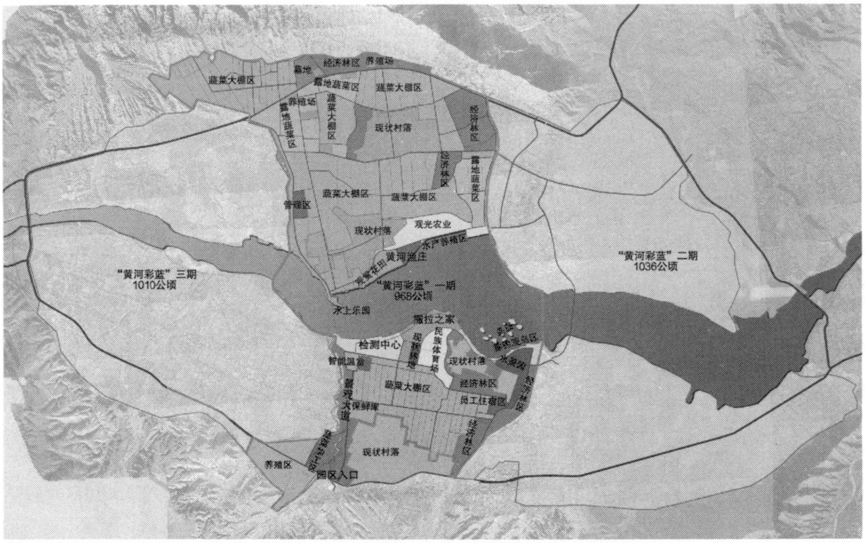

图6　青海海东"黄河彩篮"规划

（三）设施农业技术集成与示范效应彰显

由青海海之东农牧产业开发有限公司组织实施，青海省农林科学院提供技术支撑的青海东部地区设施农业技术集成与示范项目，200 栋温室的示范推广工作进展顺利。

1. 日光温室高效利用技术集成与示范

先后设计了外保温墙体日光温室、自保温墙体日光温室，双层保温日光温室、夯土墙日光温室等多种类型日光温室，并组织专家对温室的结构设计以及建材的选样、骨架和墙体材料进行了评估、测试，最后根据保温性能、建材来源、建造工艺技术等多种指标评估，确定砖墙外保温日光温室、外保温砼浇筑日光温室和现代夯土墙日光温室等 3 种结构日光温室，并已经进入组织施工阶段，预计全部投产，可形成 500 多栋日光温室的生产规模。

2. 设施蔬菜水溶性肥料的开发与应用

对现有的土壤、肥料进行采样，并进行试验室分析；提交了《黄河彩篮循化片区土壤质量评价报告》。对 2 个辣椒品种全生育期进行了植物营养测试，开展辣椒最佳肥料施用量和不同生育期 N、P、K 素的吸收与分配，制定出辣椒不同生育期的肥料配方，从基肥用量，苗期用量，开花结果期、结果盛期用量，结果末期用量等全生育期的 N、P、K 素用量，确定了配方。

3. 设施生产信息化技术集成与示范

完成了智慧农业云平台，将日光温室、玻璃连栋温室全部进行视频监控，设施环境因素实时检测，电子商务平台与青海省科技信息所销售平台联网，将辣椒纳入青海省特色农产品网络销售平台（上高原网，http：// www. sgymall. com）。同时制定完成了黄河彩篮溯源体系技术方案，定植后可对生产进行追溯记录。

（四）农业科技园区建设亮点纷呈

1. 强化科技支撑，着力建设特色农业科技孵化基地

切实发挥已建成并投入运行的中科院西北高原生物研究所乐都生态农业试验示范站、西北农林科技大学青海乐都设施农业试验示范站、青海大学和青海畜牧兽医职业技术学院实习基地、青海农林科学院实验基地等科技平台的作用。巩固与合作院校和科研单位的科技合作关系，加强农业科技成果转化应用能力。中科院西北高原生物研究所乐都生态农业试验示范站 2017 年建成并投入使用，开展小麦、高产玉米、药材等新品种选育工作，已成为园所合作从事新品种、新技术的实验示范推广平台。西北农林科技大学园艺学院常年派驻两名蔬菜种植能手在园区开展甜瓜品比试验和番茄高密度栽培试验示范，引进栽培的甜瓜和番茄由于增产增效显著，辐射推广优势明显。引进推广蔬菜新品种 16 个，工厂化育苗已经成为引进推广蔬菜优良新品种和提高温室种植效益的有效手段。引进乐都区及甘肃、宁夏和浙江等外省区种植能手，承包园区日光温室从事特色蔬果的种植，生产无公害蔬果，在优良

品种引进推广、品质提升、高效种植技术应用和效益提高方面取得了明显成效。聘请三区人才，重点开展最佳温室结构、蔬菜嫁接育苗、脱毒马铃薯种薯标准化生产、工厂化蔬菜育苗、果蔬深冬高产栽培、设施蔬菜标准化栽培及优良新品种引进等关键技术的研究，发挥园区先行试验、辐射推广的优势，使种薯种苗工厂化生产、富硒农产品精深加工等新技术、新成果成为带动园区现代农业发展的新引擎。充分利用各种培训资源和师资力量，开展农技人员、创业农民、农村劳动力转移和退役士兵技能培训，形成了立足海东、面向全省、服务“三农”的多层次、多形式、多渠道的培训体系，为青海省乃至青藏高原现代农业发展培养了大量专业技术和管理人才。培育基地以入选首批全国新型职业农民培育示范基地为契机，按照“全国新型职业农民培育示范基地管理办法”的相关要求，以示范基地为平台，紧密围绕农业农村经济社会发展需求，进一步提升新型职业农民实习实训、创业孵化、跟踪服务等工作质量水平，为地方经济发展提供坚实的人才支撑和智力保障。

2. 强化示范带动，着力构建特色农产品供给基地

依托园区设施优势，推进蔬菜育苗、种薯繁育及蔬菜种植向规模化、专业化、工厂化、知识化的现代化生产之路迈进。打造千万株优质蔬菜种苗育苗基地，继续采取订单生产形式，以地方特色蔬菜种苗生产为抓手，采用先进育苗技术进行工厂化的种苗生产，通过工厂化高效育苗，助推品种引进、品比试验、良种筛选、辐射推广等关键技术顺利推进，带动周边区域的蔬菜种植户直接受益，增加蔬菜种植收入，有效促进了现代蔬菜产业的发展。打造千吨无公害蔬菜标准化生产基地，以“黄河彩蓝”乐都通力蔬菜生产示范园、工厂化食用菌周年生产基地、青海宏恩科技有限公司富硒蔬菜种植实验示范基地、乐都圣地生态农业发展有限公司无公害富硒蔬菜生产基地为依托，提高蔬菜生产中的标准化栽培技术，引进蔬菜高效生产综合管理、标准化生产、病虫害综合防治、高效节水等技术，促进乐都长辣椒、番茄、黄瓜等特色蔬菜生产向专业化、标准化、规模化方向发展，增强无公害蔬菜的市场供给力度。

3. 强化产业培育，着力打造农业园区自主品牌

青海恩露生物科技有限公司充分利用乐都区富硒土壤和优质特色农产品等资源优势，切实发挥龙头企业示范带动作用，采取“公司+基地+农户”的发展模式，提高以乐都紫皮大蒜为主导产品的富硒农产品精深加工，建成富硒乐都紫皮大蒜种植基地10000亩，富硒杂粮种植基地3000亩，富硒马铃薯种植基地5000亩，建成大蒜良种繁育基地300亩，辐射带动农户7500户，年加工富硒大蒜1000吨，年包装富硒杂粮1000吨，基本形成了富硒肥料加工、富硒农产品种植、富硒农产品深加工、富硒农产品市场营销的完整产业链。乐都兴农农产品购销有限责任公司发挥入驻农业园区核心区的区位优势，依托区域内马铃薯、大蒜、果蔬等特色优势农产品，开展果蔬产品粗加工和精深加工，借助“兴农”农产品在省内外已经形成的知名度，提高现代农产品物流配送服务水平，积极构建农产品加工物流配送的产业链，年加工配送农产品5万吨，建立无公害农产品生产基地5000亩。加快完成青海乐都恒源饲料有限公司饲草料加工基地二期项目建设，带动4000户农户种植饲草2万亩，培育形成较大规模的饲草料加工生产基地，形成种草、加工和养殖协调发展，带动全区现代畜牧业发展。以青海荣泽农业生物科技有限责任公司年产10万吨生物有机肥扩建项目为支撑，引进先进工艺，对园区规模养殖企业牲畜粪便全收集、全处理，生产质优价廉的有机肥料，提高园区养殖场动物粪便的循环利用，发展“种植—养殖—有机肥加工—还田养地”为一体的种养结合生态循环产业链，增强辐射带动能力，打造青海最先进的生物有机肥研发及加工的省级农业产业化龙头企业。积极培育壮大青海晖达农业科技开发有限公司年产3600吨食用菌周年生产项目。充分利用园区污染轻、硒含量高的优势，以锯末、玉米芯、豆类秸秆等有机物质为菌菇培养原料，生产有机富硒食用菌，延长特色农业循环链，实现园区农业绿色生态发展。建设试验示范基地100亩，包括马铃薯组培研发中心，杂交油菜研发中心和工厂化蔬菜育苗中心。成功搭建“七彩农牧·星创天地”创新创业平台，为26家涉农企业提供“双创”服务，先后培育农畜产品品牌10个，提供就业岗位800多个。黄河冷水鱼养殖取得新成就，现有水产

养殖专业合作社14家，其中获得“农业部健康养殖示范场”的有12家；获得“绿色认证”的养殖场9家，带动农户202户，累计建成网箱693个，面积5.0万平方米，年投放金鳟、虹鳟、白鲑等各类鱼苗80万尾，实现捕捞年产量87.4万千克，年产值达2296万元，纯收益688万元。尤其翔林冷水鱼养殖专业合作社生产的三文鱼，于2017年9月在青海省海东农展会上获得金奖。

4. 建成特色明显的新品种育种百亩试验基地

为加快园区新品种新技术的研发力度，互助农业园区积极与陕西省杂交油菜研究中心、湖北武汉中油所、四川农科院、省农林科学院等省内外科研院所合作，在园区核心区建成百亩高标准新品种、新技术试验、示范、育种基地，主要开展甘蓝型杂交油菜、脱毒马铃薯、优质蚕豆、小麦、蔬菜、中药材、藜麦、草莓等作物210多个品种的新品种选育。育种试验基地的建成运行，为进一步开展新品种新技术试验、示范、育种、推广提供了良好的场地，为开展现代农业科学研究夯实了基础。

三　前景展望

2018年，海东市农村信息化科技服务将以“满足需求、持续服务、突出重点、注重实效”的指导思想，充分发挥信息化服务优势，面向农业生产全过程开展科技服务，做到科技特派员服务农户一对一，专家服务品种一对一。通过2018年信息化科技下乡工作，到2018年底，选派科技特派员1000名，充分利用农村信息化主动服务平台，对海东市平安区、乐都区、民和县、互助县20万农户开展科技服务。通过平台精准统计分析农户种植履历，作物种植品种、面积、分布等数据，利用大数据和信息化技术手段深入开展精准化、个性化、可持续的农牧业科技服务。实现大宗农作物（小麦、马铃薯、油菜、蚕豆、玉米等）种植农户信息化科技服务全覆盖，服务耕地面积200万亩以上（占海东总耕地面积的75%），良种覆盖率达到97%以上，平均增产10%以上，预计新增产值

1.2 亿元。

海东市是青海省正在快速崛起的经济增长极和最具发展潜力的地区，深入开展农村信息化科技服务工作和农业科技园区建设，必将有效引导农业种植结构调整，实现标准化高效种植，提高农作物产量和品质，解决农户生产销售信息不对称的瓶颈，促进农产品交易和流通，增加农民收入，进一步推进海东地区农村经济社会快速发展。

G.15 科技支撑柴达木地区循环经济发展报告*

摘　要： 青海省科技部门从关键技术攻关、创新平台搭建及政策环境营造等方面发力，省州联动，积极争取国家支持，加大地方配套资金，按照“走出钾、抓住镁、发展锂、整合碱、优化流程”的思路，积极推动柴达木地区盐湖资源综合利用，在循环经济方面取得新成就。

关键词： 循环经济　科技支撑　柴达木地区

为推动柴达木地区循环经济试验区产业结构进一步优化，经济平稳发展，青海省科技部门从关键技术攻关、创新平台搭建及政策环境营造等方面发力，省州联动，积极争取国家资金，整合资源，加大地方配套资金，共支持项目资金4.8亿元，吸引社会资金约13.4亿元，促进企业技术创新，推动产业升级。截至2017年，柴达木循环经济试验区拥有省级工程技术研究中心8家（其中国家级1家），众创空间3家（其中国家备案1家），国家创新型产业集群试点1个。

一　柴达木地区循环经济科技创新体系建设及发展

（一）构建创新服务平台

不断加快科技创新平台建设。一是通过青海省“高端创新人才千人计划”

* 课题组成员：许淳、张海满、王杏芳、刘永庆、米杰、李冰、韩有军、唐瑞蓉、马白平、谢赐贤。

引进2名博士，与中科院青海盐湖所和青海师范大学计划引进10名博士。二是通过青海省“高端创新人才千人计划”、海西州“高端创新人才百人计划”等多渠道聘请和引进现代农业、枸杞产业、冷水鱼养殖等研究领域的工程院院士或知名专家组建专家团队。三是与国家镁合金工程技术中心联合组建了国家镁合金材料工程技术研究中心盐湖分中心。四是省州联动有序推进院士工作站建设，各院士工作站陆续建立，将为海西州提供全方位、多领域的科技支撑。五是重点推动格尔木工业园中小企业创业基地、德令哈工业园科技创新型产业孵化基地、柴达木绿色产业园生物研究中心及产业孵化园标准化厂房和孵化器、大柴旦工业园中小企业孵化器等创新创业平台建设，构建从孵化器到产业化基地的完整孵化链条，为科技成果成功孵化搭建平台。六是强化青海省企业循环经济研究开发中心、盐湖镁业开发工程等技术研究中心及高原稀贵金属、盐湖资源综合利用等重点实验室的“领头羊”作用。加快推进高原型风力发电机研发实验中心、盐湖锂资源开发研究中心、高分子新材料研究中心、盐湖提锂膜分离技术研究院、石墨烯研究院柴达木分院等研究平台、创新基地等公共技术创新平台建设。

（二）科技交流不断深化

近年来，青海柴达木循环经济区域创新体系基本健全、科技创新能力明显提高，科技人才队伍不断壮大，科技创新为柴达木地区循环经济发展提供全面支撑。在北京、深圳、浙江、四川等地搭建科技研发平台（实验室），建立与浙江大学、四川大学、青海师范大学的技术合作联盟，联合攻克一批制约青海循环产业发展的基础性、全局性、带动性关键技术。在新能源、新材料、生物医药等高新技术产业形成新优势，加快盐湖化工、电解铝等传统产业转型升级，拟建成国家级太阳能及锂镁产业科技创新基地。

二　科技助推柴达木地区循环经济产业转型升级

（一）科技创新引领重点产业发展

紧紧围绕新材料、盐湖、有色金属、石油天然气、新能源等特色资源产业链为发展需求，柴达木循环经济重点开展镁合金新材料研发、电池级碳酸锂研究、金属镁研发等技术攻关。

1. 盐湖产业

青海盐湖佛照蓝科锂业股份有限公司采用国际先进的俄罗斯离子交换吸附法提锂技术，建设年产 1 万吨高纯优质碳酸锂项目，2014 年完成建设并投产，2015 年生产碳酸锂 4000 吨左右，产品品质接近工业一级品要求。在此基础上，规划年产 5 万吨锂盐产品，发展锂新能源、锂新材料、锂精细化工，分阶段启动实施。青海锂业有限公司针对高锂镁比原料卤水，经过酸化提硼后，采用膜法离子选择镁锂分离工艺进行高效镁锂分离，实现了高镁锂比分离；同时进行了杂质脱除，直接生产出电池级碳酸锂，产品纯度达到 99.5%。青海中信国安科技发展有限公司在西台建成 1 万吨/年煅烧法生产碳酸锂装置。青海恒信融锂业有限公司以西台卤水为原料，采用膜分离技术建成年产 2000 吨电池级碳酸锂生产线。

2. 石油化工产业

开展汽柴油质量升级关键技术研究及应用，为国内后续汽油质量升级储备了成熟技术，取得了较好的经济效益和社会效益。开展柴达木盆地油气资源评价及油田可持续发展研究，研究分析出剩余油气资源分布规律，指出盆地近期及中长期的三大油气勘探领域，9 个常规油气区带及 3 个致密油有利区带，预测未来油气储量及产量增长趋势。

3. 有色金属产业

开展高原高砷微细粒难选金矿浮选尾矿清洁化提金关键技术研究与产业化研究，工艺实现提金的环保要求，且浸出的效果同 CIL 法工艺的效果一样，同时环保提金剂拥有更环保、更安全、更高效、更便捷、低成本、用量低、浸出周期短等优点，在清洁资源二次使用回收、安全管理、环境保护等方面具有重要的意义。依托西部矿业锡铁山分公司，已建成智能选矿专家控制系统。依托青海西豫有色金属有限公司建成了 10 万吨/年铅综合回收利用技术研究——从铅电解阳极泥中回收有价金属技术研究，已打通采用侧吹炉处理阳极泥的工艺，优化了生产工艺参数的控制及优化，提高单炉阳极泥处理量及单炉产量，辅料消耗达到项目设计值，金回收率≥95%，银回收率≥95%。开展深水潭易泥化微细粒金矿磨矿关键技术研究与应用，通过对矿石的工艺矿物学、球磨机给矿粒度及球磨机钢球级配等关键技术进行研究，建立磨矿数据库，并结合矿石性质和球磨机类型与型号，以大量的试验研究和工艺考察数据分析为依据，修正并完善了钢球级配原理和补加制度，解决了易泥化微细粒金矿选矿生产过程中的“欠磨”和“过磨”的技术难题，为浮选作业提供优质物料。

4. 新能源产业

实施太阳能热发电中高温蓄热技术及装备的开发，通过塔式太阳能热发电中高温蓄热系统及关键设备开发，提高了太阳能热发电系统稳定性及设备利用率，较大程度提高其与风电、光伏等新能源竞争力。实施兆瓦级太阳能热发电吸热器关键技术开发，攻克了熔融盐吸热器这一塔式太阳能热发电的重点难点问题，有效推进太阳能热发电技术储热技术的研究和实践应用。

5. 新材料产业

镁合金项目熔炼工艺技术取得新突破，新镁合金半连续铸造生产线首次试车成功，并生产出高性能镁合金铸棒。经对新产品深入检测，新产铸棒尺寸更大、外观铸造质量稳定，实现微观组织细小化、等轴化及均匀化，没有成分偏析现象、夹杂物少，成分达到设计标准，质量性能达到 AZ33M 镁合金国标要求。恒信融年产 2 万吨电池级碳酸锂项目一次性投料试车成功。项目历时两年在西台吉乃尔盐湖建成，采用自主研发的全膜法分离提锂工艺，为国内盐湖提取高纯碳酸锂单体规模最大生产线，为盐湖资源综合开发利用制备高纯碳酸锂开辟了新的技术路径，标志着青海盐湖提锂产品开始向精细化、高值化、规模化方向发展，为全省打造千亿元锂电产业夯实了基础。

（二）科技创新支撑现代农业发展

1. 科技创新能力不断提高

针对柴达木特色生物产业的制约因素，加快推进技术推广平台建设。海西州引进专家围绕特色生物产业、生态畜牧业、信息平台开展科研工作。引进专家团队与本地科研团队联合协同攻关，解决柴达木生态农牧业发展瓶颈。同时，海西州农业科学研究所入选国家农业基础性长期性试验站，使柴达木循环经济试验区特色生物产业科技支撑力进一步提高。

2. 大力推广应用农村科技成果和农牧业新品种新技术

引导中科院西北高原研究所、青海省农科院等科研院所与地方科技需求紧密对接，2017 年在海西州农牧业科技创新示范基地开展新品种、新技术推广应用。一是推广柴杞 1、2、3 号新品种，开发生产不同类型、不同包装枸杞加工产品，主要有鲜干果、籽油、浓缩汁、干粉、果酒、泡腾片等系列产品。建成标准化生产示范基地，核心基地通过欧盟 ECOCERT、德国 BCS、色瑞斯（CERES）等国际知名认证机构和中国农业部绿色认证。二是选育高产、优质藜麦新品种“青藜 1 号”和具有早熟、丰产、大粒、加工特性优良、适于机械化收获、抗叶斑病、抗倒伏等特性的品种“青藜 2 号”，明确了柴达木盆地是青海藜麦最佳种植区，制定出藜麦栽培技术规范。开发藜麦加工新产品有藜麦初粮、藜麦饼干、藜麦挂面、藜麦酒、藜麦茶等系列产品投放市场。三是大力普及畜牧业生产先进设施设备，加大草食畜高效养殖技术、良种繁育、优良牧草种植等草牧业实用新技术的转化和推广，提高现代农业水平。

3. 稳步推进科技成果转化推广示范基地建设

一是加快推进农牧业服务体系建设工程建设，有效改善农产品质量安全检测及草原监理体系基础设施，提升农牧业服务水平。二是通过“互联网 +”信息平台建设，改善农牧区职能监测信息系统、远程视频监控系统、藏区 GIS 智能管控平台、农牧业综合信息服务平台、病虫害在线诊断系统、质量安全监管系统及“互联网 +”营销平台和智能化示范基地建设等，逐步完善农牧业服务体系，提升整体科技水平。

三　科技支撑柴达木地区循环经济发展面临的挑战

2016 年，柴达木循环经济试验区规模以上工业增加值 271.2 亿元，占全省 30%；固定资产投资 560 亿元，同比增长 10.7%，其中第一产业占比

4.2%（下降4.6%），第二产业占比76.2%（增长4.6%），第三产业占比19%（增长51.1%）。科技支撑产业转型效果逐渐显现，综合经济实力明显增强，在生态脆弱地区发展循环经济的道路上迈出了坚实的步伐。但由于柴达木地区工业循环经济发展还不成熟，科技发展还存在人才紧缺等短板。一是产业集聚规模较小，配套产业相对滞后。产业初步形成集聚发展态势，但集群水平不高，产业链不完整，产业间关联配套设施建设滞后，专业物流、咨询等配套服务型企业数量较少，资金使用效率低。二是创新能力不足，科技支撑薄弱。区域创新体系建设滞后，产业发展缺乏强有力的科技支撑。对资源集约开发、精深加工及循环经济产业的关键技术研究不足，导致很多在资源、市场、效益等方面有优势的项目流产。三是产业化经营程度不高。特色生物产业发展仍然处于起步阶段，缺少精深加工龙头企业，优势生物资源转化为优势产业的步伐缓慢。四是专业技术人才缺乏。由于缺乏专业技术领军人才、团队和技术服务专业机构，企业新产品研发能力弱、科技成果转化率低等问题制约了产业的发展。五是服务营销体系不健全。市场流通、信息服务和中介组织等机构不健全，企业供求信息渠道不畅，推销手段单一。创新创业公共服务能力不足，专业化服务和技术服务平台较少，无法为创新创业活动提供专家指导、市场分析、行业透视等全方位服务。

四　发展展望

（一）支持重点领域技术创新

一是依托盐湖丰富的锂资源，开展高纯碳酸锂、电池级金属锂关键技术研究，延伸锂资源精深加工产业链条，打造在国内外有重要影响的锂电材料、锂盐、锂系合金材料以及相关配套产业，建设国家重要锂产品生产基地。二是依托海西丰富的光热和风能资源，开展熔盐储热、压缩空气储能、光热拆解回收飞机碳纤维、高原热气流发电实验技术研究，打造以光伏、光热、风能发电和装备制造为主的一体化全产业链，积极推进新能源产业与新材料、装备制造等产业的深度融合，创建国家百万千瓦级光伏“领跑者”基地、国家零排放清洁能源示范基地。三是依托盐湖化工、油气化工、煤炭综合利用、金属冶金等特色优势产业，瞄准国内外产业发展趋势和市场需求，开展盐湖锂盐高纯化、高分子及其复合材料、复杂铅锌硫化矿高效清洁分选与综合回收关键技术集成等研究，打造国家重要的冶金材料、新能源材料、新型化工材料产业基地。四是以石油、天然气、页岩气资源勘探开发为重点，建设千万吨油气田，积极争取和推进中哈原油管道延伸至格尔木，形成千万吨级炼化产业。五是依托枸杞、藜麦、中藏蒙药、沙生植物等特色生物资源，推进德令哈绿色产业园、都兰枸杞产业园等现代农牧业示范园区建设。加快枸杞产业中红枸杞提取黄酮、黑枸杞提取花青素和精深加工等技术研发，推动枸杞提取高效活性成分生物制品、特色保健品的开发。

（二）优化科技创新平台建设布局

围绕产业发展战略需求，加大创新平台建设。重建中国柴达木循环经济研究院落户海西，组建柴达木生物资源研究院。强化青海省企业循环经济研究开发中心、盐湖镁业资源开发工程技术研究中心、高原稀贵金属、盐湖资源综合利用等重点实验室的技术研发和成果转化，推动海西循环经济重大实验室建设。

（三）加快培育高新技术企业

进一步落实《青海省高新技术企业和科技型企业“双倍增”及科技小巨人培育计划实施方案》的各项措施，用足用好国家有关企业技术研发费加计扣除、高新技术企业减免税等优惠政策。围绕重点和特色产业，加大对格尔木和德令哈工业园内企业的遴选和培育，每年新增高新技术企业 2 家以上、科技型企业 5 家以上。

（四）加强人才队伍建设

结合海西州“十三五”期间高端创新人才百人计划，采取灵活多样的人才柔性流动政策，拓宽引才引智渠道，不拘一格引进人才。鼓励以短期聘用、兼职、合作研究、项目招标、技术指导等方式，大力引进重点产业、重点项目、重点学科、关键技术等紧缺急需的高层次人才和智力，做到引才与引智紧密结合。

（五）加快推进农业供给侧结构性改革

继续推行枸杞标准化生产，扩大基地规模，建立柴达木高端枸杞产业基地。推进绿色基地和有机基地认证工作，强化产品检测和安全监管。建立枸杞产品可追溯体系，制定种植管理、生产加工和产品分级等标准，统一规范使用农产品地理保护标志和商标，创建海西州（国家级）出口枸杞质量安全示范区。加大设施果蔬产业建设，培育柴达木果蔬地域品牌，加快都兰县万亩高标准设施果蔬基地建设，建成青海省菜篮子供给基地。开展藜麦产品生产、加工的相关技术攻关及生态安全性评价等基础研究工作。开展柴达木绒山羊分子标记、基因优化研究，推进羊绒品质提质升级，制定养殖、育肥等技术规范，打造以高原牦牛、藏羊为核心的肉牛肉羊产业体系。

G.16

青海牧业区智慧生态畜牧业与科技发展报告*

摘　要： 随着信息技术的发展，按照“互联网+”的发展理念，将遥感、GIS、云平台等技术应用到生态畜牧业全产业链中，实现生态监测动态化、畜牧业生产数据可共享、畜产品安全可追溯，已成为畜牧业发展的新方向。

关键词： 智慧生态畜牧业　“互联网+”　信息云平台　青海省

一　国内外智慧畜牧业发展形势

随着计算机技术，特别是物联网技术、云平台和大数据分析技术等新一代信息技术的发展及其在农业、畜牧业中逐渐得到应用，智慧农业、智慧畜牧业近年在国外农业和畜牧业发达国家得到了较快的发展。澳大利亚等畜牧业发达国家，通过构建统一的数据管理平台和信息系统，在牧场利用无线网和传感技术，实现了对动物生产全过程的数据收集和利用：通过传感器实时监测畜禽的各项生产指标，通过计算机信息系统和数学模型模拟动物生长过程，进行动物生产优化设计，通过专家系统确定动物最佳饲养方式，最优化羊群数量、出栏体重和时间等，通过互联网协助牧民进行牲畜交易和畜产品信息追溯，从而进一步提升了畜牧业生产效率。我国近年在一些企业开展了智慧农业的试验，但受气候、环境、技术水平、人员素质等诸多因素影响，

---

* 课题组成员：张超远、王荔华、苗希春、马瑞、张燕、徐世晓、赵亮、常丽娜、杨军、蔡其刚。

整体水平不高、示范效应有限；以产品追溯系统为基础开展了智慧畜牧业技术的研发，但尚未能形成畜牧业生产全产业链的数据收集和信息分析。

二　青海省畜牧业发展形势

青藏高原是我国重要河流的发源地，是我国乃至全球气候变化的敏感区和重要启动区，是我国乃至全球重要的生态安全屏障。青海省地处青藏高原东麓，是长江、黄河、澜沧江的发源地，地理位置特殊、自然资源丰富、生态服务功能重要，是我国青藏高原生态安全屏障的重要组成部分。同时，作为我国五大牧区之一，畜牧业是青海省重要的经济支柱，是广大农牧民赖以生存的根本。因此，如何协调高寒牧区畜牧业发展和生态保护的关系，如何在保护生态的基础上提高畜牧业发展水平，是地方科技发展的重要议题。

青海省畜牧业多数沿袭传统的草地畜牧业生产模式，在这种模式中天然草地是家畜饲草料的唯一来源，牲畜处于“夏饱、秋肥、冬瘦、春死亡”的恶性循环。畜群结构极不合理，牲畜饲养周期过长，畜牧业生产效率低下，少数民族群众生活仍处于贫困状态。草畜矛盾突出，天然草地退化，直接制约了畜牧业和经济社会的可持续发展及牧民生活的改善提高。

近年来，党中央、国务院和青海省高度重视三江源地区生态保护建设。党的十八大报告中将建设中国特色社会主义事业总体布局由经济建设、政治建设、文化建设、社会建设“四位一体”拓展为包括生态文明建设在内的“五位一体”总体布局，进一步明确了生态文明建设在中国特色社会主义建设中的作用。2013 年 12 月国务院常务会议通过的《青海三江源生态保护和建设二期工程规划》指出，“以转变经济发展方式为主线，大力发展生态畜牧业，着力促进生态保护、民生改善和区域经济协调发展”，这是三江源生态保护与建设由以治标为主的应急抢救型向标本兼治的长效机制转变的重要标志。全国农业可持续发展规划（2015～2030 年）将青海藏区列入保护发展区，进一步明确了该地区在生态保护与建设方面具有特殊重要的战略地位，指出应坚持保护优先、限制开发，适度发展生态产业和特色产业，促进生态系统良性循环。进一步为青藏高原特别是三江源地区畜牧业发展指明了方向——坚持走生态畜牧业的发展道路。

在中央和地方政府支持下，青海省科技部门等组织开展了退化草地恢复、人工草地建植、草产品加工和家畜冷季补饲等研究工作，取得了一定成效。2014 年 9 月，农业部批准青海设立全国首个“草地生态畜牧业试验区”，肯定了青海省在生态畜牧业建设中的成绩。2016 年 8 月，习近平总书记视察青海时提出了要扎扎实实推进经济持续健康发展，扎扎实实推进生态环境保护，扎扎实实推进保障和改善民生，扎扎实实加强规范党内政治生活“四个扎扎实实”的重大要求。2016 年 12 月，省委十二届十三次全体会议提出“努力实现从经济小省向生态大省、生态强省的转变，从人口小省向民族团结进步大省的转变，从研究地方发展战略向融入国家战略的转变，从农牧民单一的种植、养殖、生态看护向生态生产生活良性循环的转变”，这“四个转变”，是落实“四个扎扎实实”重大要求的方法路径，进一步明确了生态保护在青海发展中的重要位置。

三　青海省智慧生态畜牧业建设现状

针对青海省畜牧业发展中存在的突出问题，青海省科技部门和农牧部门于 2015 年着手开展实施三江源智慧生态畜牧业平台建设项目。该项目利用遥感、GIS 和云技术，设计三江源区智慧生态畜牧业技术平台，为其他平台提供标准数据产品的定制服务以及基础数据的管理服务。基于物联网、云存储等技术，研发并构建智慧生态畜牧业信息云平台。在高时空分辨率的草情信息获取，月度或季度时间尺度的草畜平衡动态估算等关键技术突破的基础上，研发并构建草情监测与草畜平衡诊断系统。面向三江源各县政府部门、示范县各乡镇管理部门、示范区牧户以及消费者，研发草畜情综合信息政府服务系统。在解决数据内容繁杂、专业模型广泛、软件技术系统众多、开发平台各异等集成难题的基础上，集成整个项目的所有数据和研发所有模型及技术系统，形成三江源智慧生态畜牧业技术集成平台，并移植到贵南、河南、泽库县三个示范区运行。在示范应用的基础上，开展三江源智慧生态畜牧业技术平台与示范项目实施的综合效益分析与应用推广前景评估。

通过两年的联合科技攻关，三江源智慧生态畜牧业平台建设项目研发了具备生态畜牧业信息采集、分析、诊断、决策与指导等功能的智慧生态畜牧业全流程一体化综合管理信息系统，并在贵南和河南两个典型示范区开展试验示范，实现了信息技术支持的天然草地合理放牧利用、优质高产饲草基地建植、饲草资源高效利用、牦牛和藏系绵羊有机养殖与畜产品增值加工营销，并通过信息化管理平台加以管理利用，初步实现了减轻草地放牧压力、提升畜牧业经济效益的目标。在贵南典型区建成了“天然草地合理放牧利用—优质人工草地建植—优良青贮饲料加工—饲草料精准配置—牦牛、藏羊冷季补饲与健康养殖”为一体的智慧生态畜牧业技术体系，研发集成了适用于专业合作社、家庭联营牧场、国有企业、民营企业土地流转和国有保种场等经营主体的可复制的生产组织模式。在河南、泽库典型区建立了“牲畜智能监测—藏羊高效繁殖技术集成—牦牛现代养殖与生态协调—产品溯源电商平台—信息化服务管理平台”为一体的有机畜牧业集成模式。智慧生态畜牧业技术体系和生产组织模式为三江源生态保护工程（二期）和全国草地生态畜牧业试验区建设提供可借鉴的技术和模式。

（一）三江源智慧生态畜牧业技术平台建设

充分运用遥感、地理信息系统、模型模拟、物联网、大数据和云计算等技术，整合了项目示范区的农牧、科技、气象、生态、环保和国土等信息，完成了总体设计、云平台搭建、数据集成、系统研发、应用示范、技术培训、综合效益分析和应用推广前景评估等各项工作，实现了省级总平台及县级示范平台的互联互通和草畜情信息的数据采集、汇交分发、生产管理、分析诊断、在线访问及信息推送等各项功能，搭建了具备智慧生态畜牧业信息采集、分析、诊断、决策与指导等功能的全流程一体化技术平台，并在三江源区玛多县、贵南县、河南县和泽库县，以及示范区开展不同层次和不同内容的应用示范，为构建三江源生态保护“减压增效”的“智慧生态畜牧业”

新模式提供了技术和数据支撑。

1. 三江源智慧生态畜牧业平台的整体框架

三江源智慧生态畜牧业平台总体设计方案可概括为“一个总平台，三个县级平台”。智慧生态畜牧业信息云平台为项目总平台，部署在青海省科学技术信息研究所，云平台具有强大的计算和网络资源，通过严格的多重安全防护措施，为用户提供访问接入，满足项目各单位、各平台互联互通的需要。气象站采集数据和县级平台的人工草地草情和畜情数据通过网络传入部署于青海省科学技术信息研究所的信息云平台。各示范区建设县级服务平台，县级服务平台向信息云平台提供饲草信息和畜情监测数据等信息，青海省草原总站通过网络与青海省科学技术信息研究所的信息云平台互联互通，获取畜情信息结合草情信息进行草畜平衡诊断分析，生成草畜平衡信息提供给综合信息服务平台。综合信息服务平台为县级服务平台提供环境质量和草畜平衡等信息，并向政府部门、企业和牧民提供草畜情信息的在线访问和及时推送。

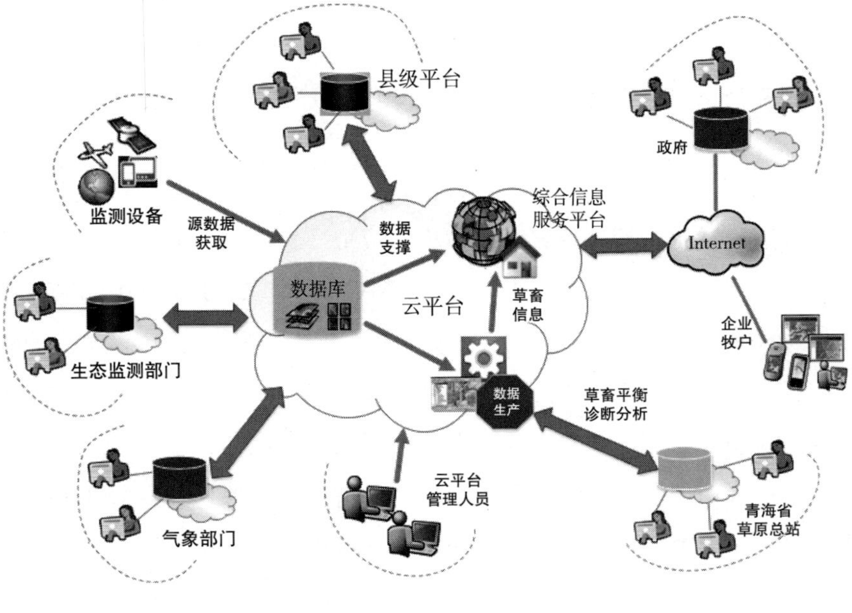

图 1　三江源智慧生态畜牧业平台总体设计方案

2. 智慧生态畜牧业信息云平台建设

智慧生态畜牧业信息云平台包括基于云平台的数据汇交与信息分发系统、智慧生态畜牧业综合数据库管理系统、智慧生态畜牧业综合数据库和综合信息服务平台等内容，系统性获取基础地理、生态系统类型、草情、畜牧业、环境质量、遥感图像、野生动物等方面的大量数据，并移植到青海省科技信息研究所运行，实现信息云平台和典型示范区县级平台的联网运行，云平台实现对项目数据的汇交分发、统一管理和在线访问。

图 2　三江源智慧生态畜牧业信息云平台

3. 草情监测与草畜平衡诊断系统研发

研发草情监测与草畜平衡诊断系统 1 套。建成由 5 套草地气象环境自动监测系统、5 套摄像摄影监控系统和大量地面观测样地组成的草情监测遥感验证地面观测网络，研发了草情遥感监测系统、草地产草量估算系统、草情诊断分析与预测预警系统、草畜平衡估算与优化配置系统，并移植到青海省草原总站运行。各系统前后衔接，相互配合，能分别输出最新年份三江源区、示范县和示范村的归一化植被指数数据、覆盖度数据、产草量数据和草畜平衡等数据信息，并自动输出草情诊断报告文档，各数据质量符合课题建设技术指标要求。

4. 草畜情综合信息政府服务系统研发

研发了草畜情综合信息政府服务系统 1 套，包括玛多县草情和野生动物综合信息政府服务系统、示范区综合信息政府服务系统、三江源区草畜情综合信息政府服务系统等，已移植到青海省草原总站运行。草畜情信息政府服务系统能实现示范区草畜情信息的及时发布和在线访问。

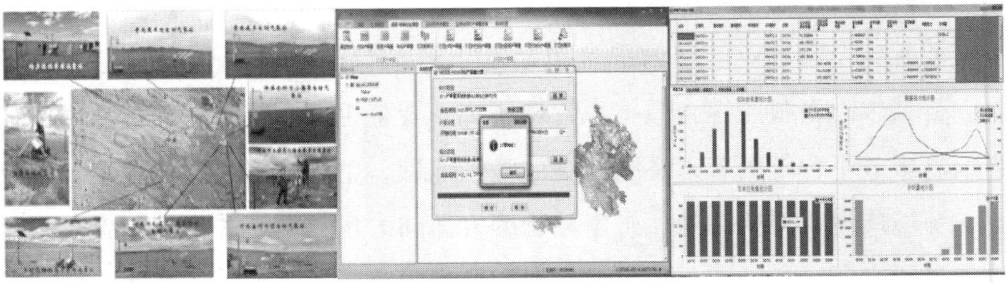

图3　三江源智慧生态畜牧业草畜平衡诊断系统

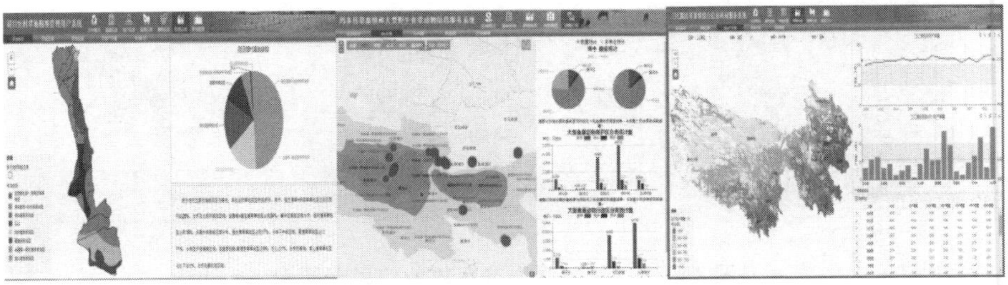

图4　三江源智慧畜牧业草畜情综合信息政府服务系统

（二）贵南典型区技术集成与应用示范

1. 天然草地牧草返青期休牧和季节性配置技术

牧草返青期是植物生长的关键物候期，实施返青期休牧可使草地得以休养生息，有效防止草地退化，对提高草地生态系统生态服务功能、实现草地可持续利用有重要意义。在贵南县嘉仓生态畜牧业专业合作社、贵南县黑藏羊场和贵南县雪域诺央家庭牧场三个示范点开展牧草返青期休牧试验示范。基于天然草场中度放牧利用原则，结合牛羊数量、草场面积和退化状况，制定了三江源区天然草场季节性放牧利用优化技术方案，并因地制宜加以试验示范。监测结果表明，返青期休牧使得退化草地生物量提高 21.2%、覆盖度提高 25.3%；同时，群落高度、物种丰富度等都有大幅提高，而杂草盖度和杂草生物量比例则显著降低。

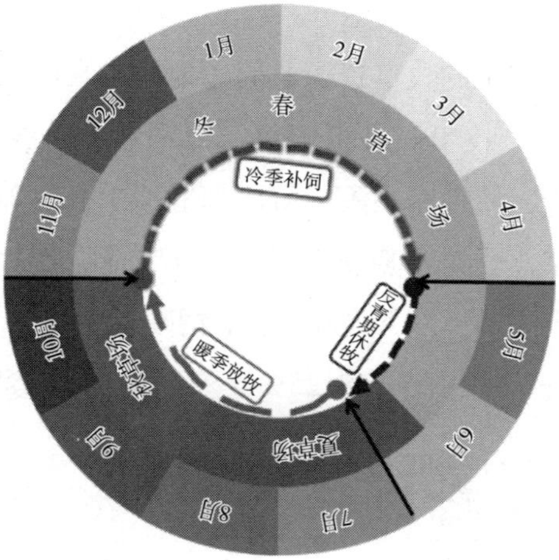

图 5　天然草地牧草返青期休牧和季节性配置方案

2. 优质高产人工草地建植技术

针对青藏高原高寒牧区草畜矛盾突出、冬春饲草匮乏，严重制约区域畜牧业发展的问题，基于牧草种植基地土壤养分监测和评价，制定了有机—无机搭配组合施肥策略，同时，引进箭筈豌豆开展禾豆混播试验示范。为预测牧草产量，在贵南示范区建立了 3 套自动气象站及物候与生物量实时观测系统，对总辐射、光合有效辐射、降雨量、空气温湿度、风速、土壤温湿度等进行高频率观测、每日定时采集人工草地牧草图像。以此为基础，建立了燕麦牧草的动态产量预测模型，为实施区域牧草资源调配奠定了基础。

3. 高寒牧区牧草青贮技术

牧草青贮可以在最大程度保持牧草营养品质的同时延长其保存时间。项目实施以来，筛选出高寒适宜牧草青贮菌剂，优化牧草最佳青贮时间，并建成高寒牧区牧草青贮产业化平台，制定了三江源区优良牧草青贮技术规程和智慧畜牧业平台培训微视频。在贵南县和泽库县的 5 个示范点研制自走式牧草青贮收获平台机组 5 套、新型捆裹包膜一体机 1 套，建成基于机械化的产业平台，使牧草青贮生产效率提高 7 倍。

4. 饲草料加工精准搭配系统

根据牦牛、藏羊的营养需求和当地主要饲料原料营养品质和价格，基于

R 语言设计得出最低成本饲草料配方系统。利用近红外快速测定系统和饲料配方系统，以农牧区充足的牧草资源及周边地区丰富的农副产品为原料，采用全混合日粮（TMR）技术，将粗饲料、精饲料、矿物质元素、维生素和其他添加剂充分混合，使牲畜在不同阶段都能够采食营养平衡的饲料。在贵南草业公司、现代草业公司和嘉仓生态畜牧业专业合作社开展了饲草料精准加工试验示范，结果表明，利用 TMR 技术饲喂牦牛比传统方式的粗蛋白消化率提高 13.27%，料重比降低 58.25%，有效提高了资源利用效率。

图 6　智慧畜牧业饲草料智能优化配置系统

5. 牦牛、藏羊精准补饲技术

项目实施以来，对示范点天然草地牧草产量和营养品质月动态进行了监测，结果表明牧草产量 9 月最高，4 月最低；粗蛋白 7 月最高，12 月至翌年 4 月基本保持不变。以此为基础，根据藏系绵羊生长发育特征和生理特点，结合多年的研究成果，创新性集成了藏羊高效养殖技术。对断奶羔羊进行半放牧半舍饲或舍饲，实现当年羔羊适时出栏。从而在缓解草场放牧压力、保护草场生态环境的同时，大幅提高藏系绵羊养殖效益。同时，根据牦牛采食量（体重的 2.5% ~3%）和营养需要量，以“三个‘1/3’”为技术要点，制定牦牛冷季精准补饲方案。

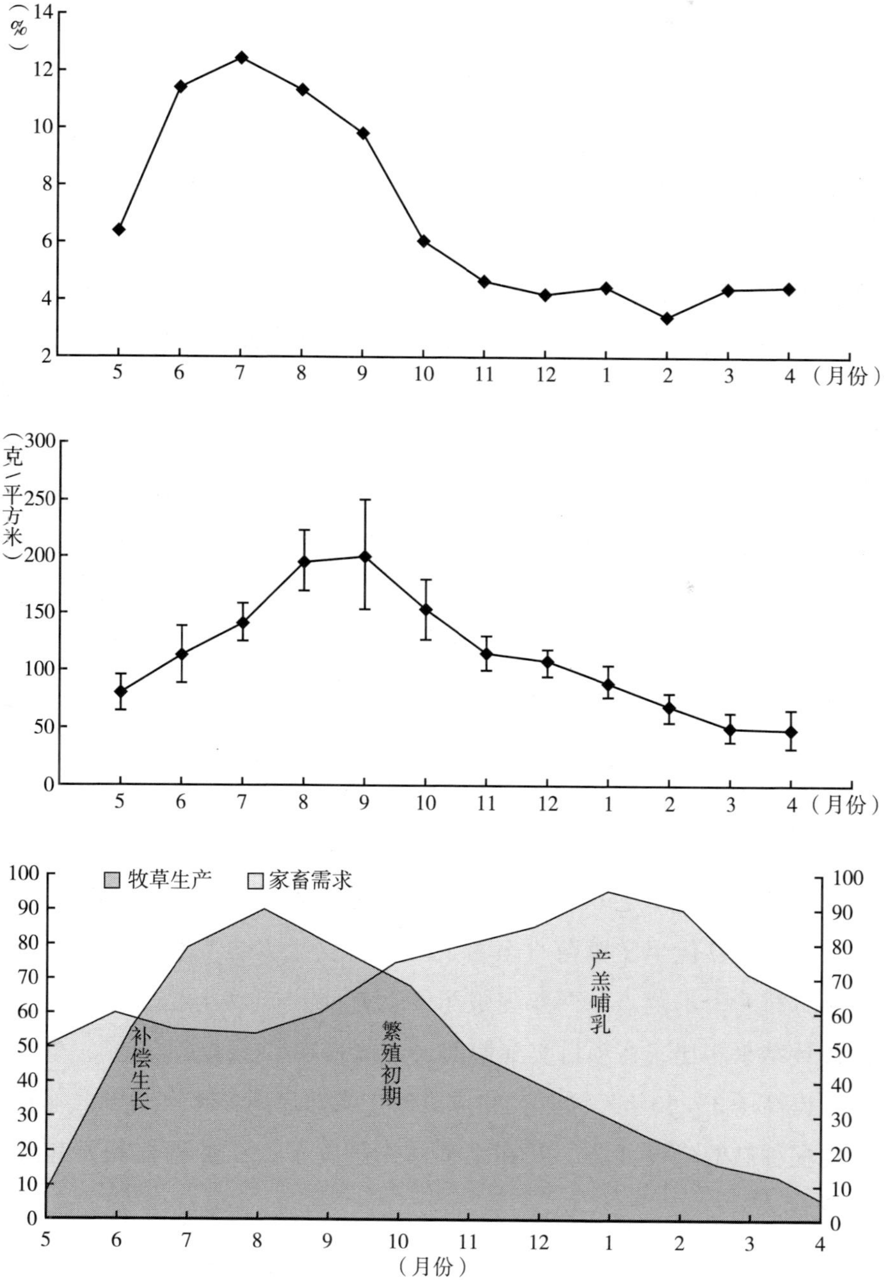

图7　天然草地牧草蛋白、生物量及藏羊营养需求动态

（三）河南泽库典型区技术集成与应用示范

1. 家畜智能称重装备研发

智能称重系统可针对牲畜个体和单个牧场实现牧场信息的采集和控制，便于牧场的精细化管理，提高有机畜牧业生产效率，改善传统畜牧业生产方式，实现牧场的“智慧”和“精准”管理。通过对智能称重设备的引进、消化与集成，建立了适应高寒牧区的智能称重系统 11 套，其中藏羊 6 套，牦牛 5 套。研发的称重设备支持超高频牛羊耳标的读取与数据汇联，称重准确率达到 98%，称重数据通过移动互联网自动上传至三江源智慧生态畜牧业信息云平台，为青海省畜牧业信息化、智能化提供了技术支撑。基础设施建设方面，完成了 11 个试点合作社牛羊围栏圈道的建设，协同智能称重系统的安装，设计实现了一种基于牲畜体重数据实现自动化分群的装置。同时，创新性地研究了一种基于光学摄像装置的牦牛估重技术，通过对图像数据的处理实现便捷的牦牛体重估计，试验结果表明，该技术平均估重准确性约为 90%，高于人工估重 85% 的准确率。

2. 藏羊高效繁殖技术集成

在试点合作社运用同期发情、人工授精、人工控制本交、羔羊早期断奶、直线育肥出栏、淘汰羊育肥出栏等技术，两年共完成了 3 次母羊配种，累计配种母羊 15660 只。通过课题的实施，在河南县优干宁镇阿木乎村、河南县优干宁镇荷日恒村、河南县柯生乡尖克村、泽库县宁秀乡拉格日村 4 个示范点，两年完成了 3 次配种产羔和出栏。与项目实施前的统计结果相比，在项目实施期间，产值增加了 652. 65 万元，生产效益平均提高了 33. 56%。同时，完成了河南县、泽库县 4 个试点合作社人工授精配种站的建设任务，并在配种站中配置了人工授精器械及相关配套设备。

3. 牦牛现代养殖与生态协调

紧密围绕解决牦牛传统生产中“温、饱、生产方式”三大制约因素，结合青南地区牦牛生产的特点，创新集成了犊牛人工培育、早期断奶、母牦牛围产期补饲、生产牦牛半舍饲营养平衡、放牧加补饲提高出栏率等已有的技术成果，大幅提高了牦牛繁殖率及生产性能。通过在河南县赛尔龙乡兰龙村、河南县宁木特镇作毛村、泽库县泽曲镇东格日村 3 个牦牛现代养殖示范点试验，两年累计出栏淘汰牛 1415 头，出售公犊 209 头，牛奶 23000kg，牛肉干 1450kg，销售收入达到 830. 28 万元。牦牛繁殖率由 45% 提高到 53%，总体生产效益提高 16. 1%。通过对牦牛体重的测定，指导牧民开展牦牛冷季补饲和牦犊早期断奶，购置牦牛挤奶器、多功能饲料搅拌机相关设备，实现了牦牛的现代化养殖。

4. 有机可追溯电商平台研发

有机可追溯电商平台基于青海省有机畜产品追溯官网的产品进行追溯服务，在常规电商平台的基础上实现了产品追溯信息的在线展示；增加了在线认养及 B2B 商城特色模块，丰富了电商平台的功能，满足了多样性的消费需求。电商平台共包含 22 个功能部件，70 多个子功能模块，100 多个子页面。系统可扩展性和并发性好，可根据实际负载进行负载均衡，支持多用户并发访问，具备了实际上线运行的能力。电商平台在 2017 年 6 月至 2017 年 9 月进行了试运行，成交了 43 项商品，其中包括在线认养的两个真实案例，从技术上验证了电商平台的实用性和稳定性。2017 年 9 月，研发团队同黄南州河南县有机办就在线认养业务模式的落地化运营达成初步意向，计划以河南县为基地，开展以周边地区消费者为主的在线认养业务。

图 8　可追溯电商平台首页及在线认养界面

图 9　B2B 商城及店铺街管理界面

5. 智慧畜牧业信息化服务管理县级平台研发

完成了平台整体功能结构的设计，包含前台页面、后台管理、数据库和第三方应用接口四大模块。平台实现了县、乡/合作社、牧户的三级管理功能模块的研发。县级平台实现了前台与后台数据的交互对应关系，并实现了与省级云平台数据接口的同步对接。河南、泽库、贵南 3 个县的后台管理子模块，包含了共同模块和特色模块，共同模块有草情信息、养殖监测、环境监测、信息发布、技术培训、技术数据、基础信息、综合分析、追溯子系统和数据中心等 10 个模块，特色模块分别是河南县的有机追溯、放牧与补饲模块，泽库县的高效养殖、放牧与补饲模块，贵南县的健康养殖、饲草种植与加工模块。

县级管理平台将牲畜智能称重、藏羊高效繁殖、牦牛现代养殖、有机溯源电商平台等功能集成在一起，实现智慧生态畜牧业县级信息系统的管理和控制。平台包括牲畜生长阶段管理子系统，牲畜动态体重管理子系统，牲畜生长阶段综合分析子系统，畜产品质量安全溯源子系统，奶产品加工追溯子

图 10　三江源智慧生态畜牧业县级管理平台

系统，电商子系统接口，有机产品追溯数据中心以及信息综合服务平台等。所有模块的功能主要用于掌握全县草情、畜情、牧户等基本信息，并通过综合分析形成报表或统计图，既为相关部门决策提供依据，又可指导示范区的生态畜牧业生产。

（四）玛多县大型野生食草动物种群数量调查与适宜种群规模评估

采用无人机航拍，结合北斗卫星定位跟踪调查、红外相机地面自动监测、地面样带调查等方法，于2016年夏季和2017年冬春季分别开展了2次航拍调查，航拍有效面积达3084平方公里，科学估算出玛多县藏野驴、藏原羚、岩羊、家牦牛、藏羊、马以及大型野生食草动物和家畜的数量。研发的基于无人机航拍的大型野生食草动物种群数量调查技术，与传统的地面调查方法相比，具有快速、经济、可靠等优点，为今后野生动物调查提供了一种有效、可靠的技术方法。

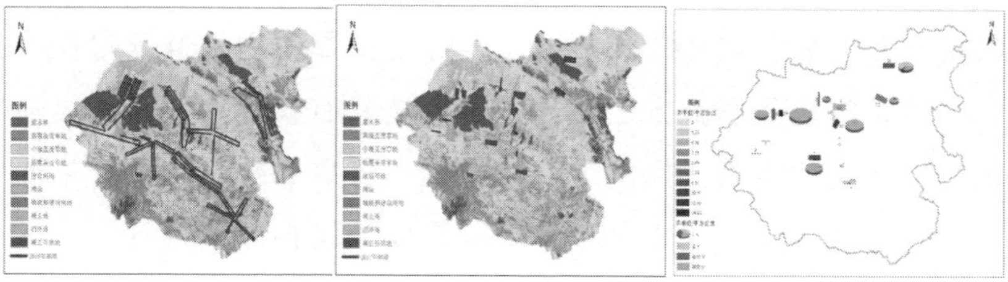

图11　三江源智慧畜牧业草地及草食动物监测系统

基于无人机航拍调查数据，摸清了典型区大型野生食草动物的种群数量和分布规律，评估了野生动物以及家畜对玛多县草畜平衡的影响。结果表明，在玛多县如果仅考虑野生动物数量，草地载畜压力为0.25，草地未超载；如果仅考虑饲养家畜，草地载畜压力为1.16，略微超载；如果综合考虑野生动物和家畜两者的总量，草地载畜压力为1.41，超载4成。该结果为保护三江源地区的野生动物、制定草地资源保护和利用方案、维护草地生态系统良性循环提供了科学依据。

四　三江源智慧生态畜牧业平台技术创新点

一是智慧生态畜牧业平台为信息采集、分析、诊断、决策与指导全流程一体化技术平台。智慧生态畜牧业信息云平台可系统性地获取、集成基础地理、生态系统类型、草情、畜牧业、环境质量、遥感图像、野生动物等数据。草情监测与草畜平衡诊断系统，能够实时获取高分辨率草地生态和畜牧业资源时空监测信息，实现草地产草量估算、草情诊断分析与预测预警、草畜平衡估算、草地合理精准放牧和草畜优化配置等各项功能。本研究在基于地面调查—遥感—模型—神经网络数据融合和降尺度的草地产草量精细制图方面，在多源、多尺度数据获取和融合技术研发方面，均开展了重要探索。这种集草地生态畜牧业的信息化、智能化、精准化、高效化生产和管理为一体的智慧生态畜牧业技术平台研究，在国内尚属首次。

二是研发了基于无人机航拍的大型野生食草动物种群数量调查技术体系。与传统的地面调查方法相比，该方法具有快速、经济、可靠等优点，为今后野生动物调查提供了一种有效、可靠的技术途径。本研究在无人机飞行样带、高度、侧向和旁向重叠度等飞行方案设计，无人机图像拼接、正射投影、面积计算等图像处理技术，野生动物和家畜解译标志库构建方法；航拍相片大型食草动物信息自动提取技术；大型野生食草动物种群数量估算方法，藏野驴、岩羊、藏原羚与栖息地环境因子的关系分析，基于野生动物和家畜数量的草畜平衡估算等方面开展了重要探索。

三是智慧生态畜牧业贵南典型区草—畜全产业链模式集成。针对三江源区高寒草地畜牧业发展过程中存在的超载过牧、草地退化、饲草料供给失衡、放牧家畜管理粗放、畜产品加工单一等制约生态保护、畜牧业发展和经济效益提升的关键问题，基于贵南农牧交错区水热资源适于发展规模化人工草地及草产业的自然禀赋，建成“天然草地合理放牧利用—优质人工草地建植—优良青贮饲料加工—饲草料精准配置—牦牛、藏羊冷季补饲与健康养殖”为一体的智慧生态畜牧业技术体系。在贵南地区研发了适用于专业合作社、家庭联营牧场、国有企业、民营企业和保种场等经营主体可复制生产模式，因地制宜，建立示范基地进行应用推广。从而优化畜牧业生产模式，缓解高寒草地放牧压力，有效提高了畜牧业经营效益，为三江源生态保护工程（二期）和全国草地生态畜牧业试验区建设中同类地区发展生态畜牧业提供了可复制的技术体系和模式。

四是智慧生态畜牧业河南、泽库典型区有机畜牧业模式集成。智能称重系统可针对牲畜个体和单个牧场实现牧场信息的采集和控制，便于牧场的精细化管理，改善了传统畜牧业的生产方式，创新集成了牦牛现代与养殖生态协调、藏羊高效繁殖等一系列已有的技术成果，大幅提高了繁殖率及生产性能；可追溯电商平台基于省有机畜可追溯官网的产品进行追溯服务，实现了产品追溯信息的展示，构建了在线认养和 B2B 商城等新的业务模式，满足了多样性的消费需求；智慧生态畜牧业县级服务平台，实现了县、乡/合作社、牧户三级智慧生态畜牧业综合信息集成与服务，可应用于指导示范区生态畜牧业生产，也可为县级相关部门决策提供依据。

五　青海牧业区智慧生态畜牧业取得的成效

（一）生态效益

一是运用返青期休牧技术，保护天然草场。实施返青期休牧可使放牧草地得以休养生息，有效防止草地退化，实现草地可持续利用。选择贵南县森多镇嘉仓生态畜牧业专业合作社、黑藏羊场和塔秀乡雪域诺央家庭牧场 3 个示范基地开展牧草返青期休牧试验示范。累计完成天然草场优化配置放牧及返青期休牧技术示范 10. 2 万亩，监测结果表明群落盖度、高度、地上生物量等指标显著提高，而杂草盖度和生物量比例下降。

表 1　返青期放牧与休牧天然草地生态监测指标对比

监测指标	返青期休牧	返青期放牧
群落高度/厘米	8.1 ±0.9	3.2 ±0.5
群落盖度/%	95.1 ±4.1	76.6 ±8.1
杂草盖度/%	29.3 ±5.2	48.3 ±16.3
物种丰富度	20.7 ±1.9	18.0 ±2.1
地上生物量/克/平方米	379.5 ±67.4	176.9 ±53.7
杂草生物量比例/%	36.9 ±6.8	47.1 ±14.8
地下生物量/克/平方米	2791 ±649.4	1965 ±681.1
土壤湿度/%	26.2 ±2.6	18.5 ±4.1

二是基于资源置换，缓解天然草场压力。基于一年生和多年生牧草种植技术集成示范，在现代草业、贵南草业及合作社等示范基地种植示范 1.852 万亩，技术应用推广 3.75 万亩。因地制宜地建植人工草地，可食牧草量相当于天然草地的 27.5 倍。通过这种饲草资源置换模式推广，每 1 亩人工草地的建植可以使 20 亩以上的天然草场得以休养生息。

三是缩短牛羊存栏时间，切实减轻放牧强度。在示范基地创新集成的禾豆混播饲草建植、饲草料加工和牛羊冷季精准补饲等技术，使藏羊和牦牛的饲养周期比传统的放牧方式分别缩短了 1.4 年和 2.5 年。以贵南县 5 个核心示范基地为基础开展牦牛、藏羊营养均衡养殖示范，完成藏羊和牦牛营养均衡养殖示范 5500 个羊单位，技术推广 3.1 万羊单位；按照每个羊单位平均每年需要天然草场 15 亩进行核算，可有效保护 54.75 万亩天然草场。

四是加快牲畜出栏，降低单位畜产品碳密度。畜牧业排放的温室气体排放在总排放量中占有较大比重，联合国粮农组织（FAO）在 2006 年的估计值为 18%。传统放牧 1～5 岁放牧条件下藏羊碳排放密度为 18.6～46.3 kg CO_2 - eq/kg CW，而通过暖季放牧加冷饲补饲生产模式 1～3 岁藏羊碳排放密度为 9.4～18.5 kg CO_2 - eq/kg CW。基于藏羊冷季精准补饲技术集成，可提高个体生产性能，缩短饲养周期，提升饲草转化效率，降低单位畜产品碳排放，达到生态和经济效益双赢的效果。

（二）经济效益

在贵南典型区采用暖牧冷饲技术对不同年龄藏羊进行饲养示范，暖牧冷饲可有效提高藏羊的生产效率。1～3岁藏羊胴体重均显著高于传统放牧条件下的胴体重，经济效益亦显著高于传统放牧条件下的净收益。其中，采用暖牧冷饲模式饲养的绵羊中每只1岁绵羊的净收益为658.7元，2岁为600.6元，3岁为562.8元，均显著高于同龄传统放牧条件下的藏羊净收益。

表2　不同年龄和养殖模式下藏羊生产效率、经济效益和生态效益核算

指标	Lamb	GF－1	GF－2	GF－3	TG－1	TG－2	TG－3	TG－4	TG－5
生产效率									
饲养周期/天	200	540	905	1270	525	890	1255	1620	1985
活重/千克	36.6Efe	54.6BCc	59.5Bb	66.4Aa	21.1Gh	31.3Fg	40.0Ee	47.3Dd	49.7CDd
日均增重(克/天)	183.2Aa	101.2Bb	65.7Cc	52.3Dd	40.2Ee	35.1Efef	31.9Efefg	29.2Effg	25.0Fg
饲草转化率	5.4Hh	8.3Gg	13.4Ff	17.6Ee	17.2Ee	24.0Dd	30.5Cc	37.3Bb	47.1Aa
胴体重(千克)	17.8Efe	26.8BCc	29.2Bb	32.5Aa	9.1Gg	13.4Ff	17.2Ee	20.3Dd	21.4CDc
经济效益									
净收益/元	484.6Ab	658.7Aa	600.6Aab	562.8Aab	271.Bcd	293.8Bc	230.9Bcd	151.7Bd	79.8Ce
日均收益/元	2.70Aa	1.27Bb	0.67Cc	0.44CDd	0.33De	0.33Def	0.18DEFefg	0.12Effg	0.04Fg
生态效益									
饲草消耗/千克	135.6Gg	448.3Ee	789.0Dd	1162.6Cc	362.7Ff	749.7Dd	1213.2Cc	1754.2Bb	2323.2Aa
碳排放/千克	103.8	249.5	410.6	600.7	108.2	343.2	531.9	777.8	1023.8
碳密度/CW	5.3Hh	9.4Gg	14.3Ff	18.5Ee	18.6Ee	25.7Dd	31.1Cc	38.6Bb	48.5Aa
土地利用	12.3Ii	90.2Hh	222.9Gg	321.9Ff	441.9Ee	598.3Dd	702.8Cc	793.7Bb	946.7Aa

注：Lamb：羔羊；GF1～GF3：暖牧冷饲模式下1～3岁藏系绵羊；TG1～TG5：传统放牧1～5岁藏系绵羊。

（三）社会效益

一是显著提高示范区生态畜牧业发展科技水平。为加强项目组与州、县、示范点的沟通衔接，切实提高基层科技、农牧技术骨干及农牧民的技术水平，青海省科技部门协调州、县两级科技、农牧部门和课题组分别成立技术服务队伍，每个示范点都有专职技术服务人员 4～5 名。近两年的技术交流，显著提升了贵南示范区基层科技人员、农牧企业工作人员在草地畜牧业信息化、智能化、精准化及高效化方面的管理水平。同时，基于项目实施，累计培训农牧民 1860 人次，有效提高了农牧民在天然草场合理利用、牧草返青期休牧、高产优质饲草种植、牧草青贮加工、饲草料加工和高效利用、牦牛和藏系绵羊冷季补饲等关键环节的技术水平。

二是助力示范区扶贫攻坚工作。项目实施区属于少数民族聚集区，由于历史、自然环境条件和社会发育程度等方面的原因，经济结构相对单一，资源综合利用水平低，经济效益差，地区经济发展缓慢，少数民族群众生活仍处于贫困状态。项目实施，有力地促进了传统畜牧业向智慧生态畜牧业的转变，对改善农牧民群众的生产、生活条件、脱贫致富起到了积极作用。同时，结合青海省农牧部门推进的合作社股份制改革，森多镇嘉仓生态畜牧业合作社和雪域诺央示范基地将少畜户、无畜户的草场作价入股，天然草场划区放牧整合中给予重点扶持和饲草料补贴，提高贫困户收入。2017 年示范户分红 6000～63500 元，平均分红 2.37 万元/户，推动了示范区精准扶贫工作。

参考文献

中国科学院地理科学与资源研究所：《三江源智慧生态畜牧业技术平台建设技术报告》，2017。

中国科学院西北高原生物研究所：《智慧生态畜牧业贵南典型区技术集成与应用示范技术报告》，2017。

青海大学：《智慧生态畜牧业河南泽库典型区技术集成与应用示范技术报告》，2017。

徐田伟、胡林勇、赵娜、徐世晓：《补饲燕麦青干草对牦牛和藏系绵羊冷季生长性能的影响》，《西南农业学报》2017 年第 1 期，第 205 ~ 208 页。

徐田伟、徐世晓：《反刍家畜肠道 CH4 排放趋势与减排》，《家畜生态学报》2016 年第 10 期，第 1 ~ 5 页。

Xu Tianwei, Zhao Na, Hu Linyong, Xu Shixiao, Liu Hongjin, Ma Li, Zhao Xinquan: "Characterizing CH_4, CO_2 and N_2O emission from barn feeding Tibetan sheep in Tibetan alpine pastoral area in cold season", *Atmospheric Environment*, 157 (2017): 84 - 90.

G.17
青海省海南州国家可持续发展实验区建设报告*

摘　要： 青海省海南州国家可持续发展实验区成立以来，在生态保护、农牧产业发展、民生改善等方面开展了一系列实验示范，科技创新支撑能力明显增强，总体上完成了实验区规划的经济发展、社会发展、人民生活和可持续发展目标，为青藏高原同类地区生态畜牧业可持续发展提供了示范样板。

关键词： 可持续发展实验区　“三生”功能　科技创新　海南州

青海省海南州国家可持续发展实验区以保护生态安全为前提，以科学利用草场资源为基础，以草畜平衡为核心，以转变生产经营方式为关键，以促进人与自然和谐发展为目标，积极探索青藏高原农牧生态交错区经济、社会和资源环境协调发展的新机制和新模式，全力提升生态建设与可持续发展水平，促进畜牧业实现高效稳定发展。

一　青海省海南州国家可持续发展实验区建设概况

2007年，海南州生态畜牧业实验区被批准为省级可持续发展实验区（以下简称实验区）。包括贵南和同德全县、兴海县河卡镇等12个乡镇及2个国有农牧场，总面积1.48万平方公里。2009年，被科技部等17个部门

---

* 课题组成员：张超远、马瑞、赵以莲、周华坤、霍青、赵鸿魁。

批准为国家可持续发展实验区。2011 年，《青海省海南藏族自治州生态畜牧业可持续发展实验区规划（2011～2020 年）》经省政府批准实施，实验区范围扩展到海南州全境 36 个乡（镇）424 个行政村，5 个国有农牧场，面积达到 4.45 万平方公里，总人口 44.92 万人。青海省政府每年安排实验区建设专项资金 3000 万元，主要用于生态畜牧业相关产业建设。实验区在生态保护、农牧产业发展、民生改善及科技创新等方面开展了一系列创新性实验示范工作，总体上完成了实验区规划的经济发展、社会发展、人民生活和可持续发展目标，为青藏高原同类地区生态畜牧业可持续发展提供了示范样板。

2016 年 12 月，国务院印发了《中国落实 2030 年可持续发展议程创新示范区建设方案》，国家可持续发展议程创新示范区的创建工作在全国各地积极推动落实。2017 年，海南州委州政府结合实验区已有工作基础，按照国家和省委省政府要求，在省科技部门的指导、支持下，积极编制《海南州国家可持续发展议程创新示范区发展规划》和《海南州国家可持续发展议程创新示范区建设方案》，明确示范区的定位、发展方向、建设思路和建设目标，并报请省政府同意，确定青海以海南州为创建主体，申报国家创新示范区创建工作。

二　实验区建设取得的成效

通过海南可持续发展实验区发展专项、生态畜牧业重大科技专项、关键技术联合攻关项目在实验区的实施，依托 2009～2016 年青海省农牧、扶贫、小城镇建设、三江源工程、生态光伏产业园建设以及天然林保护和退牧还草等各类项目的支持，实验区的生态保护、农牧产业发展、民生改善等建设目标完成良好，凝练出一批有示范带动效应的生态畜牧业生产管理技术和模式，探索出一条生态优良、产业发展、民生改善及创新引领的可持续发展道路。

（一）生态保护与建设效果明显

通过对退化和沙化草地的综合恢复治理、人工草地建植、有害生物防治、黑土滩治理等项目的实施，基本上扭转整个实验区生态环境恶性循环的趋势。保护和恢复实验区林草植被，增加保持水土和涵养水源能力，使草地植被覆盖度增加，天然草场的压力减轻，遏制了草地退化、沙化等生态系统失衡的趋势，调整优化了产业结构，使海南州大部分退化草原生态呈现全面恢复态势。

（二）生态农牧产业取得较快发展

实验区加速推进优良畜种繁育、牛羊舍饲半舍饲健康养殖，开展品种选育和畜群结构调整，引进繁育高原型藏系羊、牦牛，生态农牧产业发展形势喜人。截至 2017 年，共培育牧草、饲草新品种 8 个，累计建立优良牧草种子繁育田 40 万亩，主要分布在贵南县等地。年生产加工草块、草颗粒、草粉等草产品 98 万吨，生产各种优良牧草种子 1. 84 万吨，累计健康养殖牛羊 290 万头只，主要集中在贵南县过马营和同德巴滩地区。培育产业化龙头企业，塑造了高原生态绿色畜牧业品牌。引进、发展、培育了生态畜牧业产业化龙头企业 39 家。海南州生态光伏产业园投资 100 多亿元，41 家光伏电站建成并网，光能发电总装机达到 3400 兆瓦，其中 850 兆瓦水光互补发电项目已成为世界单体规模最大电站。新型清洁能源产业已成为实验区的新能源主导产业，通过反哺方式，有效促进了农牧产业发展，保护了实验区的生态环境。

（三）社会发展民生建设得到很大改善

通过实施民生工程，实验区的社会化农牧业服务、科技服务、就业服务、生产资料服务、文化旅游服务体系及社会稳定机制等逐步建立和完善。实现新增就业 4670 人，转移农牧区劳动力 39750 人次，特色文化产业及旅游业发展初显高速增长态势。构建了“州办高中、县办初中、乡办小学、

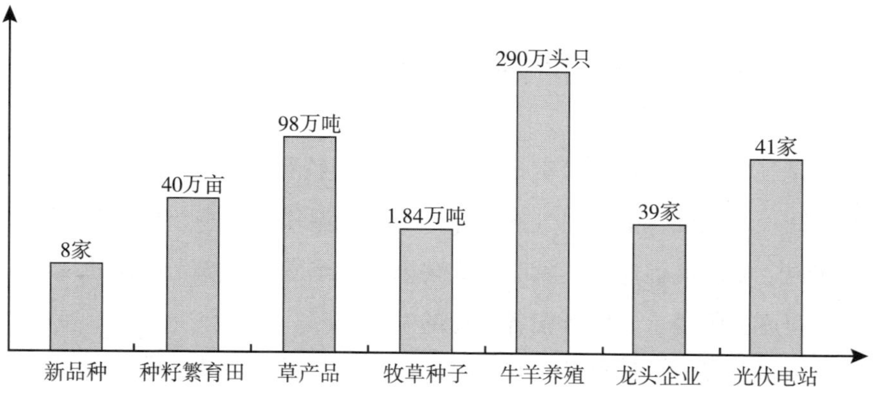

图1　青海省海南州可持续发展实验区生态农牧产业发展成效

村办学前教育”的高原办学新格局，远程教育普及全部乡镇。实验区的三级医疗预防保健服务网络基本建立，远程医疗覆盖了主要乡镇，实验区居民的民生指数近5年来明显得到提升和改善。

（四）科技创新转化支撑能力明显增强

通过实施产业引导工程、培训提升工程、科技示范、农村牧区信息化及生产力促进中心建设，提供科技支撑服务，使实验区科技创新水平有了突破性发展。以实验区发展生态畜牧业改善民生为主旨，建立农牧业科技园区示范基地26个，累计培训管理、技术人员及农牧民49600人次，使群众保护生态、科技致富的意识普遍增强。实验区累计实施的各类项目600余项，包括各类科技项目50余项，投入资金3亿元，激发了科研单位一线研究人员、企业生态畜牧业技术研发人员和实验区管理人员的积极性。通过引进关键技术，加强技术攻关，提出“家畜饲养两段模式”“草地资源经营置换模式”“324加速牲畜出栏模式”“资源利用率的倍增模式”等生态畜牧业发展模式和3种因地制宜的移民新村发展季节性畜牧业生产模式，归纳出种草养畜型、有机养殖型和购草养畜型3种畜牧业减压增效的组织管理模式。在实验区的核心示范区域、青海省其他辐射区域进行推广，有效促进了实验区的科技引领、示范和带动作用。

三 面临的主要困境及问题

一是气候条件刚性约束突出。海南州气候特征是大气稀薄，干旱少雨，光照时间长，太阳辐射强，气候温凉寒冷，气温年较差小、日较差大。春季干旱多风，夏季短促凉爽，秋季阴湿多雨，冬季漫长干燥。这样的气候条件在一定程度上阻碍了实验区中各产业的发展。

二是基础设施建设落后。基础设施建设标准低，规模小，无法满足现代健康生态畜牧养殖业发展需要，难以形成集约效应；对生态畜牧业养殖所需设施的整体性缺乏认识，只重视舍饲的建设投入，忽视了其他辅助配套设施的投入，制约了生态养殖规模的进一步扩大和劳动生产率的进一步提高。已建成的良种繁育基地没有形成完善的面向产业的供应和服务机制，难以推动产业链发展。

三是草畜矛盾仍然突出。实施生态保护和建设工程，生态恶化的趋势明显减缓，但少数地区土地沙化、草地退化、草地有害生物危害等问题依然严重，畜牧业资源承载能力逐年减小，生态瓶颈制约因素依然明显。

四是市场基础薄弱，整体效益偏低。畜产品生产未形成规模化和产业化，缺乏有竞争力的龙头企业，畜产品加工仍以初级屠宰为主，精深加工处于起步阶段，供销体系不健全，优质的畜产品与发达地区中高端市场脱节，农畜产品的加工流通能力严重不足，畜牧业生产效益在中间环节的流失问题突出。

五是产业市场化程度低，生产经营较粗放。各类农牧民专业合作经济组织发展缓慢，组织结构松散，运转不畅，稳定性差，能够真正充当市场主体的农牧业产业化龙头企业数量不多，规模不大，带动力不强，辐射效应不显著。受环境承载能力及自然气候的限制，以消耗资源扩大规模增加产量的发展方式，与生态环境保护之间的矛盾日益突出，迫切需要加快实验区生态有机畜牧产业的升级，走集约化、产业化的发展路子，提质增效。同时，休闲农业的发展潜力尚未得到充分挖掘，应大力开展集观光、娱乐、餐饮、旅游、休闲为一体的休闲农业，逐步拓宽海南州生态畜牧业可持续发展实验区的发展空间。

六是社会资本融入少，建设资金短缺。实验区规划建设投资大，回收期长，同时因养殖用地和饲草种植基地用流转方式，在资产评估及贷款抵押方面存在困难，导致社会资本融入少，资金的流动性差。实验区经济总量小，财政入不敷出，缺乏项目建设所必需的配套资金，难以形成新的增长点。

七是产业化服务体系不完善，科技服务水平低。海南州县级服务机构不健全，专业人员少，在畜牧业、草产业、加工业、新能源利用业、特色休闲农业等方面社会化服务体系不完善，难以支撑相关产业的快速发展。实验区的科技服务体系不够健全，科技服务产业发展滞后；科技人才、引进和储备不足，缺乏创新服务平台，产业发展技术支撑不足。

四　发展展望

以生态保护、绿色发展、脱贫致富为主题，在实验区建设基础上，以创建国家可持续发展议程创新示范区为契机，立足国家生态文明发展战略，以实施创新驱动和生态立州为主线，以推动科技创新与社会发展深度融合为目标，以破解制约可持续发展的生态资源环境和脱贫致富等关键瓶颈问题为着力点，集成各类创新资源，提供系统解决方案，促进经济、社会、生态协调发展。力争将实验区建成为国际知名的高原绿色和有机农畜产品基地、高寒地区转变生产方式和改善民生的重要示范区、三江源乃至全球高原地区以生态产业带动区域经济可持续发展的开放创新平台。

一是提高创新驱动发展能力。重点培养一批创新型企业，打造高新技术产业生力军；依托海南藏族自治州优势资源和州、省、科技援青、对口帮扶机制，聚集高等院所优势学科和团队，联合建设高水平创新服务平台和示范基地，引导重大创新项目、重大科技创新成果转化落地。

二是促进产业绿色发展。以推进海南藏族自治州农牧业科技示范园、光伏产业园等重点项目为抓手，培育壮大生态农牧业、新能源等战略性新兴产业；推广先进实用的生态农牧业发展模式，推进生态农牧产业、有机畜牧业协同发展；加强文化旅游、牧家乐旅游，推进旅游模式转变，促进旅游服务业转型升级。

三是加强生态环境保护与治理。坚持生态保护优先的理念，重点推进退化、沙化草地综合治理、人工草地建植、草原有害生物防治、黑土坡治理，实施重大生态保护和修复工作，筑牢“三江源”生态屏障。

四是加强开放合作创新。以推进生态产业示范园、农畜产品加工物流示范园、特色休闲农业示范园、牧草良种繁育示范园、生态光伏示范园为重点，大力促进“三江源”区域、青海湖流域、黄河上游生态农牧业建设，打造多区域合作发展新高地。五是推进社区管理一体化建设。加强基础设施和交通路网建设，提高城市综合承载能力。因地制宜，创新机制，发挥特色优势，建立生态保护、生态产业升级、社区管理综合集成模式，建立区域协调发展示范样板。

参考文献

科技部：《“十三五”国家社会发展科技创新规划》，2016。

《青海省“十三五”科技创新规划》，2015。

《海南州“十三五”科学技术发展规划（2016~2020年）》，2016。

国务院：《关于印发中国落实2030年可持续发展议程创新示范区建设方案的通知》，2016。

《青海省海南藏族自治州可持续发展实验区创新能力监测数据调查表（2017）》，2017。

《青海省海南藏族自治州可持续发展实验区规划方案》，2009。

《海南州生态畜牧业实验区规划》，2011。

秦大河、赵新全、周华坤等：《三江源区生态保护与可持续发展》，科学出版社，2014。

周华坤、姚步青、赵新全等：《三江源区高寒草地退化演替与生态恢复》，科学出版社，2016。

皮书起源

“皮书”起源于十七、十八世纪的英国，主要指官方或社会组织正式发表的重要文件或报告，多以“白皮书”命名。在中国，“皮书”这一概念被社会广泛接受，并被成功运作、发展成为一种全新的出版形态，则源于中国社会科学院社会科学文献出版社。

皮书定义

皮书是对中国与世界发展状况和热点问题进行年度监测，以专业的角度、专家的视野和实证研究方法，针对某一领域或区域现状与发展态势展开分析和预测，具备原创性、实证性、专业性、连续性、前沿性、时效性等特点的公开出版物，由一系列权威研究报告组成。

皮书作者

皮书系列的作者以中国社会科学院、著名高校、地方社会科学院的研究人员为主，多为国内一流研究机构的权威专家学者，他们的看法和观点代表了学界对中国与世界的现实和未来最高水平的解读与分析。

皮书荣誉

皮书系列已成为社会科学文献出版社的著名图书品牌和中国社会科学院的知名学术品牌。2016 年，皮书系列正式列入“十三五”国家重点出版规划项目；2013~2018 年，重点皮书列入中国社会科学院承担的国家哲学社会科学创新工程项目；2018 年，59 种院外皮书使用“中国社会科学院创新工程学术出版项目”标识。

S 基本子库
UB DATABASE

中国社会发展数据库（下设 12 个子库）

全面整合国内外中国社会发展研究成果，汇聚独家统计数据、深度分析报告，涉及社会、人口、政治、教育、法律等 12 个领域，为了解中国社会发展动态、跟踪社会核心热点、分析社会发展趋势提供一站式资源搜索和数据分析与挖掘服务。

中国经济发展数据库（下设 12 个子库）

基于"皮书系列"中涉及中国经济发展的研究资料构建，内容涵盖宏观经济、农业经济、工业经济、产业经济等 12 个重点经济领域，为实时掌控经济运行态势、把握经济发展规律、洞察经济形势、进行经济决策提供参考和依据。

中国行业发展数据库（下设 17 个子库）

以中国国民经济行业分类为依据，覆盖金融业、旅游、医疗卫生、交通运输、能源矿产等 100 多个行业，跟踪分析国民经济相关行业市场运行状况和政策导向，汇集行业发展前沿资讯，为投资、从业及各种经济决策提供理论基础和实践指导。

中国区域发展数据库（下设 6 个子库）

对中国特定区域内的经济、社会、文化等领域现状与发展情况进行深度分析和预测，研究层级至县及县以下行政区，涉及地区、区域经济体、城市、农村等不同维度。为地方经济社会宏观态势研究、发展经验研究、案例分析提供数据服务。

中国文化传媒数据库（下设 18 个子库）

汇聚文化传媒领域专家观点、热点资讯，梳理国内外中国文化发展相关学术研究成果、一手统计数据，涵盖文化产业、新闻传播、电影娱乐、文学艺术、群众文化等 18 个重点研究领域。为文化传媒研究提供相关数据、研究报告和综合分析服务。

世界经济与国际关系数据库（下设 6 个子库）

立足"皮书系列"世界经济、国际关系相关学术资源，整合世界经济、国际政治、世界文化与科技、全球性问题、国际组织与国际法、区域研究 6 大领域研究成果，为世界经济与国际关系研究提供全方位数据分析，为决策和形势研判提供参考。